ERRATA.

Pages 91, ligne 15, & 116, ligne 7, Administrations provinciales, *lisez*, Assemblées provinciales.

Page 92, ligne 18, avec des principes, *lisez*, avec ses principes.

Pages 234, ligne 24; 342, ligne 17; 344, ligne 19; 388, ligne 9, & 408, ligne 12, Cour des Monnoies, *lisez*, Siege des Monnoies.

Page 392, ligne 6, ce n'est que de cette époque, *lisez*, ce n'est que de 1335, époque où.

Ibid. ligne 7, on le dit, *lisez*, on l'a dit.

Ibid. ligne 16, en 1658, *lisez* en 1558.

PROCÈS-VERBAL

DES

SÉANCES

DE

L'ASSEMBLÉE PROVINCIALE

DE LA GÉNÉRALITÉ DE ROUEN,

Tenue aux Cordeliers de cette Ville, aux mois de Novem-
bre & Décembre 1787.

A ROUEN,
Chez PIERRE SEYER , Imprimeur de Son Eminence Monseigneur le
Cardinal , rue du Petit-Puits.

M. DCC. LXXXVII.

PROCÈS-VERBAL

DES

SÉANCES

DE

L'ASSEMBLÉE PROVINCIALE

DE LA GÉNÉRALITÉ DE ROUEN,

Tenue aux Cordeliers de cette Ville, aux mois de Novembre & Décembre 1787.

Du Lundi 19 Novembre 1787.

L'AN mil sept cent quatre-vingt-sept, le Lundi dix-neuvieme jour de Novembre, à neuf heures du matin, en la Salle choisie au Couvent des Cordeliers de cette

Ville, pour le lieu ordinaire des Séances, se sont trouvés, après avoir assisté à la Messe :

Monseigneur le Cardinal DE LA ROCHEFOUCAULD, Archevêque de Rouen, Président.

Pour l'Ordre du Clergé.

Monseigneur L'Évêque d'Evreux.

M. DE LAURENCIN, Abbé *Régulier de Foucarmont.*

M. L'ABBÉ LE RAT, Abbé *de Bellosanne.*

M. L'ABBÉ DE GOYON, *Vicaire-Général*, Abbé *de S. Victor en Caux.*

M. L'ABBÉ DE S. GERVAIS, *Vicaire-Général, Seigneur Ecclésiastique de S. Vaast.*

M. L'ABBÉ MARESCOT, *Archidiacre d'Eu.*

M. L'ABBÉ D'OSMOND, *Abbé de Claire-Fontaine, & Chanoine de l'Eglise de Rouen.*

M. L'ABBÉ FRESNEY, *Chanoine d'Evreux.*

M. L'ABBÉ DILLON, *Abbé d'Uzerches, Prieur de Cléville.*

M. L'ABBÉ DE GRIEU, *Prieur de S. Ymer.*

M. L'ABBÉ YVELIN, *Curé de Gournay, Official & Grand-Vicaire de Montivilliers.*

Dom DE LÉNABLE, *Procureur-Syndic des Bénédictins.*

Pour l'Ordre de la Noblesse.

M. LE COMTE DE MATHAN, *Lieutenant-Général des Armées du Roi, Commandeur de l'Ordre de S. Louis, & premier Lieutenant-Colonel au Régiment des Gardes Françoises.*

M. DU MESNIEL, MARQUIS DE SOMMERY, *Maréchal des Camps & Armées du Roi.*

M. LE MARQUIS D'ESTAMPES, *Maréchal des Camps & Armées du Roi.*

M. LE MARQUIS DE CONFLANS, *Lieutenant-Général des Armées du Roi.*

M. LE MARQUIS DE PARDIEU, *Maréchal des Camps & Armées du Roi.*

M. LE COMTE DE CAUMONT, *Lieutenant pour le Roi de la Ville & Château de Dieppe.*

M. LOUVEL DE JANVILLE, *Président à la Chambre des Comptes de Normandie.*

M. LE CHEVALIER DE MÉGRIGNY, *Commandeur de S. Etienne de Renneville, Mestre-de-Camp en second du Régiment d'Infanterie de Vexin.*

M. LE MARQUIS DE CAIRON.

M. LE MARQUIS DE ROCHECHOUART DE MORTEMART, *Mestre-de-Camp, Commandant du Régiment d'Infanterie de Navarre.*

A

M. DE LA BOISSIERE, COMTE DE CHAMBORS , *Gentilhomme d'honneur de Monseigneur Comte d'Artois, Mestre-de-Camp en second du Régiment d'Infanterie le Maréchal de Turenne.*

M. DE COUVERT DE COULONS , *Président au Parlement de Rouen.*

Pour l'Ordre du Tiers-Etat.

M. LE COUTEULX , *Ecuyer, Seigneur de Canteleu, premier Echevin de la Ville de Rouen.*

M. GUEUDRY , *Procureur en la Chambre des Comptes de Rouen.*

M. DE FONTENAY, *l'aîné, ancien Echevin & ancien Juge-Consul de la Ville de Rouen.*

M. DAMBOURNAY , *Négociant.*

M. PLANTER , *Négociant.*

M. SANTER , *Avocat à Magny.*

M. DUJARDIN , *Avocat à Lyons.*

M. LEFEVRE , *Propriétaire aux Tilliers.*

M. LE CAMUS , *Lieutenant de Maire à Louviers.*

M. LEVÉ , *Ecuyer, ancien Echevin de la Ville de Paris.*

M. LE VARLET , *Président de l'Election & Lieutenant de la Maîtrise à Neufchâtel.*

M. LE CHEVALIER , *Propriétaire au Marais-Vernier.*

M. HÉBERT , *Officier au Régiment de Royal Rouſſillon , demeurant à Montfort.*

M. DE LA CROIX S. MICHEL , *Maire d'Honfleur.*

M. POSTEL , *Echevin de Pont-Lévêque.*

M. DUVRAC, *Propriétaire en l'Election de Caudebec.*

M. MÉTAYER , *Propriétaire à Hotot S. Sulpice.*

M. GRÉGOIRE, *Négociant, premier Maire-Echevin du Havre.*

M. FERAY, *Ecuyer, Négociant au Havre.*

M. NÉEL , *Propriétaire à Luneray.*

M. COUSIN DES PRÉAUX , *Négociant à Dieppe.*

M. BOURDON , *Lieutenant Civil, Criminel & de Police en la Haute-Juſtice de Dieppe.*

M. DESMARQUETS, *ancien Echevin , Maître Particulier honoraire des Eaux & Forêts d'Arques.*

M. DÉDUN , *Seigneur d'Irville.*

M. ANGREN , *Maire de la Ville d'Evreux.*

M. LE MARQUIS D'HERBOUVILLE , *Meſtre-de-Camp de Cavalerie , premier Enſeigne des Gendarmes de la Garde du Roi, Procureur-Syndic du Clergé & de la Nobleſſe.*

M. THOURET, *Avocat au Parlement , Procureur-Syndic du Tiers-Etat.*

M. BAYEUX , *Avocat au Parlement , Sécretaire-Greffier.*

Tous lefquels Députés à l'Affemblée Provinciale de la Généralité de Rouen , convoquée à ce jour par lettres de

Monseigneur le Cardinal-Archevêque de Rouen, Président, en vertu des Ordres du Roi à lui adressés le 11 Octobre dernier, ont pris rang & séance dans l'ordre fixé pour le Clergé & la Noblesse par les Instructions envoyées par SA MAJESTÉ , & pour le Tiers - Etat provisoirement dans l'ordre des Départements.

L'Assemblée ainsi composée, & l'absence de MM. Boutren d'Hatanville & de Vadicourt constatée, il a été fait lecture des Ordres du Roi, adressés à Monseigneur le Cardinal-Archevêque , Président , & ainsi conçus :

»MON COUSIN , mes intentions étant que l'Assemblée »Provinciale de la Généralité de Rouen se tienne à Rouen »le 19 Novembre prochain , je vous fais cette Lettre »pour vous dire que vous vous trouviez ledit jour 19 No-»vembre en ladite Ville de Rouen , à l'effet de présider »ladite Assemblée , & que vous avertissiez tous & chacun »les Membres qui doivent composer ladite Assemblée , de »s'y trouver ledit jour. Sur ce , je prie Dieu qu'il vous ait , »mon Cousin , en sa sainte & digne garde. Ecrit à Ver-»sailles , le 11 Octobre 1787. *Signé* , LOUIS. *Et plus* »*bas* , LE BARON DE BRETEUIL ».

Après la lecture de cette Lettre, Monseigneur le Car-dinal - Archevêque , Président , a proposé de députer à M. le Commissaire du Roi pour l'engager à venir faire l'ouverture de la séance , & il a invité M. l'Abbé de Foucarmont & M. d'Irville , à se charger de la députa-tion à cet effet ; ce qu'ils ont accepté.

L'Affemblée avertie de l'arrivée de M. le Commiffaire du Roi, Monfeigneur le Cardinal-Archevêque, Préfident, a engagé MM. l'Abbé de S. Gervais, le Comte de Caumont, de Fontenay, Coufin des Préaux, & MM. les Procureurs-Syndics, d'aller au-devant de lui; MM. les Députés fe font rendus en conféquence au haut de l'efcalier, & MM. les Procureurs-Syndics font defcendus au bas pour le recevoir, précédés des Huiffiers.

M. DE MAUSSION, Commiffaire du Roi, eft entré, ayant à fa droite M. l'Abbé de S. Gervais, à fa gauche, M. le Comte de Caumont, & accompagné de MM. de Fontenay & Coufin des Préaux, & de MM. les Procureurs-Syndics.

L'Affemblée s'eft levée à l'arrivée de M. le Commiffaire du Roi; il a pris féance dans un fauteuil placé en face de celui de Monfeigneur le Cardinal-Archevêque, Préfident; & après s'être couvert, ainfi que Monfeigneur le Préfident & MM. les Députés, il a dit:

MESSIEURS,

»UNE miffion qui m'eft également honorable & flat-
»teufe me ramene aujourd'hui au milieu de vous. Je
».viens, au nom de SA MAJESTÉ, vous communiquer
»des Ordres qui vont être la regle de vos opérations.

»Trop nouvellement appellé à l'adminiftration de cette
»Province, devenue pour moi une patrie adoptive par les
»liens intéreffants qui m'attachent à elle, je me vois avec

» déplaifir privé de la fatisfaction d'accélérer fon foula-
» gement , en vous applaniffant les difficultés du travail.
» Le temps a manqué à mes défirs d'acquérir les connoif-
» fances locales qui euffent pu m'enhardir à diriger vos
» premiers pas dans la nouvelle carriere qui s'ouvre devant
» vous.

» Que n'ai-je pu recueillir les fruits abondants & folides
» d'une expérience confommée ! Je m'empreffërois de vous
» les offrir pour ma contribution à l'obligation commune
» qui nous attache au fervice de l'Etat. Si quelques réuffites
» avoient rempli mes efpérances, j'oferois vous les pro-
» pofer , non comme des leçons , mais comme des encou-
» ragements ; & les fautes même qui auroient trompé mes
» intentions, je m'honorerois de vous les révéler pour vous
» garantir du danger des mêmes écueils.

» Une feule réflexion vient adoucir mes regrets. La con-
» noiffance que j'ai du zèle & des talents des Membres qui
» compofent votre Commiffion intermédiaire , me donne
» l'affurance que vous trouverez dans leur travail des ref-
» fources infiniment fupérieures à celles que je n'aurois ja-
» mais efpéré de pouvoir vous procurer. Je me bornerai
» donc à vous faire part des inftructions que Sa Majesté
» m'a donné ordre de vous tranfmettre.

» Son intention, Messieurs , étant que je vous en
» laiffe une copie fur votre Bureau pour être dépofée dans
» vos Archives , je crois qu'il me fuffira de vous en re-
» mettre un précis fous les yeux. Je m'y porterai d'autant
» plus volontiers , que je vous épargnerai par ce moyen

» un temps précieux, & qu'il vous eût été impossible de
» saisir à une simple lecture tous les détails que contien-
» nent ces Instructions ».

M. le Commissaire du Roi a présenté, en effet, un apperçu de ces Instructions, qu'il a signées & déposées sur
le Bureau de l'Assemblée, & a repris ainsi:

» Telles sont, Messieurs, les intentions de Sa
» Majesté, qu'elle m'a chargé de vous faire connoître;
» je ne doute point que vous ne lui donniez des preuves
» de votre zèle, & que vous ne justifiez la confiance qu'elle
» a cru devoir vous accorder, en vous transmettant une
» partie des fonctions qui étoient précédemment exercées
» plus immédiatement sous son autorité.

» Citoyens distingués dans votre patrie, les intérêts
» de tous vos concitoyens sont confiés à vos soins. C'est
» en vous occupant efficacement d'étendre autour de vous
» les progrès du bien général, que vous remplirez le vœu
» le plus cher au cœur de Sa Majesté, que vous méri-
» terez sa bienveillance particuliere, & que vous établirez
» vos droits à la reconnoissance publique ».

Monseigneur le Cardinal-Archevêque, Président, a
répondu que l'Administration ne cesseroit jamais d'être pénétrée de toute la reconnoissance qu'elle devoit aux bontés
de Sa Majesté, & qu'elle donneroit tous ses soins aux
divers objets contenus dans ses Instructions.

M. le Commissaire du Roi a salué l'Assemblée, s'est
retiré, & a été reconduit avec les mêmes honneurs, &
par les mêmes Députés qui étoient allés le recevoir.

MM. les Députés étant rentrés , Monfeigneur le Cardinal-Archevêque , Préfident, a dit que M. Boutren d'Hatanville , Confeiller au Parlemnnt, l'ayant informé que fon âge & fa fanté ne lui permettoient pas d'accepter la nomination que l'Affemblée avoit faite de fa perfonne , il étoit néceffaire de procéder à fon remplacement. Le fcrutin fur le Bureau , & chacun des Membres y ayant mis fon billet , ledit fcrutin ouvert, les billets vérifiés par MM. l'Abbé le Rat , l'Abbé d'Ofmond , le Camus & Santerre , il s'eft trouvé que M. le Marquis de Cany a réüni les fuffrages.

Enfuite , fur la propofition de Monfeigneur le Cardinal-Archevêque , Préfident , & de l'agrément de l'Affemblée,

I. Bureau. MM. l'Abbé de Goyon , l'Abbé le Rat , l'Abbé Marefcot , le Marquis de Conflans, le Préfident de Coulons , le Préfident de Janville , le Couteulx de Canteleu , d'Irville , Gueudry , de la Croix S. Michel , Lefevre & Néel , ont été chargés de la partie *des impofitions , tailles , vingtiemes , capitations, &c.*

II. Bureau. MM. l'Abbé de Grieu , l'Abbé Yvelin , le Comte de Mathan , le Marquis de Sommery , le Chevalier de Mégrigny , Angren , Santerre , Bourdon , Vadicourt & le Chevalier, de la partie *des fonds , comptabilité , manutention & réglement ;*

III. Bureau. MM. l'Abbé d'Ofmond , Dom de Lénable , le Comte de Caumont , le Marquis de Mortemart , Dambournay , Grégoire , le Camus , Coufin des Préaux & Métayer , de la partie *du commerce , de l'agriculture & du bien public ;*

Monfeigneur

Monseigneur l'Evêque d'Evreux, MM. l'Abbé Dillon, le Marquis de Cany, le Marquis de Cairon, le Marquis de Pardieu, de Fontenay, Planter, Desmarquets, Hébert & Postel, de la partie *des travaux publics;*

MM. l'Abbé de Foucarmont, l'Abbé de S. Gervais, l'Abbé Fresney, le Marquis d'Estampes; le Comte de Chambors, Levé, le Varlet, Feray, Dujardin & Duvrac, *des moyens de remédier à la mendicité.*

Monseigneur le Président a également nommé une Commission pour l'examen des procès-verbaux, composée de MM. l'Abbé de S. Gervais, le Comte de Caumont, Dambournay & Grégoire, & une autre pour la visite des archives, composée de MM. l'Abbé d'Osmond, le Marquis de Pardieu, de la Croix S. Michel & Angren.

Il a également proposé, pour suppléer, en cas de besoin, MM. du Bureau des Impositions, MM. l'Abbé Fresney, le Comte de Caumont, de Fontenay & Angren.

Il a ensuite été fait lecture des Instructions remises par M. le Commissaire du Roi, & il a été délibéré & arrêté qu'il seroit écrit à M. le Contrôleur-Général des Finances, pour lui demander la communication des différents articles du Réglement du 5 Août dernier, auxquels il est fait renvoi dans les Instructions.

Monseigneur le Président, après avoir annoncé que les Séances de l'Assemblée commenceroient chaque jour à neuf heures, pour se terminer à une heure après midi, a prévenu MM. les Députés qu'il célébreroit demain Mardi 20 de ce mois la Messe solemnelle du S. Es-

B

prit, & a invité enfuite MM. l'Abbé de S. Gervais, le Comte de Caumont, de Fontenay & Coufin des Préaux, d'aller faluer M. le Commiffaire du Roi de la part de l'Affemblée.

La prochaine Séance a été indiquée à cet après midi, cinq heures du foir.

Fait & arrêté à Rouen ce 19 Novembre 1787.

Signés, †D. Cardinal DE LA ROCHEFOUCAULD.

B AYEU X, *Sécretaire-Greffier.*

Du même jour 19 *Novembre* 1787, *à cinq heures du foir.*

L'ASSEMBLÉE ayant pris féance comme ci-deffus, pour entendre le rapport des travaux de la Commiffion intermédiaire, MM. les Procureurs-Syndics ont dit :

MESSIEURS,

VOTRE établiffement qui affocie en quelque forte la Nation à fon propre gouvernement, eft un acte éclatant de la grandeur & de la bienfaifance du Roi. Que notre première expreffion foit ici celle de la reconnoiffance publique que nous partageons, comme citoyens, avec tous les autres Sujets de SA MAJESTÉ.

Les objets confiés à votre Adminiftration font ceux qui intéreffent le plus immédiatement la profpérité de la Province. C'eft par-là que vos *fonctions* ont à vos yeux leur plus grand prix. Vous les eftimez à proportion du

bien qu'elles vous mettent en état de faire. Que notre fecond mouvement foit pour nous féliciter nous-mêmes d'ê-
tre appellés à coopérer au bonheur de notre pays.

Etablir l'égalité dans la répartition des impôts; concilier l'avancement du travail avec l'économie dans la confection & dans l'entretien des grandes routes; veiller
avec fcrupule au bon emploi des fonds de charité deftinés
à la fubfiftance des malheureux; porter une épargne févere
dans plufieurs parties des dépenfes publiques & dans les
dépenfes communes des Paroiffes; découvrir, expofer,
folliciter aux pieds du Trône toutes les améliorations néceffaires à la félicité générale & particuliere de la Haute-
Normandie; tels font MM. vos droits & vos devoirs.
Ils vont devenir pour vous la fource intariffable des
plus douces jouiffances. Combien n'y en a-t-il pas d'attachées au pouvoir & à la volonté réunis de rendre fa
patrie heureufe !

L'ardeur & la fincérité de vos defirs fur ce grand objet fe manifefterent dans vos féances préliminaires du
mois d'Août dernier. On les apperçoit dans les inftructions par lefquelles vous chargeâtes votre Commiffion
intermédiaire de préparer le travail qui va vous occuper.
Elles furent bien plus fenfibles pour chacun de nous, par
cet empreffement commun, par ce concours de vues & de
fentiments qui vous firent paroître animés du même efprit, toujours réunis d'intention pour faire le bien, ne
différant quelquefois d'opinion que fur les moyens de le
faire mieux, & bientôt vous ralliant cordialement à l'é-
vidence acquife du meilleur parti. Harmonie touchante,

B 2

préfage & garantie des plus estimables succès, elle ne put naître que de la conformité des principes & des caracteres : elle s'accroîtra par l'épreuve de la solidité de ses bafes, & par l'expérience de ses heureux effets. Que le public qu'elle intéreffe à tant de titres, ne peut-il partager ici le spectacle fatisfaifant qu'elle nous offre ; cette vue animeroit ses espérances ; mais vous vous hâterez de le faire jouir de la réalité des réfultats, & le don de fa confiance irrévocable en fera le prix.

Le même accord a régné dans les féances de la Commiffion intermédiaire ; il a adouci les afpérités de fon travail ; il a doublé l'étendue de ses forces & l'énergie de fes moyens. Vous allez en juger en comparant ce qu'elle a fait avec la brieveté du temps qui lui étoit donné.

Chargés de vous faire le rapport de ses opérations, nous fentons vivement tout ce que cette partie de notre miniftere réunit d'agréments & de difficultés. Il eft glorieux d'être auprès de vous les organes des dépofitaires de votre confiance, & d'avoir à vous préfenter le riche fonds que leur zèle & leurs talents ont recueilli : mais combien cette tâche n'eft-elle pas difficile à remplir d'une maniere digne d'eux, de vous & de fon importance ?

Votre Commiffion a raffemblé tous les éclairciffements qu'elle a pu fe procurer fur les objets qui compofent vos inftructions du 22 Août dernier. Elle ne s'eft pas contentée de faire un recueil aride de faits & de pieces ; elle a effayé de dégroffir les matieres en fe livrant à l'examen des principales réflexions qu'elles lui ont fait naître.

Elle s'eft appliquée à diftinguer celles qui peuvent intéreffer plus fpécialement votre zèle ; & fi quelques points ef-
fentiels à fixer lui ont paru fufceptibles de divifer les opinions, fans fe permettre d'anticiper fur la folution qui n'appartient qu'à vous , elle s'eft occupée de rapprocher &
de balancer les raifons oppofées pour faciliter votre dé-
cifion.

RAPPORT SUR LES TRAVAUX PUBLICS.

CETTE branche d'adminiftration a mérité, par fon importance , l'attention particuliere de votre Commiffion. La sûreté & la facilité des grandes communications intéreffent
le Gouvernement , le Commerce & l'Agriculture. Elles
contribuent à la décoration & à la profpérité du Royaume.

Depuis un demi-fiecle la fcience de l'art & le régime
de la manutention ont fait dans cette partie des progrès
marqués vers la perfection. Ils font fpécialement fenfibles de
nos jours par le zèle de l'Adminiftrateur integre & éclairé
qui fe dévoue à leur avancement. Nous devons auffi à
l'Ingénieur en chef de cette Généralité ce témoignage dû
aux foins qu'il a pris pour faciliter notre travail , qu'après
avoir obtenu à Montauban des éloges publics de l'Adminiftration de la Haute-Guyenne, il a tout fait ici pour fe
montrer digne de votre confiance & de votre eftime.

On diftingue dans la confection des grands chemins deux
parties différentes. La premiere, appellée *ouvrages de cor-*
vées , comprend toutes les efpeces de travail qu'on pouvoit
faire exécuter par les corvéables. La feconde, appellée
ouvrages des ponts & chauffées , confifte dans la conftruc-

tion des aquéducs, des ponts, des chauffées pavées, dont l'exécution ne pouvoit pas être confiée aux bras inexperts soumis à la corvée. Cette raison à fait appeller encore cette espece de travaux *ouvrages d'art*.

Quoique cette diftinction de dénominations n'ait plus de motif, depuis que l'impôt du travail perfonnel eft heureufement remplacé par une contribution en argent, il faut cependant la conferver encore, parce qu'il refte une différence dans la maniere dont les fonds affectés à ces deux especes d'ouvrages font fournis.

La contribution en argent qui va être levée additionnellement à la taille, en vertu de la Déclaration dn Roi du 27 Juin dernier, n'eft repréfentative que du travail en nature qui étoit exigé par la corvée. Le produit n'en doit donc être employé qu'à la confection des mêmes ouvrages qui ont été faits jufqu'à préfent, par la voie de la corvée; & le Parlement n'a enregiftré la Déclaration du 27 Juin dernier, qu'à cette condition. Ce même produit doit être appliqué directement à fa deftination, fans être porté au tréfor royal.

Au contraire, les fonds deftinés au paiement des *ouvrages d'art*, font confondus avec la taille; ils font partie du fecond brevet, font verfés au tréfor royal, & en font renvoyés dans chaque Généralité, par les caiffes des Tréforiers des ponts & chauffées, après le prélevement qui y eft fait d'une fomme appliquée aux frais du fervice de l'Adminiftration générale des ponts & chauffées à Paris.

On ne peut donc pas confondre ces fonds particuliers,

ni leur deftination, avec la nature & l'emploi de l'impofition *en rachat de corvée.*

M. Lamandé nous a remis l'État du Roi, qui contient
le détail des ouvrages de la premiere claffe, qui fe font
actuellement.

Cet état eft divifé en quatre chapitres.

Le premier eft compofé des frais de réparation ordinaire des parties de routes mifes précédemment à l'état
d'entretien fimple. On appelle *routes à l'entretien fimple,*
celles qui, ayant été finies complétement, n'exigent plus que
d'être réparées tous les ans. Le montant de cette dépenfe
pour l'année préfente 1787, eft de   252,361 l.

· Le fecond chapitre eft compofé des ouvrages qui fe font aux
parties de route qui n'avoient
point été affez avancées pour être
mifes *à l'entretien fimple.* On les
appelle *routes à mettre à l'entretien,* parce que la conftruction
n'en a point été entierement ache-
vée. Le montant de la dépenfe,
pour les parties qu'on finit cette
année, eft de . . . · . .   140,248 l.   7 f.

Le troifieme chapitre contient
les ouvrages qui fe font *aux routes ouvertes & fans chauffées,* pour

392,609 l.   7 f.

En l'autre part ,   392,609 l. 7 f.

en avancer la confection. On appelle ainfi les chemins, dont on
n'a fait que tracer & ouvrir l'emplacement, fans que le terrein en
ait encore été foumis à aucune
manipulation. La dépenfe de cette
partie n'eft , pour cette année,
que de . . . : . . .   18,592 l. 15 f.

Le quatieme chapitre eft formé
des travaux qui fe font aux parties de routes qui font *à faire à
neuf*, foit pour les commencer,
foit pour les continuer. Le montant de cette claffe d'ouvrages
s'éleve pour l'année actuelle, à .   261,449 l. 15 f.

Total de la dépenfe en ouvrages
anciennement dits *de corvée*, ⎯⎯⎯⎯
qui fe font en 1787. . . .   672,651 l. 17 f.

L'État du Roi, qui fera remis au Bureau chargé des
travaux publics, vous indiquera, Meffieurs, quelles routes & quelles parties de ces routes font l'objet de ces différents ouvrages. Nous ne vous préfentons ici que la maffe
des travaux, la divifion générale de leurs efpeces, & le
montant de la dépenfe.

La diftribution, l'appréciation & l'exécution de ces ouvrages, n'intéreffent point les fonctions pour lefquelles
                                             vous

vous êtes raſſemblés , parce que la manutention ne vous
en eſt pas remiſe. Les travaux à faire en 1788 , ſeront les
premiers confiés à votre adminiſtration.

Mais la méthode qui a été ſuivie , doit vous être connue.
On a diviſé les travaux de chaque route en ateliers , comme il ſe pratiquoit ſous le régime de la corvée. On a attaché à chaque atelier un certain nombre de paroiſſes ,
dont les contributions correſpondantes à la dépenſe de
l'atelier ont été deſtinées à la payer. Les devis & les cahiers des clauſes de l'adjudication de chaque atelier , ont
été dépoſés aux bureaux des Subdélégués. Toutes les paroiſſes attachées à un atelier , ont été averties par des
affiches imprimées , du jour & du lieu où l'adjudication
en ſeroit faite. Les Syndics ont été invités de s'y trouver ,
pour faire les obſervations qu'ils jugeroient néceſſaires à
l'intérêt de leurs Communautés ; enſuite on a procédé aux
adjudications.

Il eſt aiſé de reconnoître que le plan général , & la plupart des détails de cette méthode , ſont imités du projet de
réglement que l'Adminiſtration Provinciale du Berry ar-
rêta dans ſon Aſſemblée du 10 Novembre 1780 , & que
SA MAJESTÉ a depuis érigé en loi pour cette province ,
par l'Arrêt du Conſeil du 13 Janvier 1781.

Quant aux *ouvrages d'art* qui ſe font en cette année
1787 , l'État particulier du Roi qui les concerne en fixe les
fonds deſtinés aux travaux généraux & ordinaires à la ſomme
de . . . . 202,970 l. 16 ſ. 10 d.

Il y a en outre une ſomme ex-

C

En l'autre part, 202,970 l. 16 f. 10 d.
traordinaire de 10,000 l. accordée
pendant cinq années, pour être
employée au chemin de Gifors
aux Tilliers, par Dangû. La troifieme année fe paie actuellement,
& la'cinquieme, qui fera la derniere, échéera en 1789. Ces 10,000 l.
ne peuvent être appliquées qu'à
leur deftination fpéciale . . .   10,000 l.

             Total , . . . 212,970 l. 16 f. 10 d.

L'emploi de cette fomme eft divifé en cinq articles généraux.

. Le premier eft compofé des *frais d'entretien des chauffées pavées* , qui font au compte du Roi, & de ceux de
l'entretien des plantations faites aux bords des routes.
Cette dépenfe eft en cette année
de . . . .   27,410 l.

Le fecond article eft compofé
de *Parfaits paiements,* c'est-à-dire,
de la folde finale des ouvrages qui
ont été achevés l'année derniere,
ou qui avoient été finis, & étoient
reftés dûs plus anciennement. Il
monte pour cette année à . .   53,813 l.   1 f. 10 d

Le troifieme article , appellé . . . . . .
                        81,223 l.   1 f. 10 d.

En l'autre part , 81,223 l. 1 f. 10 d.
Continuations d'ouvrages , eſt formé des paiements qui ſe font , ſoit
pour avancer des conſtructions
auxquelles on a déjà travaillé
dans les années précédentes , ſoit
pour avancer la ſolde définitive
des ouvrages reſtés dûs. Sous ce
dernier rapport , cet article ſeroit
mieux intitulé : *Continuations de
paiements.* Il monte en 1787 à . 27,447 l. 15 f.

Le quatrieme article , nommé
Anciens ouvrages , eſt compoſé des
paiements qui ſe font pour parvenir à acquitter des ouvrages finis,
& reſtés dûs dès avant 1781 , parce
que les fonds manquérent pendant
la derniere guerre. Cette dette
montoit à 105,900 l. 12 f. 1 d. à la
fin de Décembre 1782 , ſuivant l'é-
tat que M. de Ceſſart en a laiſſé
au Bureau des ponts & chauſſées,
certifié & ſigné par lui. Elle s'ac-
quitte tous les ans à proportion
des fonds qu'on y peut appliquer.
Les paiements faits cette année
montent à . . . . 20,000 l.

Il n'en reſtera plus en 1788 que

128,670 l. 16 f. 10 d

En l'autre part, 128,670 l. 16 f. 10 d.
pour 30,898 l. 16 f. 4 d. qui fe
trouvent employés comme folde
définitive, & au titre des *Parfaits
paiements*, dans l'*Avant-projet*
qui vous fera propofé pour l'année 1788.

Le cinquieme article, fous le
titre de *Nouveaux ouvrages*, confifte dans des conftructions de
ponts, de ponceaux & de chauffées pavées dans plufieurs parties
de routes, dont les travaux font
commencés cette année. Cette dépenfe, dont vous trouverez l'indication par détail dans l'État du
Roi, eft de . . . . 27,060 l.

Le fixieme & dernier article eft
compofé des appointements &
gratifications des Ingénieurs, &
des falaires & frais des Conducteurs & des Piqueurs. Dans ces
derniers frais, on comprend les
dépenfes des levées de plans, des
nivellements de terreins, des recherches & fondes de carrieres, &
celles de l'achat & de l'entretien
des outils.

155,730 l. 16 f. 10 d.

En l'autre part , 155,730 l. 16 f. 10 d.

Les appointements des Ingénieurs font fixés par leurs brevets & commiffions. Leurs gratifications le font par le Miniftre, d'après les comptes qui lui font rendus. Les falaires & frais des Conducteurs & des Piqueurs font réglés, fuivant leur travail, fur les états de dépenfe fournis & vérifiés, & d'après les certificats des Ingénieurs des départements, révifés par l'Ingénieur en chef.

La dépenfe pour les appointements des Ingénieurs varie fuivant le plus ou le moins grand nombre de ceux qu'il eft néceffaire d'employer dans la Généralité. Celle des gratifications varie auffi fuivant la quantité & le dégré d'importance des ouvrages qui ont été faits. Celle des Conducteurs & des Piqueurs varie de même à proportion de leur nombre & du temps qu'ils ont été employés.

Cet article fe monte en entier pour cette année à . . . . . . 57,240 l.

Total de la dépenfe égal à la recette, ... 212,970 l. 16 f. 10 d.

Nous ne vous avons préfenté fur ce fecond État du Roi, comme fur le premier , que la grande divifion de fes articles principaux : mais l'État lui-même , & tous les renfeignements néceffaires pour connoître les particularités de chaque article , feront remis au Bureau des travaux publics. Les détails feront intéreffants à approfondir , notamment pour vérifier combien il refte dû par la Généralité , pour achever les *ouvrages en continuation* , afin que la connoiffance précife des engagements contractés mette à portée de proportionner l'étendue des entreprifes nouvelles à la quotité des fonds libres & difponibles.

Tels font, Meffieurs, les éclairciffements que votre Commiffion a acquis fur l'étendue & fur la nature des ouvrages qui fe font maintenant dans la Généralité ; fur la quotité , fur la nature, & fur le mode de l'emploi des fonds qui y font deftinés. Vous connoiffez par-là le point d'où vous allez partir. Nous allons vous expofer ce que votre Commiffion a recueilli de moyens propres à diriger vos premieres opérations , en diftinguant toujours les ouvrages en rachat de corvée des ouvrages d'art.

L'impofition en rachat de corvée étant du quart du premier brevet de la taille , & du quart de la capitation roturiere des Villes & des Communautés franches, peut s'élever environ à la fomme de 724,000 liv. Voilà l'étendue de vos forces pour la partie des ouvrages qui étoient faits précédemment par le travail perfonnel des corvéables.

Vous avez à en déterminer l'emploi pour l'année 1788.

Le produit eft tout entier à votre difpofition par l'attention que M. l'Intendant & M. Lamandé ont eue de ne le diminuer par aucune anticipation ni par aucun engagement, à raifon des difpofitions qu'ils ont faites en l'année préfente.

Votre Commiffion a penfé que la premiere notion à acquérir, pour régler avec difcernement la diftribution des travaux, étoit celle du nombre des grandes routes de la Généralité, de l'objet & de l'utilité de chacune.

Elles font divifées en trois claffes; & cette divifion eft très-propre à fixer entr'elles le dégré d'intérêt & l'ordre de préférence qu'elles méritent.

La premiere claffe eft compofée de celles qui partent de Paris, centre du mouvement de tout le royaume, & traverfent notre Généralité, pour conduire à quelques lieux importants de fes extrémités : telles font,

1°. La route de Paris au Havre, par Vernon, Rouen, Yvetot & Harfleur.

2°. La route de Paris à Dieppe, par Magny, Rouen & Toftes.

3°. L'autre route de Paris à Dieppe, par Gifors, Gournay & Forges.

4°. La route de Paris à Caen, par Evreux & Lifieux.

5°. Enfin, celle de Paris en Bretagne, depuis les confins de la Généralité d'Alençon, du côté de Dreux, jufqu'à la limite au-delà du hameau du Sarrier, en paffant par Nonancourt.

La seconde classe est composée des routes qui tendent d'une Province à une autre, sans passer par Paris : telles sont,

1°. Celle d'Amiens en basse-Normandie, par Aumale, Neufchâtel, Rouen & Briosne.

2°. Celle de Rouen à Orléans, par Evreux & Nonancourt.

3°. Celle de Rouen à Dunkerque, par Neufchâtel & Blangi.

4°. Celle de Rouen à Beauvais, par Dernétal, Vacueil & Gournay.

5°. Celle de Picardie en Bretagne, passant par Gisors, les Tilliers, Vernon & Pacy, où elle s'embranche à la route de Paris à Caen.

6°. Enfin, celle de Rouen à Caen, par Bourg-Achard, Pont-Audemer, Pont-Lévêque & Troarn.

La troisieme classe est composée des communications de ville à ville dans l'intérieur de la Généralité : tels sont les chemins,

1°. De Rouen à Honfleur, par Pont-Audemer & Saint-Samson.

2°. Du Havre à la Ville d'Eu, par Goderville, Fécamp, Cany, Saint-Valery & Dieppe.

3°. De Rouen au Havre, par Duclair, Caudebec, Saint-Romain & Lillebonne.

4°. De Dieppe à Forges, par Neufchâtel & Saint-Vaast.

5°. De

5°. De Rouen à Fécamp, par Fauville.

6°. De Rouen à Saint-Valery, par Doudeville.

7°. De Dieppe à Aumale, par Envermeu.

8°. D'Yvetot à Pont-Audemer, par Caudebec & le bac de la Mailleraie.

9°. D'Honfleur à Lisieux, par Pont-Lévêque jusqu'à la riviere de Manneville.

10°. De Rouen à Gilors, par Etrépagny.

11°. De Rouen à Elbeuf & au Neufbourg, faisant partie de la route d'Orléans jusqu'à la limite de la Généralité.

12°. De Vernon à Magny, depuis la sortie du fauxbourg de Vernonnet jusqu'à la porte de Magny.

13°. De Vernon à Mantes & à Meulan, par la Roche-Guyon.

14°. De Magny à Mantes, depuis Magny jusqu'au village de Drocourt.

15°. D'Andely à Vernon.

16°. D'Andely à la grande route de Paris par Magny jusqu'aux Tilliers.

17°. De Chaumont à la route de Paris à Dieppe, près le village de Lierville.

18°. De la Ville d'Eu au Tréport.

19°. Du Pont-de-l'Arche à Fleury, par Pitres & Romilly.

D

20°. D'Elbeuf au Pont-de-l'Arche.

21°. De Louviers à la grande route de Paris au Havre, par Vernon.

22°. De Neufchâtel à Yvetot, par Toftes.

23°. De Rouen à Aumale, par Ecales & Forges.

24°. De Lifieux à Falaife, par le Mefnil-Durand, pour la partie qui eft fur notre Généralité.

La feconde connoiffance qui a paru néceffaire à votre Commiffion pour déterminer la préférence des ouvrages, eft celle de l'état dans lequel chacune des routes fe trouve actuellement.

Nous citerons pour exemple celle de Paris au Havre, par Vernon & Rouen ; elle eft la principale, du moins en étendue, & la plus ancienne de la Généralité.

Elle a 74247 toifes 3 pieds de longueur, à partir du pont de Blarû, limite de la Généralité de Paris.

Ces 74247 toifes 3 pieds, fe divifent de la manière qui fuit.

17125 toifes 2 pieds, font en pavé à l'entretien du Roi.

1528 toifes 4 pieds, font en pavé à l'entretien des villes.

50981 toifes 5 pieds, font à la charge de la Généralité, *à l'entretien fimple.*

4376 toifes 2 pieds, *font à mettre à l'entretien.*

235 toifes 2 pieds, *font à faire à neuf.*

74247 toifes 3 pieds.

Ce que nous venons de dire de cette route principale eft commun aux autres; il y a dans prefque toutes des parties à faire à neuf, & des parties qui n'ont pas encore été affez perfectionnées pour être mifes à l'entretien fimple. Nous remettrons au Bureau un grand tableau dreffé par les foins de M. Lamandé, qui préfente toutes les routes divifées par claffes, leur étendue, leur deftination, l'état actuel de chacune de leurs parties, les dépenfes particulieres que chaque partie exige, & la dépenfe générale, tant pour l'entretien annuel, que pour [achever la confection de tous les chemins ordonnés dans la Généralité.

Votre Commiffion n'a pas regardé comme douteufe la néceffité de prélever d'abord fur les fonds de chaque année la fomme qui fera néceffaire pour l'entretien fimple des parties de route achevées, qu'il eft effentiel de maintenir en bon état. Ces frais font évalués, par apperçu dans le tableau, à la fomme de 291,314 l. 12 f. 8 d.

Nous croyons néceffaire de vous prévenir, Meffieurs, fur cette évaluation, & fur toutes celles que nous vous annoncerons, que nous les préfentons telles qu'elles nous ont été données. La Commiffion intermédiaire n'a eu ni le temps ni les moyens d'en vérifier l'exactitude. M. Lamandé ne les a données, lui-même que comme des approximations qui ne pourront être rectifiées exactement que par la confection des devis & détails de chaque objet. C'eft aux effets de votre zele & de l'expérience, que nous remettons le foin d'éclairer l'opinion publique, & de fixer la vôtre fur la vraie valeur des matériaux &

D 2

de la main-d'œuvre dans les différents cantons de la Généralité.

Mais par quelle méthode pourverrez-vous à l'entretien des routes ? En Berry on a préféré à l'ancien usage des adjudications annuelles, le parti de faire des baux d'entretien, après un procès-verbal dressé pour servir de regle au fermier , de l'état de chaque partie de route affermée, de la largeur & de la profondeur des fossés, de la hauteur des chaussées, de l'état des murs de soutenement, & des autres ouvrages à la charge de la Province. Ce procédé qui réunit plusieurs avantages, est aussi celui que le Gouvernement vous indique.

Votre Commission a pensé que les baux seront d'autant plus utiles , qu'ils seront faits à plus longs termes ; parce qu'ils intéresseront les fermiers à faire les premieres réparations d'une maniere plus solide , & à en soigner plus attentivement l'entretien. Mais il lui a paru aussi qu'il seroit bon de ne les faire que pour trois années d'abord, parce que cette durée exciteroit assez l'intérêt des fermiers , & conserveroit la faculté d'essayer si , après ce terme , les conditions de ces baux ne pourroient pas devenir meilleures.

Vous examinerez encore s'il ne sera pas d'une sage administration d'insérer dans les baux d'entretien les deux clauses suivantes, qui se trouvent dans les charges des adjudications faites cette année. La premiere , est qu'outre le nombre des ouvriers nécessaires pour l'entretien de la route, le fermier sera tenu d'y établir des Cantonniers , sans être

forcé de garder ceux dont il aura raifon d'être mécontent,
& avec obligation de renvoyer ceux que l'Ingénieur ou
l'Adminiftration congédiera pour incapacité ou mauvaife
conduite. La feconde, eft que le fermier fera tenu de payer
chaque année une fomme qui fera fixée en forme de gratification aux Cantonniers, fuivant l'état de diftribution
qui lui en fera remis par l'Ingénieur ou par l'Adminiftration.

Quand vous aurez prélevé, Meffieurs, les fonds néceffaires à l'entretien, & réglé tout ce qui eft relatif à leur emploi, vous aurez à déterminer celui des fonds reftants, applicables à l'avancement des conftructions. C'eft ici que le
fujet d'un examen très-important s'eft offert aux méditations de votre Commiffion.

L'impôt en rachat de la corvée étant levé dans tous les
Départements, il eft naturel que tous aient le defir commun de jouir de l'emploi de leurs deniers. Pour fatisfaire
à ce vœu général, il faudroit établir les travaux dans tous
les Départements à la fois, & les avancer dans chacun à
raifon des forces de fa contribution. Chaque territoire jouiffant ainfi de l'application des fonds qu'il donne, profite-
roit de la dépenfe générale, à raifon de fon apport contingent.

Il faut convenir que cette confidération d'un très-grand
poids, eft de nature à produire d'abord une vive impreffion : cependant les inconvénients de l'état d'imperfection dans lequel prefque toutes les routes de la Généralité fe trouvent, peuvent fournir des motifs raifon-

nables d'opérer différemment, au moins dans l'année prochaine.

Il a paru indispensable à votre Commission de vous mettre en état de juger avec maturité si, au lieu d'employer
en constructions de nouvelles parties de routes les fonds qui
excéderont la dépense d'entretien, il ne seroit pas préférable de s'occuper exclusivement en 1788, de mettre toutes
les parties de routes déjà travaillées, à l'état d'*entretien
simple*.

L'estimation de la dépense à faire pour atteindre ce but,
la porte par apperçu, à 325,013 liv. En y réunissant celle
de 291,314 liv. pour les entretiens de l'année prochaine,
les deux sommes s'élevent ensemble à 616,327 l. Ainsi les
fonds de l'année 1788 suffiront pour ce double objet ; mais
on ne peut pas se dissimuler qu'ils s'y trouveront presqu'entierement absorbés.

De là naissent deux objections ; la premiere, tirée de ce
qu'aucune des routes commencées ne recevroit d'accroif-
sement dans le cours de l'année prochaine ; la seconde, de
ce qu'une partie des contributions de plusieurs Départements, qui n'ont pas de quoi les consommer par ce genre
d'emploi, seroit distraite hors de leur territoire.

Le devoir de votre Commission a été de recueillir avec
ces objections les réponses dont elles lui ont paru susceptibles.

Elle a vu d'une part, que l'inconvénient de retarder
pour une seule année l'avancement des routes à neuf pourroit être infiniment surpassé par les avantages de mettre

toutes les parties actuellement faites en état de perfection.

1°. A ce moyen, & en se faisant pour l'avenir la loi d'achever toujours complétement les parties qui seront nouvellement entreprises, il ne subsisteroit plus que la seule distinction des routes à faire à neuf, & de celles entierement finies mises à l'entretien. On réduiroit donc de moitié cette quadruple partition de *routes à l'entretien simple*, de *routes à mettre à l'entretien*, de *routes ouvertes sans chaussée*, de *routes à commencer à neuf*, qui surcharge maintenant les tableaux & les états des Ingénieurs, qui embarrasse autant les combinaisons des administrateurs que la manutention des préposés, & qui annulle pour ainsi dire le produit des forces, en en divisant trop l'emploi.

2°. A ce premier avantage, toujours si important, de simplifier les détails d'une grande administration, il faut joindre encore celui d'une précieuse économie ; parce que les dépenses qu'il ne faut pas moins faire sur les parties de routes imparfaites, seulement pour empêcher que leur imperfection ne s'augmente, doivent être comptées comme des dépenses perdues.

3°. Si les routes principales, comme celle de Paris au Havre par Vernon, celle de Paris à Dieppe par Magny & Rouen, étoient complétement réparées, on diminueroit au moins de moitié les frais annuels de leur entretien, en usant du droit qui seroit acquis par-là, de n'y permettre le roulage qu'avec des roues à jantes larges.

4°. Il est vrai que cette amélioration générale coûteroit

le facrifice de toutes les conftructions à neuf qui pourroient
être faites l'année prochaine : mais pour cette feule année
de retard dans l'avancement des routes , quel redoublement d'activité n'acquéreroit-il pas aux années fuivantes ,
lorfque la totalité des fonds y feroit appliquée , à la feule
déduction des frais de l'entretien ordinaire , qui feroient
eux-mêmes rabaiffés ? Il paroît que la fomme des travaux
à neuf , qui ne pourroit être remplie qu'en dix ans , dans
l'état actuel, pourroit l'être en huit par le plan propofé , &
qu'ainfi le retard apparent eft plutôt un moyen d'accéléra-
tion réelle. Tous les avantages s'y trouvent réunis ; fimplicité dans le régime , économie dans la dépenfe , avancement dans l'exécution.

Quant à l'objection tirée de la diftraction d'une partie
des contributions hors le territoire de quelques Départements , elle offre elle-même le fujet d'une queftion importante.

Poferez-vous , Meffieurs , comme un principe déformais
invariable dans votre adminiftration , que la contribution
de chaque Département fera toujours & néceffairement
employée dans fon territoire ?

On gagneroit par-là de faire refluer l'impôt en dépenfe
fur chaque canton qui le fournit , & à mefure qu'il y feroit
levé : par-là , le fentiment fi confolant de la jouiffance préfente , ou très-prochaine , viendroit adoucir la difficulté du
paiement : par-là , le bien s'opéreroit en même-temps dans
tous les lieux , & pour tout le monde : mais n'eft-il pas
vrai auffi qu'il ne s'opéreroit que partiellement , imparfai-
tement ,

tement, lentement, & presqu'insensiblement dans chaque partie ?

En réglant au contraire l'emploi des contributions sur les besoins généraux du commerce, & sur les intérêts les plus étendus dans la Généralité, il semble qu'on entreroit mieux dans l'esprit, & qu'on atteindroit avec plus de succès au but essentiel de toute administration publique. Toutes les fois qu'une nécessité générale solliciteroit de faire avancer spécialement la confection d'une route, cette nécessité vérifiée, développée, sentie, produiroit contre tous les Départements l'obligation de s'y soumettre par ce principe fondamental dans toutes les sociétés, que l'intérêt particulier doit céder à l'intérêt public. Il seroit aisé de satisfaire ensuite à la justice particuliere, en observant que chaque Département reçût à son tour pour les ouvrages de son district, des secours qui lui seroient rendus réciproquement par les autres Départements.

Votre Commission a pensé cependant que, sans vous faire une loi absolue d'employer toujours les contributions dans chaque Département, il ne faudroit les en distraire qu'avec beaucoup de circonspection, & seulement par de puissants motifs d'intérêt public : parce qu'un des grands avantages attachés à la conversion du travail personnel en une prestation pécuniaire, est celui de pouvoir étendre les travaux dans la Généralité sur tous les points de sa surface, & de tirer ainsi de l'emploi des fonds qui y sont destinés, les mêmes secours locaux que des fonds de charité.

E

Elle a penfé encore que, quelqu'opinion que vous adoptiez
fur ce point pour faire la regle du régime général, l'intérêt prépondérant de mettre à l'état d'entretien fimple toutes
les parties de routes actuellement faites, devroit en ce moment déterminer vos fuffrages. Quand vous préféreriez le
parti de concentrer pour l'avenir dans chaque Département l'emploi de fes contributions, vous n'y feriez exception que pour l'année prochaine ; & cette exception
même faciliteroit davantage l'exécution de votre plan dans
la fuite.

Des états formés pour chaque Département tant de la
quotité de fa contribution, que du montant de la dépenfe
à faire pour mettre toutes fes routes à l'entretien fimple,
vous montreront de combien les forces de chacun font au-
deffus ou au-deffous de cette dépenfe. Vous verrez par-là
combien on diftrairoit des fonds des premiers pour fuppléer à l'infuffifance des autres. Ceux qui fe trouveroient
privés en 1788 de l'application d'une partie de leurs contributions, feroient indemnifés les années fuivantes, en leur
faifant rapporter leurs quotités diftraites par les Départements qui en auroient profité en 1788. L'emploi des contributions fe trouveroit donc en très-peu de temps, non-
feulement de niveau par-tout, mais encore applicable par-
tout au feul objet des conftructions neuves, à la déduction
près du coût de l'entretien.

Dans l'hypothèfe encore où l'emploi des contributions
feroit toujours appliqué au territoire de chaque Département, votre Commiffion a trouvé une derniere obferva-

tion néceffaire à vous préfenter en faveur du Département
de Rouen.

Cette ville eft le centre d'où partent, en s'éloignant ,
toutes les routes qui conduifent aux extrémités de la Généralité. Plus les autres Départements en font éloignés ,
moins ils fupportent de chemins. Plufieurs n'en ont qu'un
feul , tandis que celui de Rouen eft chargé de tous ceux
qui tendent des divers points de la circonférence à ce
centre commun.

Réduit à fa feule contribution , non-feulement ce Département ne pourroit pas achever les parties de routes
qui reftent à faire à neuf dans fon diftrict ; mais il eft
même douteux que fes fonds fuffifent à la charge de fes
fimples entretiens. Toutes chofes égales d'ailleurs , fes dépenfes en ce genre font encore plus fortes que celles des
autres Départements , tant par la plus grande cherté de
la main-d'œuvre au voifinage de la ville , que parce que
les routes y font plus dégradées à raifon de la plus grande
fréquentation.

Or, cette furcharge du Département de Rouen n'eft-
elle pas occafionnée par le befoin journalier que toutes
les parties de la Généralité ont de communiquer avec fa
capitale, pour la juftice, pour le commerce & pour la
finance? Vous examinerez fi , dans le régime fuppofé, il
ne feroit pas d'une équité rigoureufe, que tous les Départements fourniffent un contingent pour compléter au befoin les frais des conftructions neuves , & même ceux de
fimple entretien dans le Département de Rouen, fi fa propre contribution n'y fuffifoit pas.

E 2

Voilà, Messieurs, les observations générales que votre
Commission a cru propres à préparer votre travail sur
l'emploi à faire en 1788 des fonds de l'imposition en rachat de corvée.

Quant aux *ouvrages d'art*, M. Lamandé nous à remis
un *Avant-projet* de l'État du Roi, disposé pour l'emploi
des fonds affectés à cette partie en 1788.

On y voit que les fonds accordés sont, comme en 1787,
de la somme de . . . . . . 202,970 l. 16 f. 10 d.

Et de celle de 10,000 l. pour
la quatrieme année de l'extraordinaire destiné à la confection
du chemin de Gisors aux Tilliers, par Dangû, ... 10,000 l.

Total, ... 212,970 l. 16 f. 10 d.

L'emploi de cette somme est divisé en cinq articles
généraux.

Le premier est composé, comme dans l'état de 1787,
des frais d'entretien des chaussées pavées au compte du
Roi, & des plantations aux bords des routes, pour la
même somme de . . . . . . 27,410 l.

Le second article est composé de
Parfaits paiements. Les numéros
de 6 à 16, forment la solde finale
des *Anciens ouvrages* restés dûs, du
temps de M. de Cessart. Cette solde

27,410 l.

En l'autre part , 27,410 l.

est de . . . . 30,898 l. 16 f. 4 d.

Le n°. 17 est
pour les *pon-
ceaux de Man-
neville*, qui sont
dans l'État de
1787, au nom-
bre des *Nou-
veaux ouvra-
ges*, & qui vont
être finis cette
année , ... 19,990

50,888 l. 16 f. 4 d.

Le troisième article consiste dans
des *Continuations d'ouvrages* , ou
plutôt de paiements. Il s'élève à la
somme de . . . . 75,932 l. 6 d.

Le quatrieme article, sous le titre
de *Nouveaux ouvrages*, consiste dans
la construction de trois ponts , dont
on propose de commencer le travail en 1788. Ces ponts sont celui
de Harfleur ; sur la route du Havre ;
celui de Saint-Sauveur, sur la route
d'Honfleur, & celui du Petit-Appeville, sur la route du Havre à Dieppe.
Il n'y a d'assigné, par *l'Avant-projet*,

154,230 l. 16 f. 10 d

En l'autre part , 154,230 l. 16 f. 10 d.

que la fomme de 100 l. pour cha-
cun de ces trois ponts, en tout .   300 l.

Cette fomme modique annonce
moins un travail réel qu'il s'agiffe
de faire l'année prochaine à ces
ponts, qu'elle ne fert à les défigner
& à fixer leur rang, pour être les
premiers *Ouvrages d'art* que M. Lamandé propofe d'entreprendre nouvellement.

Les raifons alléguées pour les préférer, font, 1°. pour le pont de Harfleur, qu'il eft néceffaire à la fûreté
de la premiere route de la Générali-
lité ; 2°. pour le pont de S. Sauveur,
qu'il eft en bois, qu'il s'écroule par
vétufté, & qu'il intercepteroit le
paffage fur cette route importante ;
3°. pour le pont du Petit-Appeville,
qu'il fera peu couteux, & qu'il eft
néceffaire pour donner au public la
jouiffance d'une grande étendue de
route qui eft finie en ce canton, &
qu'on eft obligé d'abandonner pour
fe détourner dans un mauvais chemin du village.

154,530 l. 16 f. 10 d.

En l'autre part , 154,530 l. 16 f. 10 d.

Le cinquieme & dernier article
eſt compoſé des appointements &
gratifications des Ingénieurs , des
ſalaires & frais des Conducteurs
& des Piqueurs , évalués à . . 58,440 l.

Total de l'emploi égal à la ſom-
me des fonds ; . . . . . . 212,970 l. 16 f. 10 d.

Votre Commiſſion n'a , Meſſieurs, qu'une obſervation
à vous faire ſur cet *Avant-projet*. Il n'eſt , comme ſon nom
l'indique, qu'un ſimple proſpectus ; & il ne contient que
des déſignations pour l'emploi des fonds de 1788. Vous
êtes maîtres de les changer , ſi vous découvrez des appli-
cations plus avantageuſes. Cette vérification ſera un des
objets du travail du Bureau que vous chargerez de cette
matiere.

Il ne nous reſte plus qu'à vous expoſer les moyens que
votre Commiſſion a recueillis pour aſſurer dans cette partie la fidélité de l'exécution , & prévenir les abus de la pratique. Ils ſe rapportent aux quatre objets ſuivants ; l'exactitude des eſtimations dans les devis par détail de chaque
partie d'ouvrage ; la régularité , le concours & l'impartialité dans les adjudications ; la ſurveillance aſſidue ſur
les ateliers pendant le temps du travail ; & la vérification
rigoureuſe des ouvrages avant leur réception.

Le premier objet paroît facile à remplir, par cette ſeule
précaution que l'Ingénieur en chef remettroit à l'Aſſemblée ou à ſa Commiſſion, les projets des devis eſtimatifs contenant toutes les indications néceſſaires ſur la nature du

terrain de chaque atelier, sur le prix des matériaux, sur celui de l'extraction & des transports, sur celui de la main-d'œuvre, &c. afin que l'Assemblée ou sa Commission pût prendre tous les renseignements, & faire toutes les observations qu'elle jugeroit convenables, avant que ces devis fussent envoyés au Ministre.

Sur le second objet, la Commission vous propose d'examiner s'il ne sera pas nécessaire que les adjudications soient faites dans chaque Département avec la plus grande publicité, par l'Assemblée de Département elle-même, ou par sa Commission, & que les Procureurs-Syndics soient spécialement chargés de dénoncer tout ce qui leur paroîtra nuisible, & de réquérir tout ce qui leur semblera favorable à leur succès ;

Si pour mettre la délicatesse des Ingénieurs des Départemens à l'abri de tout soupçon d'une influence partiale en faveur des entrepreneurs ordinaires, vous ne pourriez pas vous rendre au desir qu'ils ont eux-mêmes manifesté d'être dispensés d'assister aux adjudications, excepté dans les cas où leur présence paroissant nécessaire, ils y seroient mandés ;

Si vous n'emploierez pas la réunion de tous les moyens praticables pour découvrir & punir la fraude des Conducteurs & des Piqueurs d'ouvrages qui se rendroient adjudicataires sous des noms interposés ;

Si vous ne parviendriez pas à augmenter le nombre & la concurrence des enchérisseurs, en invitant toutes les personnes du pays où les ateliers seront établis, à se présenter fenter aux adjudications ; en leur affurant la plus grande liberté dans la propofition des encheres, & une préférence raifonnable fur les entrepreneurs étrangers ; en réduifant la valeur des adjudications à un taux modéré, qui les mît à portée d'un plus grand nombre d'enchériffeurs ; en accordant aux adjudicataires nouveaux la protection dont ils croiront avoir befoin contre la jaloufie des entrepreneurs ordinaires ; en ne recevant les plaintes qui feroient portées contre eux & contre la qualité de leurs ouvrages, qu'après avoir vérifié fcrupuleufement les faits, & avoir comparé leur travail avec celui que les entrepreneurs ordinaires auroient fait dans le même temps.

Si le procédé de quelques-uns de ces entrepreneurs qui font plus d'ouvrages qu'il ne leur en a été adjugé, ou qui amaffent des matériaux furabondants fur les berges des chemins, pour en exiger le rembourfement comptant de ceux qui leur feroient préférés à l'adjudication de l'année fuivante, n'eft pas une fraude qu'il faut prévenir en ordonnant que le rembourfement ne pourra être exigé des adjudicataires fubféquents qu'à l'époque où ils recevront leur parfait paiement.

Enfin, fi pour conftater authentiquement les objets contenus en chaque adjudication, il ne fera pas néceffaire qu'un Commiffaire de l'Affemblée de Département fe tranfporte avec un des Procureurs-Syndics, & l'Ingénieur fur l'emplacement de chaque atelier, pour y dreffer, en préfence de l'adjudicataire, un procès-verbal de l'affiète des ouvrages adjugés, contenant l'indication des hauteurs, lon-

F

gueurs, largeurs & profondeurs, & pour planter des piquets de renseignement, ou apposer tels autres signaux
de reconnoissance qui seront jugés convenables, & dont
il sera fait mention dans le procès-verbal.

Le choix de la méthode à adopter pour l'exécution
des *Ouvrages d'art*, méritera de vous occuper particulierement. D'un côté, la voie des adjudications sur encheres
générales & publiques, comme pour les travaux en rachat
de corvée, est la plus propre à exciter la confiance.
D'une autre part, il y a les plus grands inconvénients à
confier l'exécution des ouvrages importants en ce genre
à des entrepreneurs incapables de les bien faire, & dont
l'incapacité peut n'être reconnue que trop tard. Vous balan-
cerez ces considérations opposées; mais si vous incliniez
davantage pour le parti des adjudications publiques, peut-
être trouverez-vous nécessaire de faire précéder votre détermination absolue de quelques essais de cette méthode,
tentés sur des ouvrages peu considérables.

Le troisieme objet a paru à votre Commission ne pouvoir être convenablement rempli que par la réunion des
précautions suivantes.

Que les Ingénieurs des Départements visitent assidue-
ment les routes où les travaux seront en activité, & qu'ils
fassent des procès-verbaux contre tous les adjudicataires
qui s'écarteront de l'exacte exécution des clauses de leurs
devis.

Que dans chaque Département les Procureurs-Syndics
& deux membres de l'Assemblée établis Commissaires des

routes, foient chargés d'infpecter les ouvrages du départetement, & que tous les Députés réfidents dans les arrondiffements, foient en outre réputés Commiffaires de droit
pour exercer la même infpection, & rendre compte de
tout ce qui fera fait tant à l'avantage qu'au détriment du
fervice, afin que vous connoiffiez quel eft le dégré de mérite de tous les fujets dans toutes les claffes.

Que les Conducteurs des ouvrages, les Piqueurs & les
Cantonniers foient commis & deftituables par vous ou par
votre Commiffion, après avoir entendu l'Ingénieur en
chef, & qu'ils reçoivent de vous ou des récompenfes pour
leur bonne conduite, ou des punitions pour leurs fautes,
même celle de la privation de leur état dans les cas graves.

Que les adjudicataires ne puiffent point abandonner
impunément les entreprifes dont ils fe font chargés, &
laiffer leurs ouvrages imparfaits. Jufqu'ici on n'a employé
contre cette défertion des entrepreneurs que la voie de faire
bannir à leur folle enchere les ouvrages qu'ils ont délaiffés; mais l'expérience a prouvé qu'elle eft fouvent infuffifante, parce que la plupart prépofent des enchériffeurs
affidés qui ne tardent pas à abandonner le travail à leur
tour. Le moyen le plus efficace eft d'abord de redoubler
d'attention pour n'admettre aux adjudications que des
hommes connus & folvables, qui donneront des cautions
connues & folvables de même; enfuite d'employer contre
ceux qui manqueroient à leurs engagements la voie des
contraintes pécuniaires exécutées fur eux & fur leurs cautions par la faifie de leurs meubles.

F 2

Sur le quatrieme objet, votre Commiffion a penfé qu'il fera néceffaire qu'un Commiffaire de l'Affemblée de Département fe tranfporte avec un des Procureurs-Syndics, & l'Ingénieur fur les ateliers, pour y procéder en préfence des adjudicataires, à la recornoiffance des fignaux appofés lors de l'affiète, & dreffer procès-verbal de l'état des ouvrages, de la réception qui en fera faite par l'Ingénieur, ou de leur imperfection & de ce qui reftera à faire pour les mettre en bon état. Lors de ce procès-verbal, le Procureur-Syndic pourra requérir, & le Commiffaire ordonner, même d'office, toutes les fouilles, épreuves, & vérifications néceffaires pour conftater la bonne qualité des ouvrages. Le Commiffaire & l'Ingénieur rédigeroient chacun leur procès-verbal féparément; celui de l'Ingénieur feroit remis par lui au Commiffaire qui le joindroit au fien.

Vous verrez, Meffieurs, fi vous maintiendrez l'ufage de faire payer les adjudicataires en trois termes; le premier, lorfque leur ouvrage eft fait à moitié; le fecond, lorfqu'il eft aux trois quarts; & le troifieme, après le jugé parfait. Mais il a paru effentiel à la Commiffion de vous propofer que les Ingénieurs des départements ne délivrent point de certificats pour obtenir des ordonnances d'*à compte* aux adjudicataires qui auront commencé leurs ouvrages d'une maniere défectueufe, & qu'ils conftatent au contraire ces défectuofités; afin que ceux qui en font coupables foient contraints de les réparer avant d'être payés.

La maniere de faire toucher aux adjudicataires l'argent qui leur fera dû, préfente le plus grand embarras. Si on les oblige d'aller faire eux-mêmes la cueillette de leurs deniers chez les collecteurs des paroisses, on en dégoûtera un grand nombre; & ceux qui s'y soumettront né manqueront pas de faire payer leurs peines & leur temps par une diminution de leurs encheres. Si l'on veut établir une caisse dans chaque Département, on remédiera bien au premier de ces inconvénients; mais il est très-difficile de concilier, dans cet établissement, la sûreté des deniers avec l'exemption des frais.

Votre Commission a réservé la discussion & la décision de ce dernier objet à votre prudence.

Les instructions ministérielles qui vous ont été remises ce matin, vous indiquent des vues nouvelles pour distribuer les contributions des communautés & des districts aux dépenses des travaux publics. Vous y donnerez toute l'attention qui vous est recommandée, & qu'elles méritent.

RAPPORT SUR LES ATELIERS DE CHARITÉ.

Nous allons, Messieurs, vous entretenir maintenant des *Ateliers de Charité*, qui, ayant avec la matiere précédente plusieurs affinités, ont aussi cependant leurs principes particuliers.

Les travaux qui les composent sont faits sur les fonds que SA MAJESTÉ veut bien accorder tous les ans pour cet emploi. Ces fonds sont appellés *Fonds de Charité*, parce que leur destination est d'occuper & de faire vivre pendant l'hiver les pauvres dont cette saison calamiteuse augmente les besoins & tarit les sources de subsistance.

Le Gouvernement, trouvant dans cet acte de bienfaisance

un moyen d'accroître le bien général, exige que les fonds
de charité soient employés à des ouvrages d'utilité publique, & spécialement à la réparation des communications
vicinales.

Les communautés des paroisses, & les propriétaires des
grandes terres, sollicitent l'établissement des ateliers de
charité dans leur territoire, & cet empressement a fourni
un moyen de les étendre & de les multiplier. Ceux qui les
desirent offrent, pour les obtenir, des contributions volontaires qui sont acceptées lorsqu'elles montent à la moitié
ou au tiers de la somme des fonds du Roi ; c'est-à-dire, que
quand la dépense d'un atelier doit être de 3000 l., on n'accorde sur les deniers publics que 1500 l. ou 2000 l. au
plus ; l'excédent est payé par ceux qui demandent l'atelier.

M. Lamandé nous a remis l'État des ateliers de charité
qui ont été établis cette année. Ils sont au nombre de quarante.

On y voit que les fonds accordés par le Roi en l'année
1787, ont été de . . . . 77,600 l.

Que les contributions des particuliers ont été
de . . . . 29,961 l.

Total, ... 107,561 l.

Et que cette somme ne supporte que le prélevement d'une gratification au profit des Ingénieurs qui dirigent les travaux des ateliers, de
la somme de . . . . 2,000 l.

Reste de net, ... 105,561 l.

Nous devons vous prévenir ici que les fonds de charité, accordés ordinairement à notre Généralité, ne font que de 60,000 l.; mais il y a une fomme extraordinaire de 10,000 l. donnée en augmentation de ces fonds, pour les travaux de la route de Gifors à Vernon, pendant cinq ans, qui finiront en 1789. Il y a de même une addition de 6000 l., deftinée au curement de la retenue d'eau qui fert à l'éclufe du port de Saint Valery.

Vous trouverez, Meffieurs, en marge des articles de l'État qui fera remis au Bureau, l'énonciation des motifs qui ont déterminé l'établiffement de chaque atelier. C'eft par leur vérification que vous atteindrez au but que vous vous êtes propofé, celui de connoître *quels font ceux de ces ateliers qui peuvent être continués utilement.*

Voyez page 42 du Procès-verbal de l'Affemblée du 18 Août.

Votre Commiffion a prévu avec quelle activité votre zèle fe porteroit à établir le régime de ce précieux objet d'adminiftration fur fes vrais principes. Le bon emploi des fonds de charité! Aucun de nous ne reftera dans l'indifférence fur un devoir fi intéreffant. C'eft le patrimoine de l'indigence, c'eft le pain, le vêtement, la fuprême reffource de mille individus néceffiteux que le Roi veut bien confier à notre manutention. Tout nous rend cette confiance refpectable, & les obligations qu'elle impofe facrées; la réligion, parce qu'il s'agit d'un fonds d'aumônes; le patriotifme, parce que les pauvres font citoyens; & l'humanité, parce que les pauvres font des hommes qui fouffrent.

Votre Commiffion a penfé, Meffieurs, que l'introduction du moindre arbitraire dans la difpofition des fonds de charité, tendant à en détourner la véritable application, seroit la violation sacrilége d'un dépôt religieux. Elle n'a pas douté que vous vous empresseriez d'employer le seul moyen qui peut le prévenir, en posant des régles désormais invariables, qui auroient la force de vous lier vous-même dans les détails de la pratique. Des régles fixes, non-seulement écartent l'arbitraire, mais elles facilitent le travail en le dirigeant, & elles préviennent les demandes injustes, en éclairant d'avance sur leur inadmissibilité. Le régime des ateliers de charité a les siennes, comme tout autre; & il est aisé de les reconnoître dès qu'on s'occupe de les rechercher.

La premiere de toutes est que les ateliers soient distribués par-tout où les pauvres sont exposés à manquer du nécessaire, faute de travail. Sous ce rapport, ils paroissent plus importants d'abord dans le voisinage des villes, parce qu'elles recelent un plus grand nombre d'indigents. Il faut ensuite préférer dans les campagnes les lieux où des calamités accidentelles rendent le besoin des secours plus pressant. En général, dès que les ateliers sont nécessaires, ils doivent être établis, même quand ils ne seroient provoqués par aucune contribution volontaire. La bienfaisance de Sa Majesté n'attend point sur cet objet le concours de celle de ses sujets.

La seconde régle est d'appliquer toujours le travail des ateliers à des objets d'utilité publique. L'importance de cette maxime a conduit quelques personnes à penser qu'on feroit plus de travaux réellement utiles avec les seuls fonds du Roi, qu'en y adjoignant les contributions des particuliers;

culiers; parce que ces offrandes, déterminées par l'intérêt
personnel, ont le double inconvénient, 1°. de détourner
l'application des ateliers des objets où ils seroient d'une
plus grande utilité publique ; 2°. de les éloigner même quelquefois des lieux où ils seroient plus nécessaires pour le
soulagement des malheureux. La Commission nous a chargés de vous soumettre cette opinion, afin de ne vous laiffer ignorer aucun des éclaircissements qu'elle a recueillis ;
quelque jugement que vous en portiez, l'avantage d'obtenir des contributions volontaires doit toujours rester su-
bordonné à la régle de n'établir les ateliers qu'où ils réu-
niront à l'intérêt particulier un objet certain d'intérêt général.

Or, en considérant le tableau des grandes routes de la
Généralité, on demeure convaincu que leur confection totale, évaluée à plus de 7 millions absorbera pendant une
longue suite d'années les produits de l'imposition qui y est
destinée. Il n'y a donc point de fonds publics applicables à
l'amélioration des communications vicinales dont l'utilité
est encore plus directe pour les habitants de chaque canton, pour les facilités de l'agriculture, & pour l'avantage
des échanges intérieurs, que la confection des grandes
routes. Mais ne pourroit-on pas former une quatrieme
classe, composée de chemins vicinaux, à la confection
desquels vous emploieriez les fonds de charité ?

Pour l'exécution de ce plan, vous demanderiez, Messieurs, aux Assemblées des Départements l'indication des
chemins vicinaux qu'elles jugeroient être les plus utiles dans
leurs territoires. Vous réuniriez ces indications ; vous fe-

G

riez vérifier les différents dégrés de leur utilité relative ; &
vous arrêteriez ensuite un état général de chemins vicinaux,
qui seroit ajouté au tableau des routes, à titre de quatrieme
claffe, pour fournir la matiere des ateliers de charité.

Cette propofition d'un plan fixe pour l'établiffement
des ateliers, n'eft point inconciliable avec la néceffité de
les diftribuer par-tout où les calamités locales appelleront
les fecours. Votre Commiffion a prévu que chacun des dix
Départements fourniroit un grand nombre de communications vicinales intéreffantes à ouvrir ou à réparer. Les ateliers ne feroient pas portés fur chaque communication dans
le deffein d'en pourfuivre le travail continuement dans
toute fa direction : au contraire, les ateliers pourroient
être changés chaque année, foit d'un Département à l'autre, foit d'une communication à l'autre, foit enfin d'une
partie à l'autre de la même communication.

Ce feroit donc moins un chemin qu'on entreprendroit
de faire actuellement dans chaque endroit, que des parties de chemin fans fuite & fans liaifon d'abord, mais qui
ajoutées fans ceffe l'une à l'autre dans le cours d'une direction arrêtée, finiroient à la longue par fe rejoindre, &
compoferoient un chemin. Ainfi, tous les Départements,
& tous les cantons de chaque Département, fe trouveroient
difpofés à recevoir les fecours à proximité des befoins par
des ateliers appliqués à l'avancement de leurs communications vicinales.

Il n'en fubfifteroit pas moins pour les communautés
des paroiffes & pour les propriétaires des grandes terres,

un intérêt d'augmenter, par leurs contributions, les forces de ces ateliers ; soit afin de faire avancer le travail vers les lieux qui les intéresseroient particulierement ; soit afin d'obtenir l'établissement même de l'atelier sur leur terri-toire, lorsque cette préférence pourroit se concilier avec la juste distribution des secours.

La construction des chemins vicinaux, par la voie des ateliers de charité, n'est-elle pas d'ailleurs une œuvre d'hu-manité assez touchante, & un objet d'utilité publique assez intéressant pour exciter dans l'ame des riches sensibles & bons citoyens, le desir d'y concourir par un sentiment de pure bienfaisance, sans mélange d'intérêt personnel ?

En Haute-Guyenne, le Clergé & la Noblesse, frappés de ce que le fardeau de la confection & de l'entretien des routes ne pesoit que sur le Tiers-Etat, offrirent généreu-sement d'y contribuer ; le Clergé, du quinzieme de ses impositions, & la Noblesse, du quinzieme de ses ving-tiemes. Dans le Berry, ces deux Ordres firent des dons volontaires & abondants, pour être appliqués à divers objets d'amélioration publique, & spécialement à l'accé-lération des communications. Est-ce que ces deux Ordres, qui ne le cedent en Normandie à ceux d'aucune autre pro-vince, en lumieres, en justice, en générosité, ne trouve-ront pas dans l'administration proposée des ateliers de charité, le plus digne motif d'exercer de même leurs ver-tus patriotiques ?

Votre Commission, Messieurs, a trouvé important de fixer encore votre attention sur la maniere dont le tra-vail des ateliers doit être exécuté.

G 2

Leur objet étant de procurer de l'emploi & du pain
aux malheureux qui en manquent, le travail doit être fait
à la journée, afin d'y admettre tous ceux qui se présen-
tent. Ni les vieillards, ni les enfants, ni les femmes, ni
aucun de ceux qui, sans être de bons ouvriers, sont cependant capables de faire quelque travail, n'en doivent
être exclus. Tous doivent recevoir également le salaire
commun, parce que tous en ont également besoin pour
vivre, & parce que les fonds de charité sont une aumône
à laquelle la fainéantise seule rend indigne de participer.

Si l'on exécutoit, au contraire, le travail des ateliers à
la tâche, c'est-à-dire, à prix convenu avec un entrepreneur, celui-ci n'emploieroit que les hommes sains, robus-
tes & bons travailleurs, qui trouveroient aisément à s'occuper & à vivre indépendamment des fonds de charité ;
& il écarteroit les vrais pauvres, quoique leur soulagement soit le motif déterminant des ateliers. Cette méthode
seroit donc subversive du principe de l'établissement.

Les pieces qui nous ont été remises, indiquent qu'elle
est encore susceptible de quelques inconvénients qui seront
approfondis par le Bureau chargé de cette partie.

RAPPORT SUR L'ÉTAT DU COMMERCE.

L'INTÉRÊT & les besoins du commerce national, ont occupé très-sérieusement votre Commission, comme ils
avoient excité votre vive sollicitude au mois d'Août dernier.

Dans les premiers instants de l'importation des mar-

chandifes angloifes, l'opinion publique reftoit flottante entre deux affertions contraires. L'une prédifoit la ruine inévitable de nos fabriques & du commerce qui en dérive ;
l'autre n'annonçoit qu'un défavantage paffager, qui cef-
feroit de lui-même aufli-tôt que l'empreffement de la nation, pour les nouveautés qui le provoquoient, feroit fa-
tisfait.

Les effets parurent bientôt juftifier la premiere affertion, & la foutiennent encore. Les marchandifes de fabrication angloife font importées & vendues avec la plus
grande abondance, & l'Angleterre perfifte à dédaigner
les productions de notre induftrie. Plufieurs de nos fabricants diminuent fucceffivement le nombre de leurs ouvriers; quelques-uns occupent leurs ateliers à donner la derniere main à des ouvrages qu'ils font venir d'Angleterre,
dans un état de fabrication imparfaite : après les avoir
achevés, ils les vendent fous leurs noms & fous leurs marques, comme des marchandifes françoifes.

Mais un jugement qui ne feroit fondé que fur ces effets
généraux, qu'on peut regarder encore comme acciden-
tels, ne paroîtroit-il pas trop fuperficiel? La curiofité fran-
çoife a une grande part dans ce prodigieux débit des nouveautés de l'Angleterre. Le préjugé national & l'exagé-
ration du patriotifme, influent de même fur le difcrédit
que nos marchandifes éprouvent dans les comptoirs anglois. Enfin, le découragement précipité de quelques-uns
de nos manufacturiers, n'eft pas une démonftration certaine de la réalité de fes motifs.

Votre Commiffion a défiré de vous mettre en état de

juger fainement & impartialement. Il lui a paru néceffaire d'approfondir quels font, abftraction faite de toutes
les influences paffageres & variables, les avantages & les
défavantages permanents que les dons de la nature & les
progrès de l'induftrie chez les deux nations, établiffent
entre leurs fabriques analogues. Les vérifications que la
Chambre du commerce a fait faire par deux négociants
qui ont vifité les ateliers de l'Angleterre & ceux de notre province; la comparaifon des divers tiffus anglois avec
les nôtres, établie fur les échantillons rapportés; les réfultats expofés dans un mémoire précieux dont la Chambre du commerce vous a fait remettre une copie, ont été
les bafes du travail de votre Commiffion. Elle croit pouvoir vous annoncer que la ruine de nos plus importantes fabriques ne doit pas être l'effet néceffaire de la concurrence
ouverte à nos rivaux; mais que toutes ont befoin d'améliorations importantes & d'encouragements très-effica-
ces, pour ne pas fouffrir beaucoup de cette rivalité.

Cet objet doit vous infpirer le plus grand intérêt, parce
que les manufactures fi nombreufes & fi diverfifiées dans
cette Généralité, font la principale fource de fa richeffe.
Leur produit général s'éleve, fuivant l'eftimation commune,
environ à 90 millions par an de valeur vénale, dont la moitié refte pour le falaire de la main-d'œuvre, pour le gain
des entrepreneurs, & pour les profits du commerce.

Cette immenfe fabrication eft le principe de l'active
circulation du numéraire; qui donne aux productions de
notre fol une valeur fi utile à l'agriculture, fi précieufe à
la propriété, & fi néceffaire pour fournir à la maffe des

impôts que ce pays porte partant de canaux au tréfor royal. Si on en laiffe feulement partager le bénéfice à l'induftrie étrangere, qui menace de l'envahir, ce partage rallentira pour nous le retour du numéraire, par conféquent l'acti-vité de notre commerce, & par contre-coup la valeur des productions de notre agriculture : tout s'appauvrira, & la perception des impôts devenant plus onéreufe, fera plus difficile. Ce rapport lie fpécialement l'intérêt du commerce à celui de votre adminiftration.

Nous allons fimplifier l'expofition des craintes & des efpérances relatives à chaque efpece de manufactures, en divifant celles-ci fuivant la diftinction des matieres qu'elles emploient.

Manufactures qui emploient le coton.

La fabrication des toiles & toileries de coton dans la Gé-néralité eft eftimée, année commune, à cinq cens mille pie-ces, valant de 45 à 50 millions. Les plus nombreux atéliers font à Rouen, dans fes environs, & dans le pays de Caux.

La bonneterie en coton eft encore à Rouen une des fa-briques les plus eftimées en ce genre. Il fe fait dans la ville & dans les bourgs & campagnes des environs au moins trente-fix mille douzaines de bonnets ou de paires de bas, eftimés au prix moyen de 1,800,000 liv.

L'Angleterre oppofe l'induftrie de *Manchefter* à celle de Rouen. Les atéliers de *Manchefter* font une immenfe fabrication d'étoffes de coton de toutes les efpeces. La vé-

rification des échantillons qui y ont été pris paroît annoncer qu'en général les toiles qui en fortent font d'une filature plus égale que les nôtres ; & cependant la plupart
font à un prix inférieur.

Les fabricants de *Manchefter* font une prodigieufe
quantité de mouffelines , qu'ils fe flattent de mettre bientôt en égalité avec celles des Indes.

Ils ont imité nos *guinées*. Il eft vrai que les Negres préfé-
roient encore les nôtres, à caufe de l'éclat & de la variété des
couleurs ; mais *Manchefter* a maintenant nos échantillons,
& nos teinturiers en rouge & en violet bon teint , dont
plufieurs tentés par de grandes offres viennent d'émigrer.

Les métiers à bas ont été perfectionnés en Angleterre de
maniere à rendre leurs opérations plus expéditives , plus
parfaites, & à meilleur marché. Plus de trente mille douzaines de paires de bas & de bonnets de coton viennent
d'être importés ; & l'effet en eft que de douze cens métiers
qui exiftoient en cette ville & dans fes environs, on en
compte déjà plus de cent vacants à Rouen feulement.

En paffant du recit des faits à l'examen des caufes , on
trouve que les Anglois en ont deux certaines & durables
de leur fupériorité dans les fabriques en coton. L'une eft le
bas prix du combuftible néceffaire à la préparation & aux
apprêts de la matiere : le charbon de terre , qui coûte à
Rouen de 47 à 50 liv. le tonneau pefant deux milliers , ne
revient à *Manchefter* qu'à neuf fchellins , ou 11 liv. 10 f.
L'autre eft la grande économie qu'ils font fur les frais de
la main-d'œuvre par l'ufage de leurs ingénieufes inven-
tions

tions pour accélerer & perfectionner tout à la fois la filature. Les campagnes de *Manchefter* , & toute la province
de *Lancaftre* , font remplies de ces grandes machines qui ,
mues par un courant d'eau ou par une pompe à feu , fervent à décarder , à filer , à tiffer ; à apprêter ; à blanchir ;
& les *jennys* , petits inftruments par lefquels une femme
peut filer jufqu'à quatre-vingt fils , remplacent les rouets
fimples dans les villages.

Les moyens de conferver aux fabriques importantes de
cette Généralité la concurrence qui leur échappe , font donc ,
1°. de s'occuper de la recherche & de l'exploitation des
mines de charbon de terre , dont l'exiftence eft indiquée en
plufieurs endroits de la province ; 2°. de diminuer les frais
de la main-d'œuvre fur le coton , en adoptant l'ufage de
ces mêmes machines , qui donnent à l'induftrie de nos rivaux un afcendant fi ruineux pour la nôtre. Non-feulement
il en exifte un modèle dans la collection que le Gouvernement a confiée aux foins de M. de Vandermonde , à Paris ;
mais nous en poffédons une exécutée en grand auprès
de Louviers par le zele & le courage de plufieurs négociants : c'eft un moulin qui décarde le coton , le dégroffit ,
le divife , & le file fur près de deux mille fufeaux à la fois.

Vous examinerez , Meffieurs , fi l'encouragement dû à
ces précieux commencements peut être balancé par l'objection de la diminution qui en réfulteroit dans l'emploi
des bras. La ruine dont notre commerce eft menacé ; paroît dicter fur ce point une loi impérieufe. Le dépériffe-
ment des fabriques produiroit tout feul l'inconvénient qu'on

H

objecté , & y ajouteroit bien d'autres pertes plus graves. L'amélioration de l'induſtrie accroiſſant le débit de ſes productions , augmenteroit l'emploi des bras dans toutes les manipulations de ce débit. Le rétabliſſement de la fabrique des *blancards* , qui fixera votre attention , remplaceroit par la filature & la tiſſure du lin le vuide occaſionné par les machines qui œuvreroient le coton. Enfin , dans un pays de grande agriculture & de pêche abondante , eſt-il à craindre que la terre & la mer manquent à l'entretien des hommes ?

Manufactures qui emploient la laine.

L E U R produit total dans la Généralité eſt eſtimé par an à trente-quatre mille pieces de draps , ratines , eſpagnolettes , ſerges , flanelles , &c. valant environ 20 millions.

Louviers fabrique par an quatre mille quatre cens pieces de draps fins , & la manufacture d'Andely fait les plus belles ratines.

Elbeuf produit dix-huit mille pieces de draps & autres étoffes d'une qualité inférieure.

Dernétal & Rouen fabriquent environ onze mille pieces de draps , ratines , eſpagnolettes , flanelles , & des couvertures.

Aumale fait quelques ſerges , raz , finettes , londrines , demi-londrines , &c.

Les Anglois n'ont aucunes draperies qui égalent la beauté des draps de Louviers & des ratines d'Andely. Leurs fabriques de *Wiltz* & de *Gloceſtershire* ſont celles qui en approchent le plus, mais qui ſont réellement inférieures. Les Anglois ne nuiront donc pas en France aux draps de Louviers ; mais ceux-ci ne trouvent pas de débouché en Angleterre. Cette nation préfere ſes draps plus foulés & de couleurs plus ſombres.

Les manufactures de la Province d'*Yorck* ſont celles qui peuvent être comparées à la fabrique d'Elbeuf & à tous nos lainages du ſecond ordre. Elbeuf ne ſoutiendra pas pour ſes draps ordinaires de cinq quarts de large, valant 15 à 16 liv. l'aune ; la concurrence des draps de *Léeds*, appellés draps de *Briſtol* qui, dans la même largeur, ne coûtent pas 11 liv. l'aune.

Tous les lainages d'*Yorckshire*, portant le nom de *Boutings*, placés en oppoſition avec les fabrications de Dernétal & de Rouen du même genre, les effacent par le bas prix.

Enfin, toutes nos fabriques de petite draperie, ſerges, moltons, flanelles, burats, calmandes &c. tombent ſous la concurrence des nombreuſes manufactures des mêmes eſpeces que l'Angleterre poſſede à *Norwich*, *Halifax*, *Bradfort*, *Exeter*, *Waekfield*, *Salsbury*, qui toutes fabriquent mieux & à meilleur marché.

La prépondérance de l'Angleterre dans toutes les draperies communes, vient principalement de la bonne qualité, de l'abondance & du prix modéré des laines de ſon

H 2

crû. Elle a cependant moins d'avantages que nous du côté
du fol & de la température pour l'éducation des moutons;
mais elle y a donné des foins que le fuccès a récompenfés.

On fait monter à trente-cinq millions le nombre des
moutons dans les trois Royaumes. Ils y produifent des laines de différentes efpeces fupérieures aux nôtres. Celle
d'*Yorckshire* convient le mieux pour être mêlée en chaîne
avec celle d'Efpagne; & les toifons de *Lyncolnshire*, pefant depuis quatorze jufqu'à feize livres, fourniffent la laine
longue pour les petites draperies.

Nous tirons aifément de l'Efpagne des laines préférables
à celles d'Angleterre pour nos draperies de premiere qualité. Le Berry nous fournit une laine fine & courte, qui
peut acquérir affez d'amélioration pour entrer comme trame
dans nos draps du fecond ordre. C'eft à l'acquifition de la
laine longue & fine que nous devons fur-tout nous employer. Les rapports de notre fol à celui d'Angleterre femblent indiquer la Normandie pour le chef lieu de cette
tranfplantation. Il ne s'agit que de nous procurer des béliers & des brebis de cette efpece, de bien foigner foit
le maintien, foit le croifement des races, & de nourrir
ces nouveaux troupeaux à l'air dans des champs enclos,
cultivés en prairies artificielles.

Ce moyen eft le feul qui pourra faire difparoître l'inégalité qui fe trouve dans le prix & dans la qualité de nos
draperies, comparées à celles de l'Angleterre.

Manufactures qui emploient le fil de lin.

On fait des toiles dans le pays de Caux auprès de Fécamp, & dans le Roumois. Les halles de Rouen sont encore approvisionnées par celles appellées *Cretonnes*, qu'on fabrique à Lisieux.

Les *Gingas*, petites toiles à carreaux, se font à Rouen & dans les campagnes des environs.

Rouen & le pays de Caux font encore des *Siamoises* en fil & coton. Les chaînes en fil font tirées de Condé-sur-Noireau. Elles ont une consistance & un nerf qui ne se trouvent dans celles d'aucun autre pays. Dernétal les emploie aussi pour des étoffes de fil & laine.

Il y avoit encore dans le Lieuvain une importante fabrique de toiles appellées *Blancards*, qui se vendoient aux Espagnols, pour leurs vastes possessions au nouveau monde; elle est ruinée depuis plusieurs années.

Nous pouvions soutenir la concurrence des toiles d'Irlande qui surpassent les nôtres en blancheur, & qui leur cédent en qualité. Mais les habitants du nord de l'Ecosse ont été encouragés à de grandes entreprises de culture & de tissure du lin; & l'industrie de notre province doit redouter celle de ce peuple nouveau, qui ne se nourrit que de pommes de terre ou d'avoine délayée dans l'eau, & dont la main d'œuvre est au plus bas prix.

La fabrication des *Gingas* est aujourd'hui très-répandue dans les campagnes de *Manchester*. Les difficultés de son

établiſſement furent bientôt vaincues par une gratification
de cinq ſchellings par piece. En très-peu de temps ces fabriques naiſſantes furent en état d'expédier 30,000 pieces
pour une flotte de Cadix.

Il ſe fait encore à *Mancheſter* & dans ſes environs, beaucoup de ſiamoiſes ſemblables à celles de Rouen. Les chaînes en ſont tirées d'Irlande ou d'Allemagne par Hambourg ;
mais elles n'ont pas la bonne qualité de celles de la Baſſe-
Normandie. La rivalité Angloiſe eſt peu à craindre ſur cet
article, parce que le droit d'entrée de ces chaînes en Angleterre eſt heureuſement taxé à un taux exceſſif.

Votre Commiſſion vous propoſe, Meſſieurs, le rétabliſſement de la fabrique des *Blancards* comme le moyen le
plus fécond de compenſer les pertes que nos manufactures
en fil pourront éprouver.

Il rouvriroit les canaux d'un commerce abondant & ex-
cluſif ; parce que la qualité des lins qui ont crû dans la
vallée de la Riſle, & qui ont été rouis dans ſes eaux, aſſurera
toujours à nos blancards une grande ſupériorité ſur ceux de
la Siléſie, dont les conſommateurs ſont dégoûtés.

Il procureroit l'emploi dans le pays de ces lins des campagnes de la Riſle, qui ſont vendus maintenant en bottes
pour l'étranger : ce qui prive ce canton des profits de la
filature & de la main d'œuvre.

Il remplaceroit le vuide que les machines néceſſaires
au ſoutien des cotonnades cauſeroient à l'occupation des
bras. Les tiſſerans en coton qui trouveroient moins d'oc-

ploi, partageroient la tiſſure de ces toiles : le lin ſeroit filé, au lieu du coton, par les femmes & par les enfants.

La circonſtance eſt favorable à ce rétabliſſement par le vœu de la Chambre du Commerce qui le provoque, par le beſoin des conſommateurs qui le déſirent, par la ſtagnation actuelle des fabriques en coton, & par le grand motif de l'intérêt national. Déjà deux Fa bricants diſtingués, dont l'un eſt aſſis ici avec nous, ont paru diſpoſés à donner les premiers exemples. Il eſt bien conſolant de penſer que vos ſoins, & quelques encouragements du Gouvernement, pourront relever bientôt cette précieuſe induſtrie.

Manufactures qui emploient la terre & les métaux.

LES faïenceries de Rouen occupent un grand nombre d'ouvriers. Leurs productions ſe débitent pour la conſommation du royaume, & ont été préférées juſqu'ici dans nos colonies. Mais le bas prix du charbon en Angleterre permet aux Anglois de vendre cette marchandiſe en France à vingt & vingt-cinq pour cent au-deſſous de la nôtre ; ils en envoient des cargaiſons conſidérables qui ſont enlevées rapidement. La faïence de Rouen ne peut pas ſoutenir cette concurrence dans le royaume, & il eſt fort douteux qu'elle conſerve le débouché des colonies.

L'Angleterre a dans ſes mines de charbon de terre par leur abondance, par leur qualité & par leur bonne exploitation des avantages immenſes ſur nous. Ce foſſile ne manque pas cependant en France, ni même en Normandie. Il devient néceſſaire d'en favoriſer la recherche, & d'accorder la libre exploitation des nouvelles mines qui feront découvertes. La recherche peut être facilitée par l'établiffement de quelques fondes publiques qui fe roient prêtées gratuitement à quiconque voudroit interroger fon terrain. La Chambre du Commerce en fait fabriquer une dont elle pourra bientôt confier l'ufage.

Les mines de plomb, d'étain, de cuivre, & l'habileté des ouvriers qui travaillent ces métaux & le fer, ajoutent encore beaucoup à la fupériorité de l'Angleterre. Nos groffes forges de Breteuil, de Vaugoins, de la Bonneville, & du Comté d'Évreux, font en réputation de fournir le métal le plus doux & de la meilleure qualité; mais elles ne font que les pieces de l'ufage le plus ordinaire. Elles ne fabriquent pas des inftruments de la forme & du poids propres à produire ces grands effets que les Anglois obtiennent dans leurs principaux ateliers. Nous devons penferà partager avec nos rivaux ces puiffants moyens de leur élévation. Une feule de nos forges, fi elle étoit fecourue, fuffiroit pour tenter les effais néceffaires.

L'établiffement fait à Romilly pour fondre, raffiner, & travailler le cuivre dans toutes les formes utiles à la marine du Roi & au commerce, eft un de ceux qui doit le plus foutenir nos efpérances. Le zele & les talents des intéreffés à cette grande entreprife, répondent à l'importance de fon objet. Elle a réfifté depuis quatre ans aux efforts envieux des compagnies Angloifes; mais elle fouffre de ce que le droit pour l'entrée en France du cuivre œuvré en Angleterre ait été réduit de 18 l. 15 f. à 12 l. 10 f. par cent, & qu'on laiffe à fa charge un droit d'entrée de 5 l. 14 f. 9 d. par quintal fur le cuivre brut qu'elle emploie.

Manufactures

Manufactures qui fabriquent & apprêtent les cuirs.

Les tanneries normandes, autrefois actives, nombreu-ses, & méritant la célébrité dont elles jouiſſoient, ont dé-péri; pendant que l'Angleterre a élevé cette importante fabrication au plus haut dégré de réputation & de valeur: il n'eſt pas douteux que l'invaſion des cuirs Anglois va ache-ver la ruine de nos tanneries ordinaires.

La corroierie & la hongrerie ont acquis de même en Angleterre une ſupériorité que nous ne pouvons pas mé-connoître.

La manufacture de MM. le Gendre & Martin de Ponteau-demer, qui font tanner & corroyer les cuirs à la maniere Angloiſe, dont ils ont acquis le procédé, peut ſeule ba-lancer avec ſuccès les avantages de nos voiſins. Les cuirs de cette manufacture ſe vendent en concurrence avec ceux de l'Angleterre pour la Cour, pour Paris, & pour le ſer-vice de pluſieurs régiments. Cette induſtrie nouvelle eſt une conquête sur celle de nos rivaux dont le courage d'un de nos compatriotes a enrichi la France. Il faut la natu-raliſer, l'affermir & l'étendre; l'activité qu'elle vient de reprendre par l'appui du Gouvernement eſt une preuve bien frappante de la néceſſité des ſecours diſtribués à pro-pos pour la proſpérité du commerce.

Voilà, Meſſieurs, la collection des faits & des renſei-gnements qui vont fournir la matiere de vos délibérations. Ils préſentent les réſultats ſuivants.

Dans l'emploi du coton, nous avons l'avantage de la

I

matiere, & les défavantages de la cherté, & d'une moindre perfection de filature ; mais la fupériorité des Anglois eft principalement dans leurs machines ; elles font connues en France. Le remede eft donc de multiplier ces machines.

Dans l'emploi de la laine, nous avons l'avantage pour les draperies fines, & le défavantage pour les communes par la cherté & l'infériorité de la matiere ; mais notre fol eft auffi propre que celui de l'Angleterre aux moutons qui donnent la laine longue & fine. Le remede eft donc d'acquérir & de multiplier cette efpece.

Dans l'emploi du fil de lin, nous avons l'avantage de la matiere, & ne pourrions être vaincus que par le bas prix de la main-d'œuvre Écoffoife ; mais la plus grande cherté de nos toiles peut être compenfée par leur meilleure qualité ; & le rétabliffement des blancards nous rendroit une branche excluſive. Le remede eft donc d'encourager la culture du lin, fon emploi & la fabrication des blancards.

Dans l'exploitation des mines & l'emploi des métaux, nous avons le défavantage par la ftérilité des matieres, & par l'infériorité de la fabrication ; mais les moyens des Anglois ne font pas au-deffus de nos forces, & leurs grandes pieces de fonte font praticables dans nos groffes forges.

En général, les velours de coton de S. Sever, la petite filature d'Oiffel, la grande machine de Louviers, l'établiffement de Romilly, la tannerie de Ponteaudemer, prouvent que nos ateliers peuvent exécuter tout ce qui fe fait

dans ceux de l'Angleterre, & que notre induſtrie provo-
quée ne le cede en rien à celle de nos rivaux. La proſpérité publique & le maintien des fortunes particulieres,
ſont donc attachés à l'énergie de nos concitoyens, & aux
ſoins du Gouvernement pour exciter cette émulation vi-
vifiante, à qui rien de ce qui eſt praticable ne paroît impoſſible.

Le Bureau qui s'occupera de cet objet trouvera dans
le mémoire de la Chambre du commerce, la propoſition
de pluſieurs vues appropriées aux beſoins de la circonſtance actuelle. En les méditant, en les diſcutant, en les
modifiant peut-être, vous ſerez touchés du ſentiment intéreſſant qui les a produites; vous le partagerez; vous ap-
plaudirez au travail de cette utile compagnie, & vous
récompenſerez ſon zele patriotique, en accordant à la gé-
néroſité de ſes efforts, & à l'importance de leur objet,
le ſecours de votre adhéſion qu'elle ſollicite.

RAPPORT SUR LA MENDICITÉ.

LA deſtruction de la mendicité eſt une de ces grandes
réformes que la religion, le gouvernement & l'honneur
de l'humanité ſollicitent depuis long-temps. Il faut que des
obſtacles bien puiſſants s'oppoſent à ſon ſuccès, puiſque
la mendicité toujours ſubſiſtante a triomphé de l'autorité des deux puiſſances éclairée par le travail des litté-
rateurs politiques, & ſoutenue par l'intérêt général de la
nation. Vous excuſerez votre Commiſſion, ſi, dans une
matiere qui exige des combinaiſons très-étendues, & une
collection nombreuſe de renſeignements locaux, tout ce

I 2

qu'elle a pu faire fe réduit à tracer en maffe les difpofitions générales d'un plan propre à remplir vos vues bienfaifantes.

Elle a vu d'abord qu'il faut diftinguer deux claffes de
mendiants très-différentes. L'une eft compofée de tous
ceux que l'âge ou les infirmités rendent incapables de
travail, & de tous ceux encore qui ayant le pouvoir de
travailler, manquent d'ouvrage. L'autre eft formée d'individus valides, voués à la fainéantife & à tous les vices
qu'elle produit, qui ne mendient que pour fe difpenfer de
travailler. Il faut aider les premiers, & corriger les feconds,
ou les punir.

Il a paru à votre Commiffion que le premier pas à faire
feroit d'obliger tous les mendiants à retourner dans leurs
paroiffes, & à s'y fixer. C'eft là qu'ils doivent être fecourus fuivant les Ordonnances & les Conciles : & c'eft par-
là feulement qu'on pourra diftinguer les vrais pauvres de
ceux qui mendient par goût & par métier. Le travail accepté ou refufé fera la pierre de touche.

Ce renvoi néceffiteroit quelques précautions pour en
diriger l'exécution, pour faire fubfifter les pauvres en
voyage, & pour garantir pendant ce mouvement la fûreté
des chemins & des villages.

Il faudroit dans chaque paroiffe une adminiftration
pour vérifier les befoins des pauvres, pour leur diftribuer
des fecours, & pour furveiller leur conduite. C'eft principalement par le défaut de cette attention fondamentale
que toutes les loix portées jufqu'ici contre la mendicité

sont restées inutiles. Votre Commission a pensé que ces administrations se trouvent toutes formées par les Assemblées municipales, qui réunissent dans leur sein le Seigneur, le Curé, le Syndic & des Notables élus par la communauté, dépositaires de sa confiance.

Chaque Assemblée municipale dresseroit tous les ans une liste de ses pauvres, indiquant la cause & l'étendue de leurs besoins, avec les ressources de la paroisse, soit en argent, soit en travail à distribuer.

Les doubles de ces listes seroient envoyées aux Assemblées des Départements, qui en composeroient des états pour chaque Département; & les doubles de ces états remis à vos archives, vous présenteroient le tableau général des besoins de l'indigence dans votre ressort.

Il faudroit une masse de fonds publics pour subvenir à ces besoins, & une régie simple pour la recette & la distribution des fonds.

La caisse des pauvres seroit fondée, 1°. sur la réunion qui y seroit faite de tous les biens & revenus destinés à leur soulagement, tant par les loix publiques de l'Eglise & de l'Etat, que par les titres des fondations particulieres : réunion nécessaire à l'unité d'administration & au maintien de la discipline qui interdiroit de donner, comme de recevoir, aucune assistance directe.

2°. Les fonds de la caisse seroient grossis par le produit des aumônes volontaires. Elles suffisent à présent pour faire vivre les mendians, puisque tous les mendians vivent. Si l'on évaluoit ce qu'ils reçoivent dans les églifes, dans les places publiques, dans les rues, dans les promenades des villes, dans les châteaux, dans les presbyteres, dans les fermes des campagnes, aux foires, aux marchés, aux portes des riches Abbayes, on feroit étonné du montant de la contribution qu'ils levent fur toutes les claffes de la nation. Puifqu'ils ne pourroient plus aller chercher ces aumônes, il faudroit bien qu'elles vinffent les trouver: mais quel eft le citoyen qui voudroit refferrer fa bourfe, quand au motif de remplir un devoir de religion & d'humanité, il joindroit l'intérêt de préferver fes regards & fes propriétés du fléau de la mendicité ? Il ne s'agiroit donc que de diriger vers un réfervoir commun ces filets de bienfaifance divifés, & d'employer utilement ce qui fert maintenant à entretenir un vice moral & politique.

3°. Il faut compter auffi dans le nombre des reffources utiles pour le foutien des pauvres les fonds des ateliers de charité bien adminiftrés, & ceux de l'impofition en rachat de la corvée. Tous les pauvres en état de travailler pourroient y participer, en tirer leur fubfiftance, & par-là diminuer les charges de la caiffe commune.

4°. Plufieurs autres moyens font encore à la difpofition du Gouvernement & des Prélats; comme l'application au profit des pauvres des produits de la vente des cimetieres fupprimés dans toutes les villes, la réunion des manfes conventuelles des maifons religieufes qui font dans le cas de la fuppreffion, aux termes de l'Edit de 1768, celle des revenus de toutes les confrairies, excepté celles de charité, établies dans les paroiffes, &c.

5°. Il feroit bien defirable qu'on pût éviter le befoin d'une contribution forcée ; mais comme il faut donner à toute adminiftration publique des fondements certains, le cas du ralentiffement des aumônes volontaires, tout invraifemblable qu'il eft, doit être prévû. Votre Commiffion n'a pas trouvé de moyen plus convenable d'y fuppléer que celui d'une foufcription établie dans chaque paroiffe. Cette foufcription feroit forcée en ce que chacun feroit tenu de fe faire infcrire pour la fomme qu'il voudroit offrir ; mais elle feroit volontaire quant à la quotité de l'offrande que chacun refteroit libre de déterminer à fon gré : elle ne feroit encore que conditionelle, c'eft-à-dire que le paiement n'en pourroit être exigé que quand tous les autres fonds manqueroient, & feulement à proportion du déficit.

Avant de fixer un ordre de régie vous auriez, Meffieurs, à examiner d'abord s'il feroit bon de laiffer chaque paroiffe chargée particulierement de fes pauvres. Vous reconnoîtriez fans doute que ce régime vicieux a été une feconde caufe de l'inefficacité des réglements portés contre la mendicité. La difproportion de richeffes & d'aifance exifte entre les paroiffes comme entre les citoyens. Il y a dans les paroiffes mal aifées un plus grand nombre de pauvres, & moins de moyens pour les foulager. Ces paroiffes qui ne peuvent pas nourrir leurs pauvres les abandonnent, & la mendicité continue. Si elles étoient contraintes de les faire vivre, elles fupporteroient une charge au-deffus de leurs forces qui les appauvriroit davantage, & qui feroit fans proportion avec celle des paroiffes riches ayant peu

de pauvres & de grands moyens. Il paroît donc néceſſaire d'établir la communauté des ſecours entre toutes les
parties de la Généralité.

Chaque paroiſſe auroit une caiſſe tenue par un *Tréſorier
des pauvres* dans laquelle toutes les aumônes ſeroient portées : on feroit une quête aux offices paroiſſiaux : un
tronc feroit placé dans l'égliſe pour recevoir les charités ſécrettes. Les produits de ce tronc & des quêtes
ſeroient verſés à la caiſſe paroiſſiale. Le Tréſorier tien-
droit un regiſtre exact de tout ce qui lui ſeroit apporté ,
& inſcriroit à l'inſtant l'offrande de chacun en ſa pré-
ſence.

Il y auroit auprès de chaque Aſſemblée de Département une caiſſe commune à tout le Département, tenue
par un citoyen zèlé qui voudroit bien ſe dévouer à ce
ſervice ſous l'inſpection de l'Aſſemblée & de ſa Commiſſion. Il porteroit le titre de *Tréſorier général des pauvres
du Département.*

Les produits des caiſſes paroiſſiales ſeroient verſés tous
les mois dans celles-ci , & les relevés des regiſtres de recette & de ſouſcription de toutes les paroiſſes ſeroient remis au Tréſorier général. Les Aſſemblées compareroient la
ſomme des ſecours avec celle des beſoins ; elles régle-
roient la diſtribution de ces ſecours à proportion des
néceſſités de chaque lieu; & elles jugeroient quand il deviendroit néceſſaire d'exiger le montant des ſouſcriptions ,
& juſqu'à quelle proportion. Elles en inſtruiroient le public, par un état imprimé de la ſituation du Département.   Ces

Ces Affemblées vous feroient remettre tous les ans un apperçu général des befoins & des produits de leur diftrict. Vous pourriez, fuivant les réfultats de leurs pofitions comparés, faire fervir la furabondance d'un Département à relever l'infuffifance d'un autre ; & dans les cas de grandes calamités locales, ordonner une contribution générale pour le foulagement des infortunes extraordinaires. Vous établiriez un échange perpétuel d'affiftances réciproques qui entretiendroient un parfait équilibre de bienfaifance ; & la Généralité ne préfenteroit qu'une feule famille de riches, occupée à foulager une feule famille d'indigents.

Vous fentez, Meffieurs, combien tous les détails de ce régime auront befoin d'être attentivement médités, pour que les mouvements foient fimples & rapides, le travail abfolument gratuit, toutes les opérations tenues au grand jour, & les tableaux annuels livrés à la plus grande publicité. C'eft par là que le zèle s'excite, & que la confiance publique s'établit. Vos concitoyens fentiront bientôt le prix de tant de foins, lorfqu'ils en éprouveront la fincérité : ils feconderont vos efforts, & l'intérêt qu'ils prendront à affurer leur propre félicité, fera votre récompenfe.

C'eft après ces difpofitions que la mendicité pourra être défendue efficacement & punie avec févérité, puifque l'établiffement des fecours dans l'intérieur de chaque paroiffe, la mettra fans excufe. L'adjonction des bureaux de charité, dans lefquels il feroit à defirer que quelques femmes fuffent admifes, deviendroit néceffaire pour la diftribution de ces fecours.

K

Les vieillards & les infirmes , incapables de travailler , recevroient gratuitement toute leur subsistance.

Les malades seroient assistés chez eux autant qu'il seroit possible. Les Hôpitaux & les Hôtels-Dieu seroient réservés aux seuls incurables , & à ceux qui ont besoin des grands secours de l'art qu'on ne trouve pas dans les campagnes.

Les valides seroient entretenus de travail propre aux facultés des deux sexes. On leur fourniroit les outils & instruments nécessaires : on avanceroit même les matieres premieres à ceux qui se trouveroient ou se rendroient capables de quelqu'espece de main-d'œuvre.

Les peres de famille qui ne pourroient pas soutenir entierement leur maison , soit à cause de leur foiblesse personnelle , soit à raison du trop grand nombre de leurs enfants , recevroient un supplément de charités proportionné à l'insuffisance de leur travail.

Les enfants , orphelins ou non , seroient élevés d'une maniere propre à les rendre utiles à la société. On veilleroit à ce qu'ils allassent aux écoles , & à ce que ceux qui montreroient quelques bonnes dispositions , fussent placés chez des maîtres qui leur enseigneroient une profession.

Tous les pauvres valides , de quelqu'âge & de quelque sexe qu'ils fussent , qui refuseroient de travailler , les libertins adonnés au jeu & à l'ivrognerie , & tous ceux qui manqueroient à la subordination que leur état leur impose , seroient punis , soit par un retranchement de secours pour les fautes légeres , soit par la détention dans une maison de force pour les délits graves, & les récidives qui annonceroient l'obſtination.

Les dépôts actuels de mendicité n'étant plus deſtinés qu'aux mendiants endurcis & indociles, deviendroient moins ſurchargés, & pourroient être adminiſtrés avec plus d'utilité. Ils ne devroient être que des maiſons de correction, & c'eſt le nom qu'ils porteroient.

Les pauvres ſeuls y ſeroient renfermés : il ne faudroit pas au moins qu'ils y fuſſent confondus avec les ſcélérats que la juſtice criminelle a flétris : ce mêlange n'eſt propre qu'à pervertir les enfants & à perpétuer la corruption des adultes qu'on y détient pour le ſeul fait de mendicité.

Le directeur de la maiſon feroit diſtribuer à chaque reclus une tâche d'ouvrage proportionnée à ſes forces.

Ceux qui la rempliroient exactement pendant quelque temps, & qui ſe comporteroient avec ſageſſe, ſeroient ſéparés des autres : quelques adouciſſements diminueroient la rigueur de leur détention ; &, lorſqu'une aſſez longue épreuve auroit conſtaté leur converſion, la liberté leur ſeroit rendue.

Ceux dont la premiere correction n'auroit pas vaincu la pareſſe, ſeroient mis au pain & à l'eau pour toute nourriture, & des traitements plus ſéveres châtieroient leurs moindres mutineries.

Ce plan eſt formé de la combinaiſon des vues diverſes que pluſieurs Ecrivains eſtimables ont publiées ſur cette matiere. Votre Commiſſion s'eſt ſentie encouragée à vous le propoſer, en conſidérant que la conſtitution des Adminiftrations provinciales offre un établiffement tout formé , très-propre, fous tous les rapports , à en faciliter l'exécution. Tout invite à le perfectionner , parce que rien n'eft plus digne de l'homme fenfible que de fecourir la pauvreté involontaire , & rien ne doit plus intéreffer le vrai citoyen que l'anéantiffement de ces mendiants par fpéculation , dont les hordes mal-faifantes infeftent nos villes & nos campagnes.

L'Affemblée a témoigné à MM. les Procureurs-Syndics combien elle eft fatisfaite de cette premiere partie de leur rapport , & a renvoyé pour en entendre la continuation.

Signé , † D. Cardinal DE LA ROCHEFOUCAULD.

BAYEUX , *Sécretaire-Greffier.*

Du Mardi 20 *Novembre* 1787 , *neuf heures du matin.*

L'Assemblée s'eft réunie au lieu ordinaire des féances , d'où MM. les Députés , précédés de Monfeigneur le Cardinal-Archevêque de Rouen , Préfident , fe font rendus à l'Eglife des RR. PP. Cordeliers , & y ont pris place dans le Chœur fuivant leur ordre.

M. le Commiffaire du Roi s'y eft rendu auffi , fur l'invitation qu'il en avoit reçue , & a affifté à la Meffe dans une place analogue à celle qu'il occupe lorfqu'il prend féance à l'Affemblée Provinciale.

La Meffe a été célébrée par Monfeigneur le Préfident ;

& M. l'Abbé Dillon, membre de l'Affemblée, a prononcé un difcours fur les avantages de la Religion pour la profpérité des Etats & le bonheur de la fociété.

Après la Meffe, l'Affemblée eft retournée, dans le même ordre, au lieu de fes féances, où elle a fait fes remerciments à Monfeigneur le Préfident. Elle a témoigné auffi à M. l'Abbé Dillon, par de juftes éloges, toute la fatisfaction qu'elle avoit eue à l'entendre, & l'a invité à faire imprimer fon difcours; ce qu'il a bien voulu promettre.

La prochaine féance a été indiquée à demain Mercredi, neuf heures du matin.

Signé, † D. Cardinal DE LA ROCHEFOUCAULD.

BAYEUX, *Sécretaire-Greffier.*

Du Mercredi 21 *Novembre* 1787, *neuf heures du matin.*

L'ASSEMBLÉE ayant pris féance comme les jours précédents, après la Meffe, MM. les Procureurs-Syndics ont continué leur rapport des travaux de la Commiffion intermédiaire, & dit :

RAPPORT SUR LES IMPOSITIONS.

MESSIEURS,

LES impôts que le Roi confie à votre Adminiftration, font la taille & fes acceffoires, la capitation & les vingtièmes.

La taille s'impose annuellement sur chaque Généralité, par deux brevets arrêtés au Conseil du Roi. Le premier contient le montant de la taille proprement dite : on l'appelle aussi *Principal de la taille.* Le second est composé des *accessoires,* qui consistent dans les fonds nécessaires pour différents objets de dépenses publiques.

Montant des impositions.

Le montant du premier brevet, pour cette Généralité, est de . . . . 2,671,939 l. 8 s.

Le montant du second brevet, est de . . . . 1,595,051 l. 17 s. 6 d.

Total de la taille & de ses accessoires , ... 4,266,991 l. 5 s. 6 d.

La capitation se divise en deux classes : celle des sujets taillables , & celle des Nobles, des Officiers de Justice , des Privilégiés, des Employés, & des Villes franches. L'État général en est arrêté, comme celui de la taille, au Conseil du Roi.

Il s'éleve, pour cette Généralité, à 2,072,226 l. 4 s 8 d.

Les taillables en supportent , 1,715,592 l.

La contribution des Nobles, des Officiers de Justice , des Privilégiés, des Employés, & des Villes franches , est de . . . 356,634 l. 4 s. 8 d.

Total égal , . . . 2,072,226 l. 4 s. 8 d.

Les vingtiemes sont un impôt établi sur les revenus des

biens-fonds & des autres immeubles, fur les émoluments des offices & fur les profits de l'induftrie.

Le montant des deux vingtiemes qui fe levent actuellement, y compris les quatre fols pour livre du premier, eft dans cette Généralité,

Pour les biens-fonds, de .	2,912,524 l. 12 f. 9 d.
Pour l'induftrie, de . .	95,034 l. 7 f. 10 d.
Et pour les offices & droits, de	67,337 l. 17 f. 7 d.
Total, . .	3,074,896 l. 18 f. 2 d.

En réuniffant à cette fomme le montant des deux brevets de la taille, qui eft de . . . 4,266,991 l. 5 f. 6 d.

Et celui de la capitation, qui eft de . . . . 2,072,226 l. 4 f. 8 d.

La maffe totale des trois impofitions, fe trouve élevée à la fomme de . . . . . 9,414,114 l. 8 f. 4 d.

Ce produit eft diminué par la déduction des frais du recouvrement, & par celle des remifes, des décharges & des modérations.

Déduction fur le produit des impofitions.

Les frais du recouvrement, font les attributions accordées aux Collecteurs, aux Syndics & aux Receveurs, tant particuliers que généraux.

Les Collecteurs ont fix deniers pour livre du montant du premier brevet de la taille. Ces fix deniers ajoutés au principal de la taille, répartis & levés avec elle fur les contribuables, forment un furcroît d'impofition, montant à 66,798 l. 9 f. 8 d.

Il n'en eft pas de même des articles qui vont fuivre : ils font retenus par les percepteurs, fur le montant des impofitions, & en affoibliffent le produit net.

Les Collecteurs ont une retenue de quatre deniers pour livre fur le fecond brevet de la taille. Ce fecond brevet de 1,595,051 livres 17 fols 6 deniers, eft ainfi diminué de . . . . 26,584 l. 3 f. 11 d.

Ils retiennent quatre deniers pour livre fur la capitation. La déduction fur cet impôt, montant à 2,072,226 l., eft de . . . 33,623 l. 8 f. 10 d.

Les prépofés à la recette des vingtiemes, ont la même retenue de quatre deniers pour livre, qui, fur les 3,074,896 l. 18 f. 2 d. que cet impôt produit, eft de . . . 50,284 l.

Les droits des Receveurs particuliers en chaque Election, font à raifon de trois deniers pour livre (*a*).

110,491 l. 12 f. 9 d.

(*a*) Les droits des Receveurs particuliers ne font calculés ici que fur ce qui entre réellement dans leur caiffe, c'eft-à-dire, déduction faite de la remife de 24,009 l. que le Roi accorde cette année fur le premier brevet de la taille, & de la retenue, tant des Collecteurs fur le fecond brevet & fur la capitation, que des Syndics fur les vingtiemes.

En l'autre part,	110,491 l. 12 f. 9 d.
1°. Sur le premier brevet de la taille de	33,086 l. 14 f. 10 d.
2°. Sur le fecond brevet de la taille de	19,605 l. 16 f. 11 d.
3°. Sur les deux claffes de la capitation de	25,607 l. 7 f. 9 d.
4°. Sur les deux vingtiemes, à raifon de deux deniers pour livre, de	25,904 l. 8 f. 7 d.
Total, ...	214,696 l. 10 d.

La feconde claffe des déductions pour les remifes, les décharges & les modérations, n'a pas de même une quotité fixe. *Deuxieme claffe des déductions.*

On appelle *remife* ou *moins impofé*, la fomme que le Roi veut bien accorder fur le premier brevet de la taille, pour être appliquée au foulagement des paroiffes qui ont éprouvé des pertes accidentelles. Ce moins impofé n'exifte pas par rapport à la Généralité qui paie toujours le montant entier du brevet, mais par rapport au Roi qui ne profite pas de cette partie de l'impofition. Cette remife eft pour l'année préfente 1787, de . . . 24,000 l.

Les décharges & les modérations ont lieu fur la capitation non-taillable & fur les vingtiemes. Elles confiftent dans la radiation ou dans la

24,000 l.

L

En l'autre part ,　24,000 l.

réduction des taxes que ceux qui ne
devoient pas être impofés , ou qui
l'ont été exceffivement, font prononcer par M. l'Intendant. Le montant de cette efpece de diminution
n'eft pas encore fixé pour l'année
actuelle ; mais à en juger par celles
qui ont toujours eu lieu dans les
années précédentes , il doit être fur
la capitation, environ de . . . . 56,000 l.

Et fur les vingtiemes , environ de　50,000 l.

Enfin , les Receveurs généraux
des Finances ont une taxation de
trois deniers pour livre fur le montant total des fonds que les Receveurs particuliers verfent dans leur
caiffe. Ce montant total ne peut pas
être fixé en ce moment avec préci-
fion, à caufe de l'incertitude qui fubfifte encore fur celui des décharges
& des modérations. On ne peut donc
évaluer que par apperçu la retenue
des Receveurs généraux , environ à　113,000 l.

En ajoutant aux articles de cette
feconde claffe ceux des frais de recouvrement , qui font de . . . 214,696 l. o f. 10 d.

Le total des frais & des déduc-
tions s'éleve à . . . . 457,696 l. o f. 10 d.

Il n'entrera ainfi au Tréfor royal des 9,414,114 l. 8 f. 4 d. payés par la Généralité, que 8,956,418 l. 7 f. 6 d.

Nous avons fait dreffer un tableau de ces trois efpeces d'impofitions, & des frais & déductions qui en diminuent le produit. Il offre au premier coup d'œil, non-feulement les réfultats généraux que nous venons de vous expófer ; mais il montre encore en détail les contributions refpectives de chaque Élection, & les rapports de la taille aux vingtiemes. Il met à portée de comparer les frais des caiffes des recettes particulieres avec ceux de la collecte, & les droits des Receveurs généraux avec ceux des Receveurs particuliers. Ce n'eft pas ici le moment de développer toutes les obfervations que la méditation de ce tableau peut faire naître. Nous le remettrons, avec les autres pieces que nous avons raffemblées, au Bureau qui fera chargé du travail des impofitions.

Le régime de la répartition & du recouvrement eft ce qu'il vous importe maintenant de connoître. Il eft uniforme pour la taille, pour fes acceffoires & pour la capitation taillable, qui font impofées, réparties & perçus enfemble.

Régime de la ré-
partition & du
recouvrement.

Le Roi arrête tous les ans en fon Confeil l'état général de ce qui doit être payé pour ces trois impofitions par tous les pays d'Election, & par les pays conquis. Il eft pour cette année 1787, de 105,823,154 l. ...».. 6 d.

Sa Majesté en fait d'abord la diftribution entre les Généralités. La nôtre en fupporte 6,339,217 l. 10 f. 2 d. ; celle de Caen 4,643,667 l. 10 f. 11 d. ; & celle d'Alençon 4,052,895 l. ...».. 2 d.

La somme fixée pour la contribution de chaque Généralité est répartie entre les Elections par des Commissions particulieres que le Roi fait expédier, après avoir pris jusqu'à présent l'avis de M. l'Intendant & du Bureau des Finances.

La contribution des Elections se divise ensuite entre les paroisses dont elles sont composées. Ces Départements particuliers étoient confiés à M. l'Intendant, qui les faisoit avec l'assistance d'un Trésorier de France, des Officiers de l'Election, du Receveur particulier & du Subdélégué.

Enfin, quand la distribution est faite entre les paroisses, les mandements relatifs à chacune d'elles sont envoyés aux collecteurs chargés de faire l'assiète sur les contribuables de leur communauté.

Anciennement la fonction d'asseoir la taille n'étoit pas jointe à celle de la recueillir. Les asséeurs étoient *des prud'hommes bons & loyaux, choisis par les communautés.* Une loi portée il y a bientôt deux cens ans, réunit le droit de faire l'assiète à la charge de la collecte. Elle étoit susceptible d'inconvéniens plus nombreux & plus graves que ceux qu'elle fut destinée à réprimer. Il a fallu depuis multiplier les réglements, ce qui est déjà un mal ; & les réglemens n'ont pas pu vaincre tous les abus, ce qui est un plus grand mal.

Les loix postérieures ordonnerent que la collecte seroit faite à tour, & qu'il seroit dressé dans toutes les paroisses des tableaux pour y inscrire les noms des habitants, & fixer le rang auquel chacun deviendroit collecteur.

Ordonnance de Louis IX, en 1270.
Edit de 1600.
Edit de 1634.

Edit de 1634.
Déclaration du 1 Août 1716.

Ces réglements fages quant à la collecte, pour en diftribuer la charge avec égalité, ont aggravé les premiers inconvénients, quant à l'affiète, en appellant confufément à cette fonction délicate, fuivant que la révolution du tableau les y amene, les fujets ineptes ou vicieux, comme ceux qui en font dignes & capables.

Les Ordonnances autorifent les collecteurs à faire la répartition *à leurs ames & confciences*, fuivant l'opinion qu'ils ont des facultés de chaque contribuable. Cette liberté néceffaire pour faire juftice eft auffi dans des mains corrompues la verge de l'oppreffion. Elle produit d'ailleurs l'inftabilité perpétuelle des cotes variables fans ceffe au gré des préjugés des afféeurs.

Il n'y a d'exception à ce changement arbitraire des cotes, que dans les cas fuivants où il produiroit ce qu'on appelle *abus de rôle*.

1°. Si les collecteurs s'impofoient au-deffous de leur taxe de l'année précédente, à moins qu'ils n'aient fouffert des pertes, & fait juger par les Elus que le rabais leur eft dû. *Edits de 1600 & de 1634.*

2°. S'ils diminuoient leurs pères, freres, oncles & coufins germains. *Réponfe du Roi aux remontrances fur l'Edit de 1680.*

3°. S'ils augmentoient les collecteurs de l'année précédente, fans un accroiffement furvenu à la fortune de ces derniers. *Edit de 1673.*

4°. S'ils augmentoient ceux qui ont fait fignifier la déclaration de transférer leur domicile. *Même Edit.*

Les loix prefcrivent fur la forme des rôles, d'y em- *Edits de 1600 & de 1634.*

Déclaration de
1728.
Arrêt du Confeil
de 1733.

Arrêt de la Cour
des Aides du
15 Janvier 1771.

ployer les noms & les qualités de chaque taillable; d'y
exprimer s'il laboure pour lui-même ou pour autrui; d'y
défigner le nombre de fes charues ; d'y diftinguer la taxe
de l'induftrie de celle de l'exploitation ; enfin d'infcrire au
bas les noms des exempts avec les caufes de leur exemption, & s'il n'y en a point, d'en faire mention.

Il n'y a point de rôles dans la Généralité qui foient exactement conformes à ces regles.

Les frais de la confection des rôles font fixés par l'Edit
de 1634, dont la Cour des Aides a renouvellé l'exécution
par fon Arrêt du 15 Janvier 1771, favoir :

1°. Pour le voyage, le féjour & le retour des collecteurs, 30 f. à chacun quand la paroiffe eft éloignée de trois
lieues de la ville de l'Élection; 50 f. quand la diftance eft
de cinq lieues jufqu'à dix, & de 4 l. pour la diftance de
dix lieues & au-deffus.

2°. Pour la façon des rôles en minute & copie, 12 l.
quand la paroiffe eft de 300 feux & au-deffus; 9 l. quand
elle eft de 200 feux jufqu'à 300, & 6 l. quand il y a un
moindre nombre de feux.

3°. Pour le chauffage & la lumiere, 4 l. 10 f. dans les
grandes paroiffes, 3 l. dans les médiocres, & deux l. dans
les petites.

Le régime actuel permet en plufieurs cas de diftraire
d'une paroiffe l'impofition due pour les fonds qui y font
fitués, & de la tranfporter dans une autre paroiffe.

Les terres d'extenfion, c'eft-à-dire celles qui dépendent

d'un corps de ferme, mais qui font fituées hors de la paroiffe du chef-lieu, font impofées avec le chef-lieu, & dans
la paroiffe où il eft affis.

Le propriétaire d'une ferme qui fait des acquifitions
nouvelles de fonds nûs & difperfés dans les paroiffes voifines, peut les faire réunir au corps de fa ferme pour être
impofées avec elle. Il fuffit qu'il en faffe fignifier la déclaration aux deux paroiffes avant le Département. C'eft ce
qu'on appelle *réunion de terre.*

Enfin ceux qui font valoir plufieurs fermes dans la même Election, peuvent fe faire impofer pour toutes à la paroiffe de leur domicile, en rempliffant des formalités qui
font prefcrites par une Déclaration du 16 Novembre 1723.
C'eft ce qu'on appelle *réunion d'impofition.*

Peut-être ces diftractions d'impofition fe concilieront-
elles difficilement avec les vues que vous pourrez adopter pour améliorer la répartition de la taille. Plufieurs de
vos Départements s'en plaignent; & une province voifine
a déjà obtenu la révocation de la loi qui les y autorifoit.

Déclaration du
11 Août 1776,
pour la générali-
té de Paris.

Deux efpeces d'actions en juftice font ouvertes à ceux
qui fe plaignent d'être impofés exceffivement.

L'action *en cote* eft donnée à un naturel taillable contre un ou plufieurs naturels taillables de la même paroiffe,
pour les obliger à fe charger d'une partie de fon impofition.

L'action *en fur-taux* eft celle que les occupants impofés au-delà du taux commun de la paroiffe intentent pour
faire réduire leur cote à ce taux commun.

Il y a encore l'action *en aide* ou *profit* qui a lieu contre un sujet taillable qui n'a point été imposé pour l'obliger de payer à la décharge de celui qui le poursuit.

Votre Commission a vu avec douleur ces germes de procès minutieux dont le gain est une perte, & la perte une ruine, qui détruisent ainsi l'intérêt même qui en est le prétexte, & qui n'existent gueres que par la haine & la vengeance qui y puisent des moyens de nuire. L'impossibilité de supprimer ces actions, parce que la loi doit une voie de relevement à ceux qui se croient lésés, augmente l'intérêt d'en retrancher les occasions en perfectionnant le mode de la répartition.

La taille doit être payée par les collecteurs à la recette de l'Election en quatre termes; mais dans l'usage ils font un paiement tous les mois.

Le Receveur a le droit de décerner des contraintes, tant contre les collecteurs que contre les contribuables, en les faisant viser par les Juges de l'Election. Depuis la Déclaration du 3 Janvier 1775, ces contraintes ne peuvent plus être solidaires contre les habitants d'une paroisse, que quand ils ont commis une rébellion.

C'est en général la voie moins dispendieuse de la garnison qui est employée dans la Généralité, au lieu de celle de l'exécution judiciaire par les huissiers des tailles.

Les collecteurs ont l'option de faire eux-mêmes les saisies mobiliaires chez les contribuables, ou de les faire faire par les huissiers. Il seroit à désirer qu'ils usassent plus souvent de la faculté qu'ils ont de saisir eux-mêmes : leurs
exploits

exploits coûtent moins cher que ceux des huiffiers; ils font même exempts de contrôle.

Déclaration du 21 Mars 1671.

Les frais de la garde des effets faifis font fixés modéré- ment à 3 f. 4 d. par jour pour les gardiens volontaires, & à 15 f. au plus pour les gardiens de rigueur.

Réglement de la Cour des Aides du 20 Mars 1755

Voici, Meffieurs, quel eft en fubftance le régime ac- tuel de la répartition & du recouvrement de la taille; il eft commun à tous les acceffoires de cet impôt, à la ca- pitation taillable, & à l'impofition qui vient d'être établie en rachat de la corvée.

La capitation des Nobles, des Officiers de Juftice, des Privilégiés, Employés & Bourgeois des villes franches, eft répartie par des rôles particuliers que M. l'Intendant rend exécutoires. Cette répartition fe fait en cette ville, par grandes maffes entre les corps & communautés d'arts & métiers, qui reglent enfuite les cotes contributives de leurs membres.

L'Édit de Mai 1749 eft la loi effentielle fur l'impôt des vingtiemes. Chaque propriétaire eft taxé fur la déclara- tion de fes revenus, ou fur les preuves acquifes de leur vraie valeur. La perception fe fait fur des rôles arrêtés par M. l'Intendant. Il y a, dans chaque Généralité, une régie aux frais du Roi, compofée d'un directeur & de plufieurs contrôleurs, qui veillent au recouvrement, à la décou- verte des fauffes déclarations, & à la vérification des de- mandes en décharge ou en modération. Les recherches de la vraie valeur des biens impofables ont ceffé dans cette Province, à l'époque de l'Édit du mois de Juillet 1782,

M

qui établit le troisieme vingtieme. Le Parlement n'enregistra cet Édit, qu'à la charge que *les cotes des contribuables ne pourront être augmentées, sous quelque prétexte que ce soit, non-seulement pendant la durée du troisieme vingtieme, mais encore tant que le premier & second vingtieme auront lieu.* Cette modification, que SA MAJESTÉ ne paroît point avoir désapprouvée, forme pour la province le droit actuellement subsistant sur cette matiere.

Votre Commission n'a pas pu recueillir ce corps d'instructions, sans se trouver entraînée par la force de son importance à l'examen des principales observations qu'il fait naître, sur-tout par rapport à la taille. Elle vous doit l'hommage de ses essais; & nous vous l'offrons en son nom, moins comme un travail de sa part, que comme une préparation pour le vôtre.

Arbitraire funeste de la taille.

La taille a été le premier impôt des campagnes. Grossie par ses accessoires, elle est devenue le plus considérable. Aggravée par la charge de faire payer les autres, tout en payant soi-même, elle est un des plus pénibles. Mais c'est par l'arbitraire qui l'accompagne, qu'elle est principalement affligeante. L'arbitraire produit non-seulement l'injustice effective, mais encore la crainte de l'injustice possible, qui tourmente autant que sa réalité aigrit & décourage.

Le premier dégré de cet arbitraire vient d'être anéanti de nos jours, par la Déclaration du 13 Février 1780, qui, en fixant invariablement le montant de la taille, de ses accessoires & de la capitation taillable, a ordonné qu'il ne pourroit plus être augmenté à l'avenir que par des let-

tres foumifes à l'enregiftrement des Cours. Cette loi bien-
faifante doit exciter l'éternelle reconnoiffance du troifieme Ordre de la nation envers le Roi, comme elle eft
un monument glorieux de la juftice & de l'amour de SA
MAJESTÉ pour lui.

Mais fous combien d'autres rapports l'arbitraire ne fub-
fifte-t-il pas encore? La répartition de l'impôt entre les
Généralités, entre les Elections, entre les paroiffes, enfin
entre les particuliers, n'a pas d'autre bafe qu'une opinion
de fimple préjugé fur les facultés refpectives des pays &
des individus : opinion fuperficielle, dont aucune vérification fuffifante n'établit le fondement & ne garantit la juf-
teffe.

La comparaifon des contributions des trois Généralités
Normandes, fuffit feule pour vous donner l'exemple d'une
difproportion qui pefe entierement fur la nôtre : vous l'appercevrez d'une maniere auffi fenfible entre plufieurs Elections
de votre reffort ; elle eft encore plus frappante entre certaines paroiffes : quelques-unes paient plus de quatre fols
pour livre, quand d'autres paient à peine un fol ; & il
n'y a peut-être pas un feul rôle de paroiffe qui ne vous offre
quelqu'injuftice particuliere du même genre.

Ce fera le triomphe de la juftice & de la puiffance royale de donner à la diftribution de l'impôt entre les Généralités un niveau plus équitable ; mais c'eft aux Adminiftrations provinciales qu'il appartient de préparer ce
grand ouvrage par leurs efforts pour établir le meilleur
équilibre entre les individus, enfuite entre les paroiffes,
enfin entre les Elections.

M 2

Importance & dif-
ficultés d'anéan-
tir l'arbitraire.

Votre Commiſſion, qui s'étoit livrée d'abord au plaiſir inſéparable d'une méditation auſſi attrayante, n'en a éprouvé qu'avec plus d'amertume le ſentiment de triſteſſe, dont l'aſpect des difficultés pratiques eſt venu la troubler. Mais le vrai patriotiſme ne cede pas aux difficultés, ſans avoir eſſayé de les vaincre ; l'impoſſibilité bien éprouvée de la réuſſite peut ſeule laſſer ſon courage & anéantir ſes eſpérances.

Le grand obſtacle vient de la nature même de la taille qui dans le régime actuel eſt réputée mixte, réelle & induſtrielle. Le ſeul nom de *taille induſtrielle* paroît devoir déconcerter toutes les précautions qu'on voudroit oppoſer à l'arbitraire ſur les individus, & tous les moyens de balancer avec certitude les forces reſpectives des Elections & des paroiſſes.

Nature des tail-
les primitives.

Il faut remonter à l'origine de la taille pour vérifier ſi les changements que le bien public ſolliciteroit de faire à ſon régime actuel ſeroient compatibles avec des principes conſtitutionnels.

Les premieres tailles furent levées par les ſeigneurs ſur leurs vaſſaux encore aſſervis. Elles furent réelles auſſi-tôt

Etabl.de S.Louis
L. 1. chap. 95.

que les vaſſaux furent propriétaires. Une Ordonnance de Saint Louis en 1270, diſtingue des héritages taillables par leur nature ; c'étoient les biens roturiers.

Les villes affranchies par l'établiſſement des communes, levoient des tailles ſur elles-mêmes pour leurs propres beſoins.

Beaumanoir.
Notes ſur les

Ces tailles eurent le même caractere de réalité. Les héritages roturiers dépendants de ces villes, qui paſſoient dans les mains des Nobles & des Ecclésiastiques, restoient taillables.

Dans l'intervalle du milieu du quatorzieme siecle, au regne de Charles VII, les seigneurs perdirent le droit de lever des tailles sur leurs vassaux. Nos Rois se les réferverent comme un secours extraordinaire qu'ils sollicitoient dans les besoins pressants de l'Etat.

La taille devint ainsi un impôt public, & l'impôt du Tiers-Etat ; parce que le Clergé s'en défendit par ses franchises, & la Noblesse par la considération du service militaire qu'elle faisoit à ses dépens. Comme la taille n'avoit alors qu'une durée passagere, égale à celle du besoin qui la faisoit lever, on s'occupa peu de fixer sa nature & de régler sa répartition. On se contentoit de cotiser chaque contribuable suivant l'opinion qu'on avoit de ses facultés.

Charles VII rendit la taille annuelle & perpétuelle ; François Ier y ajouta la *grande crue*, & Henri II le *taillon*. Depuis cette époque, elle a été grossie par des additions successives, & notamment par l'introduction du second brevet composé d'impôts accessoires dont la masse est presque équivalente à celle de l'impôt principal.

Les deux premiers Ordres auront à examiner si toutes les additions faites à la taille depuis la tenue des derniers États de la Province, tombent réellement dans l'obligation du pacte national, par lequel le Tiers-Etat consentit de payer seul la portion des contributions publiques qui lui fut demandée à cette époque sous le nom de taille. Cette considération intéressera leur justice & leur générosité, lorsqu'il

s'agira de déterminer l'étendue de leur privilége d'exploitation : objet fur lequel l'obfcurité des loix, les variations
de la jurifprudence, & l'oppofition des principes du Confeil
avec ceux des Cours, font dans l'état actuel auffi contraires
aux intérêts particuliers qu'au bien de l'adminiftration générale.

Dès que la taille fut devenue une charge qui devoit fe
renouveller tous les ans, pour ne plus finir, l'attention
dût fe porter fur l'intérêt d'affurer l'égalité dans fa répartition.

Taille réelle dans quatre provinces du royaume.   Quatre grandes provinces au midi de la France, le
Dauphiné, le Languedoc, la Provence & la Guyenne, en
avoient déjà faifi le moyen le plus fimple & le moins in-
certain, en confervant à la taille fon caractere primitif de
réalité qui donne pour bafe des contributions la valeur
appréciable des fonds de terre.

Dans ces provinces, les biens nobles & eccléfiaftiques
font exempts ; les biens roturiers font taillables ; & fi un
Gentilhomme ou un Eccléfiaftique acquiert un bien taillable, il en doit la taille ; comme un fonds exempt conferve
fon exemption en paffant dans les mains d'un roturier. Ce
régime eft le même qui avoit lieu dans le premier âge de la
taille. Ces quatre provinces dûrent y refter attachées, parce
qu'il eft conforme à la diftinction des terres franches, &
des terres devant tribut, faite par le Droit Romain qui
les régit.

Taille perfonnelle & induftrielle en Normandie.   En Normandie, & dans le refte du royaume, on perdit
de vue la réalité originelle de la taille, pour lui faire pren-

dre le caractere d'un impôt perfonnel. Dès lors ce fut la
perfonne même qui fut confidérée comme le fujet de l'impôt, & les biens ne furent comptés que pour régler les
cotes de la contribution. Les loix rédigées dans cet efprit
depuis deux fiecles, portent que chaque taillable doit être
taxé à raifon de fes meubles, de fes fonds propres, du profit des fermes qu'il cultive, & de fon *trafic & induftrie*.

Cette taille fur l'induftrie faifoit le tourment de Sully   *Vice de la taille*
qui la regardoit comme un impôt vicieux dans fa nature.   *induftrielle.*
L'Auteur des *Confidérations fur les Finances* l'a dénoncée
à la nation comme une fource intariffable d'abus. La gra-
vité de fes inconvéniens porta autrefois M. Chevalier,
premier Préfident de la Cour des Aydes de Paris, à propofer de la fupprimer. Cette Cour elle-même difoit dans fes
remontrances de l'année 1768, que *le plus grand de tous
les biens feroit la fuppreffion totale de la taille d'induftrie;
qu'alors il feroit poffible d'établir des moyens de répartition & de perception plus fimples & plus juftes; qu'alors
toute la France feroit bien perfuadée qu'on travaille fé-
rieufement & efficacement à bannir l'arbitraire, & qu'un fi
grand avantage doit faire paffer fur bien des inconvéniens.*
Et de nos jours encore, M. Necker n'a-t-il pas configné
dans fon *Compte rendu au Roi en Janvier 1781 qu'il feroit à défirer qu'on pût renoncer à cette efpece d'impofition, ou parvenir à la dénaturer?*

Votre Commiffion a cru que tant qu'elle fubfiftera, elle
apportera un obftacle invincible, non-feulement à la fûreté
de la répartition entre les individus, mais fur-tout à l'établiffement de la proportion entre les paroiffes & les Elec-

tions. Les caufes en font d'abord l'impoffibilité de faifir les vrais rapports de l'induftrie, foit de particulier à particulier, foit de pays à pays; enfuite l'extrême mobilité des valeurs induftrielles, que tant de caufes morales & phyfiques expofent à des variations perpétuelles pour chaque perfonne & pour chaque lieu.

Ce qu'on entend par induftrie en matiere de taille. L'induftrie ne s'entend ici que d'un métier ou d'un commerce étranger à l'exploitation des terres, & à la vente des produits de cette exploitation. C'eft de là qu'eft venu l'ufage d'appeller *réelle* la taille dûe pour la culture des terres par oppofition à celle qui fe paie pour les autres genres d'induftrie, qu'on a nommée *induftrielle.*

Il eft certain cependant que la taille impofée en Normandie fur la culture des terres eft très-différente de la taille réelle. Elle n'affecte pas le fonds, & ne le fuit pas dans la main du nouveau poffeffeur qui a la franchife perfonnelle. Elle n'eft que l'impôt dû par la perfonne taillable à raifon du profit fait par la culture d'un fonds; mais elle eft fi peu inhérente au fonds même, qu'il ceffe de la produire, s'il paffe dans les mains d'un privilégié qui l'exploite dans les limites de fon privilége. Elle n'a donc pas le caractere effentiel de la réalité.

Impoffibilité de rendre la taille réelle en Normandie. Lui rendre ce caractere qu'elle a eu dans fa premiere origine feroit le moyen le plus fimple & le plus sûr de faire ceffer les abus de la taxe induftrielle, & l'impoffibilité qu'elle met à la plus importante amélioration que vous puiffiez vous propofer. Mais il feroit impoffible de rendre maintenant la taille réelle dans l'exacte acception de

cette

cette qualité, fans fubvertir entiérement fa nature actuelle, fans renverfer les principes fur lefquels l'exemption du Clergé & de la Nobleffe a été réglée, & par conféquent fans porter atteinte à leur privilege. Quelqu'intéreffante que foit la juftice à rendre en cette matiere au Tiers-État, elle ne peut pas prévaloir fans doute fur celle qui eft dûe de même aux deux autres Ordres.

Votre Commiffion a donc recherché fi, fans imprimer à la taille le caractere de la vraie réalité, vous ne pourriez pas encore donner à fon régime la plus grande perfection dont il foit fufceptible, celle que la nation défire avec le plus d'empreffement; que fa juftice rigoureufe doit faire compter au nombre des premiers devoirs du Gouvernement, & dont tant d'adminiftrateurs diftingués fe font occupés en Champagne, en Berry, dans le Limofin & dans la Généralité de Paris.

Elle a regardé que fi la taille n'étoit impofée dans les campagnes que fur les feuls produits de l'agriculture, fans devenir pour cela plus réelle qu'elle ne l'eft maintenant, elle acquéreroit pour fa répartition tous les avantages de la réalité effective. Qu'eft-ce en effet que la taille d'exploitation fans mélange d'induftrie? Rien autre chofe qu'un impôt fur les produits des terres, & à proportion de leur valeur; comme la taille d'induftrie fans mélange d'exploitation n'eft qu'un impôt fur les facultés mobiliaires, & à proportion de leur valeur préfumée; impôt parfaitement analogue fous ce rapport à la capitation.

Poffibilité d'en fixer la répartition fur les feuls produits des terres.

On eft parvenu dans plufieurs provinces à fixer avec *Bafe certaine d'égalité pour ré-*

N

partir la taille d'exploitation.

égalité la répartition de la taille d'exploitation. Votre Commission a examiné les différentes méthodes qui ont été employées, & elle a distingué celle qui a été adoptée en Berry; parce qu'elle a pardessus toutes les autres l'avantage inestimable de produire par une seule opération l'équilibre entre les individus, entre les paroisses, & entre les Élections.

Méthode d'un taux commun adopté en Berri.

Elle consiste à établir un taux commun d'imposition qui soit le même pour toutes les paroisses dans toutes les Élections, & qui donne ainsi le tarif uniforme par lequel la contribution est réglée, tant entre les communautés qu'entre leurs membres.

Le moyen de former ce taux commun, seroit de faire estimer dans trois ou quatre paroisses de chacun de vos Départements, le revenu réel des terres de diverses qualités, de comparer les estimations du revenu de ces paroisses avec le taux de taille qu'elles paient, & de prendre la moyenne proportionnelle entre ces différents taux d'imposition, pour former le tarif commun de la Généralité. S'il résultoit des vérifications que de trente ou quarante paroisses prises sans choix & à nombre égal dans les dix Départements, les unes paient 3 f. pour livre de leur revenu, les autres 2 f. pour livre, les autres 1 f. pour livre; le taux moyen seroit celui de 2 sous pour livre qui deviendroit le tarif général.

Toutes les paroisses dans chaque Élection, tous les particuliers dans chaque paroisse dont la contribution excéderoit ce taux commun auroient le droit de demander à y être réduits. Le montant des modérations qu'il faudroit leur accorder ne feroit pas rejetté particulierement fur quelques paroiffes qu'on pourroit regarder comme plus ménagées; mais il faudroit répandre ces rejets fur la Généralité entiere. En peu d'années, l'effet continué de ces reverfements fucceffifs, feroit d'avoir établi infenfiblement & fans fecouffe, le niveau général. Les procès-verbaux de l'Adminiftration du Berry contiennent les développements les plus fatisfaifants de cette méthode auffi fimple que fûre.

Il paroît donc certain que fi la taille induftrielle étoit fupprimée, vous pourriez parvenir à répartir le montant entier des deux brevets avec cette égalité fi défirable entre les contribuables, entre les paroiffes, & entre les Élections.

La difficulté qui s'offre ici eft que, fi l'induftrie ceffe d'entrer en confidération pour la répartition de la taille que la capitation fuit au marc la livre, ceux qui n'ont que des richeffes induftrielles, fans exploitation de terres, feront à l'abri de toute contribution, & ceux qui ont plus de valeur en induftrie qu'en exploitations ne contribueront pas autant qu'ils le doivent. *Objection de l'affranchiffement des valeurs induftrielles.*

Votre Commiffion a bien fenti que cet effet feroit inévitable, fi la taille étoit le feul impôt perfonnel en Normandie; & ce fut-là fans doute le motif de la révolution qui s'opéra dans les principes de la taille, pour tourner vers la perfonalité fon caractere de réalité primitive. Cette raifon fubfifta jufqu'à l'établiffement de la capitation, à la fin du regne de Louis XIV. *Réponfe à l'objection.*

N 2

Mais la création de ce fecond impôt, qui frappe de même fur toutes les facultés foncieres, mobiliaires & induftrielles, n'a-t-elle pas ouvert la facilité d'un nouvel ordre de chofes ? On impofe maintenant dans les pays de taille perfonelle la capitation des taillables au marc la livre de leurs taxes de taille ; c'eft parce que la taille, en tant qu'elle affecte toutes les facultés de la perfonne, eft de même nature que la capitation. En fuppofant que la répartition du premier de ces impôts étoit bien faite, on a dû la donner pour regle de la diftribution de l'autre.

Répartition actuelle de la capitation auffi vicieufe que celle de la taille.

De là eft venu l'ufage de confidérer la capitation des taillables comme un acceffoire de la taille, & de l'affujettir au même régime : mais les plaintes de la nation & des Cours, les aveux du Gouvernement & l'autorité de l'expérience, conftatent que la répartition de la taille eft défectueufe. Ainfi, la capitation n'échappe aux vices qui lui feroient propres, que pour contracter ceux de la taille qui ne font pas moindres. Affociée, pour ainfi dire, à cet impôt, elle eft répartie avec lui & comme lui fans aucune regle d'égalité.

Poffibilité de perfectionner la répartition de la capitation, & d'impofer l'induftrie.

La Commiffion a penfé qu'en divifant la répartition de ces deux impôts, il feroit poffible, non-feulement de perfectionner particulierement celle de la capitation, & de faire contribuer par-là l'induftrie aux befoins de l'Etat, mais encore de regagner fur elle au profit de l'agriculture, fi on le vouloit, ce que celle-ci auroit perdu par l'affranchiffement de la premiere à la taille.

On perfectionneroit d'abord la répartition de la capitation, en y employant la méthode des rôles divifés en colonnes correfpondantes aux différentes claffes de fortune & d'ai-fance. Ces rôles font établis à Paris pour la capitation des corps & communautés d'arts & métiers. L'Adminiftration provinciale de la Haute-Guyenne les a introduits dans cette province. Ils ont été adoptés par celle du Berry. Ils méri-tent de l'être par-tout ; parce qu'il n'y a pas de moyen plus ingénieux, plus fimple & plus certain de diminuer l'arbi-traire abfolu de la capitation.

Méthode des rôles à colonnes pour la capitation.

L'obligation de ranger les contribuables dans chacune des claffes par lefquelles le rôle eft divifé , découvre au premier coup d'œil les inégalités qui échappent par la con-fufion, lorfque les cotes diverfes font mêlées fans ordre , fans méthode , & fans aucun rapport qui puiffe en faciliter le rapprochement.

La quotité proportionnelle d'impofition augmentant par chaque colonne , à mefure que les claffes s'élevent , il im-porte aux dernieres que le nombre des contribuables s'ac-croiffe dans les fupérieures, afin qu'elles abforbent une plus grande portion de l'impôt commun. Cette raifon fait qu'en commençant la claffification des contribuables par la colonne moindre en taxe , l'intérêt tend fans ceffe à découvrir ceux qui feroient trop ménagés pour les faire monter dans les claffes fupérieures.

Il ne s'agiroit donc que de faire impofer la capitation fur les taillables par ces rôles à colonnes , & féparément de la taille, comme fi cet impôt n'exiftoit point. La répar-tition en feroit faite à raifon de toutes les facultés connues, tant en revenus propres, qu'en exploitations de terres, en meubles, & en produits d'induſtrie. Le jugement public de chaque paroiſſe aſſemblée pour la premiere confeᵭion de ces rôles, la contradiᵭion admiſe entre les particuliers de chaque claſſe, & entre les claſſes elles-mêmes, les connoiſ-ſances locales de chaque municipalité, la vérification ſcru-puleuſe de toutes les réclamations, donneroient bientôt à ces rôles toute la perfeᵭion qu'on y peut deſirer.

Voici maintenant l'expoſition des différents plans offerts à vos délibérations, par rapport à l'induſtrie.

Premier plan pour impoſer l'induſ-trie.

Le premier, ſeroit qu'en ceſſant de l'impoſer à la taille, on laiſſât ſa contribution réduite à la cote-part qu'elle ſupporteroit dans la capitation; enſorte qu'elle ne parti-ciperoit qu'à cet impôt, & que la taille reſteroit celui de l'agriculture excluſivement.

Vous devez, Meſſieurs, déſirer ici de connoître ſi l'exé-cution de ce plan s'écarteroit beaucoup de la pratique ac-tuelle, & ſi elle ne rejetteroit pas ſur l'exploitation des terres un accroiſſement d'impoſition qui les ſurchargeroit avec excès.

Vos premieres réflexions vous auront bientôt convaincus que les produits de l'agriculture ſont incomparablement les plus grandes valeurs des campagnes. Dans les neuf dixie-mes des paroiſſes, il n'y a, outre l'induſtrie agricole & ru-rale qu'on ne peut pas diſtinguer de l'exploitation même, que celle des journaliers & de quelques artiſans qui en tirent difficilement la ſubſiſtance de leur famille. Cette der-niere ne devroit pas même être comptée comme une matiere impofable, parce qu'il n'y a de fujet à l'impôt dans les facultés du citoyen, que ce qui excede fes befoins de premiere néceffité. Auffi voit-on, par les loix récentes pour la Généralité de Paris, que le Roi a approuvé que les journaliers & les artifans des campagnes ne foient taxés qu'à la valeur d'une feule de leurs journées. *Déclaration de 1776, part. 2, art. 8.*

Si dans quelques cantons de la Généralité, l'influence du commerce des villes a étendu dans les villages l'induftrie mercantile & manufacturiere, il s'en faut beaucoup qu'elle ne foit comptée comme elle devroit l'être dans la fixation des cotes contributives à la taille.

Le réfultat général des inftructions parvenues à votre Commiffion, eft qu'il ne fubfifte plus de la taille induftrielle que des notions théoriques & fpéculatives, dont le maintien ftérile pour la pratique ne produiroit que l'effet malheureux de rendre impraticable l'amélioration du régime général. Dans toutes les Elections, les rôles ne font plus mention de cette taille. Prefque tous les Départements atteftent que dans les campagnes de leur reffort, la taille n'eft impofée que fur l'exploitation des terres, & qu'on n'y fait point entrer l'induftrie en confidération : quelques-uns infiftent même à la confervation de cet ufage, & croient qu'il y auroit de l'inconvénient à le changer. Deux annoncent que les petits marchands des campagnes font impofés pour leur commerce, mais en déclarant qu'ils ne font pas mis à une cote diftincte pour leur induftrie, & que leur taxe d'exploitation eft groffie *fans regle ni méthode.*

La réalifation de ce premier plan, qui fixeroit l'impofi- *Le premier plan favorife plus l'a-*

tion de la taille entiere fur la feule exploitation des terres ,
ne feroit donc que confirmer la pratique prefqu'univerfelle
dans la Généralité , & ne produiroit pas une furcharge fenfible fur l'agriculture. Difons plutôt qu'elle lui feroit favorable ; parce que , dans le régime actuel , l'induftrie ne la
décharge pas plus par la capitation que par la taille , ces
deux impôts fe correfpondant au marc la livre : au lieu
que dans le plan propofé l'induftrie feroit cotifée à la capitation dans une proportion plus jufte avec la vraie valeur
de fes facultés.

Mais fi cet ufage d'omettre les valeurs de l'induftrie
dans la répartition de la taille , ne vous paroît qu'une in-
fraction abufive des loix qui obligent réellement l'induftrie d'y contribuer ; fi vous croyez que la juftice & le bien
public exigent le maintien de cette contribution ; fi votre
opinion étoit ainfi qu'on ne pourroit pas impofer la taille
entiere fur l'agriculture , fans recouvrer à fon profit fur
l'induftrie l'indemnité de fon affranchiffement ; c'eft la capitation, c'eft fa répartition par les rôles à colonnes qui vous
fourniront encore le moyen d'obtenir cette indemnité.

Vous la trouveriez en recherchant dans le rôle de la capitation les cotes de tous les contribuables induftrieux , en
leur faifant porter une addition de taxe repréfentative de
celle qu'ils auroient dû payer en taille pour leurs valeurs
induftrielles, & en répartiffant enfuite toutes ces additions
en décharge, & au marc la livre , au profit des contribuables cultivateurs. La claffe induftrieufe rendroit ainfi
par la capitation le dédommagement qu'elle devroit à la
claffe

claffe agricole pour la taille que cette derniere auroit payée à fon acquit.

Ce fecond plan fe fubdivife par l'alternative qu'il renferme de deux partis à balancer. Le premier feroit d'impofer pour cette indemnité l'induftrie auffi rigoureufement que l'exploitation des terres, c'eft-à-dire à un taux égal de contribution, de maniere que fi la valeur de 1000 l. en exploitation de terres paie 100 l., la même valeur en produits d'induftrie payât auffi 100 l. Le fecond feroit d'impofer l'induftrie à un taux beaucoup plus modéré que l'exploitation des terres, à raifon de l'encouragement qu'elle mérite, de l'eftimation plus incertaine de fes produits, de leur inftabilité plus hafardeufe, & de l'accroiffement de valeur qu'elle fait réfluer fur les terres.

Deuxieme plan pour impofer l'induftrie.

Si vous penfiez, Meffieurs, que l'induftrie dût payer fon indemnité à l'agriculture au même taux que l'exploitation des terres feroit impofée à la taille, la proportion connue de la maffe générale de la capitation à celle de la taille vous donneroit la regle d'opération. Les deux brevets de la taille montent à 4,266,991 l. 5 f. 6 d. & la capitation taillable, à 1,715,592 l. La capitation eft donc les deux cinquiemes de la taille à une légere fraction près, qui eft infenfible dans la pratique, & par la proportion inverfe la taille eft deux fois & demi le montant de la capitation. La cote d'un contribuable induftrieux une fois fixée à la capitation indiqueroit donc fa contribution proportionnelle à la taille, comme la fixation de fa cote à la taille, fi elle étoit faite la premiere, détermineroit fa capitation proportionnelle.

O

On eſt ſûr par-là que le contribuable n'ayant que de l'induſtrie ſans aucune exploitation, qui par cette raiſon n'auroit point été cotiſé à la taille, mais qui ſeroit jugé devoir 10 l. de capitation pour ſes facultés induſtrielles, auroit dû être taxé à 25 l. de taille, s'il eut été exactement impoſé dans le rôle de cet impôt pour les mêmes facultés. La preuve en eſt, que 25 l. ſont deux fois & demi 10 l., & que cette premiere ſomme eſt à la ſeconde, ce que le montant général de la taille eſt à celui de la capitation. Or, ce contribuable induſtrieux devroit tenir compte par la capitation de cette contribution de 25 l. qu'il n'auroit pas acquittée par la taille. Sa cote de capitation ſeroit donc augmentée de 25 l.

A l'égard des contribuables qui réuniroient un genre d'induſtrie à la culture de quelques terres, on reconnoîtroit aiſément dans leur taxe de capitation la quotité correſpondante proportionnellement à leur taille d'exploitation. L'excédent de cette quotité, étant la cote de leur induſtrie à la capitation, ſeroit ſeul doublé pour donner l'indemnité de leur taille induſtrielle.

Exemple. Pierre a une ferme, dont l'impoſition à la taille devroit être, ſuivant le taux commun, de   100 l.

Il a, outre ſa ferme, une induſtrie qui devroit lui faire ſupporter une plus forte taxe de taille, & proportionnellement de capitation : mais dans l'uſage cette induſtrie n'eſt pas comptée ; & dans le plan propoſé, il n'y auroit pas de taxe de taille ſur l'induſtrie.

$$\overline{\qquad\qquad 100\ l.}$$

En l'autre part , 100 l.

Mais dans le rôle nouveau pour la capitation, Pierre fera cotifé , tant pour fa ferme que pour fon induftrie : & fa cote fe trouvera portée, par hypothefe , à . . . . 60 l.

Il paieroit donc 20 l. de capitation au-delà de ce qu'il en devroit à proportion de fa taxe de taille, qui , à raifon des deux cinquiemes de 100 l., ne feroit que de 40 l. Cet excédent de 20 l. eft évidemment la contribution que fes facultés induftrielles ont été jugées devoir à la capitation. Elle indique celle que ces mêmes facultés , juftement impofées à la taille , auroient fupportée dans cet impôt. La cote de 20 l. à la capitation cor-refpond à celle de 50 l. à la taille.

Il faudroit par conféquent augmenter la cote de Pierre à la capitation , de . . . . . . 50 l.

Total , ... 210 l.

Cette taxe eft jufte ; parce que , fi l'impofition de Pierre étoit bien faite , même fuivant les loix actuelles , il paieroit la même fomme , favoir :

1°. Pour fa taille d'exploitation , ... 100 l.

2°. Pour fa taille d'induftrie , ... 50 l.

3°. Pour fa capitation au marc la livre de ces deux fommes , ... 60 l.

Total égal , ... 210 l.

O 2

Il ne faut pas oublier que la masse de ces cotes addi-
tionnelles à la capitation des contribuables induſtrieux,
ſeroit toujours répartie au marc la livre en diminutions
ſur les lignes des agriculteurs.

Ce ſecond plan a le mérite d'une conformité rigoureuſe
avec les loix actuelles qu'à la vérité on ne ſuit pas, en ce
qu'elles preſcrivent d'impoſer l'induſtrie comme l'exploitation des terres, & qu'il faudroit cependant obſerver ſi
le bien public n'en ſollicitoit pas l'abrogation.

*Troiſieme plan
pour impoſer l'in-
duſtrie.* Mais ne penſerez-vous pas, Meſſieurs, que l'induſtrie
devroit être taxée à la taille, plus modérément que l'exploitation des terres, par les motifs que nous en avons
montrés plus haut? En ce cas, il ne faudroit pas calculer
l'indemnité qu'elle rendroit en augmentation de capitation
ſur le taux de taille que l'exploitation ſupporte. Au lieu
d'augmenter dans la proportion de deux & demi les taxes
de capitation qui repréſenteroient la taille de l'induſtrie,
vous pourriez abaiſſer cette proportion, & la réduire peut-
être au ſimple équivalent de la cote de capitation fixée
par le claſſement au rôle. Celui dont l'induſtrie ſeroit taxée, par hypotheſe, à 12 l., ne recevroit l'augmentation
que d'une ſomme égale ; & par-là ſa contribution repréſentative de la taille ne s'éleveroit qu'aux deux cinquiemes
du taux impoſé ſur l'exploitation.

Ce troiſieme plan, qui ne differe du précédent que par
la réduction du prix de l'indemnité, auroit l'avantage de
ſe ployer à tous les ménagements que l'induſtrie vous paroîtra mériter, & de modifier par deſt empérements rai-
ſonnables, ce qu'un régime antérieur à la naiſſance du com-

merce peut avoir d'incompatible avec sa prospérité ; il s'éloigneroit moins aussi de la pratique actuelle , & donneroit plus de facilités pour les détails de l'exécution.

Résumons. L'impôt de la taille , réparti sur les seuls produits de l'exploitation des terres , le seroit avec toute l'égalité dont il est susceptible entre les particuliers , entre les paroisses & entre les Élections , par l'établissement d'un taux d'imposition commun à toute la Généralité.

Analyse de ce qui précède.

L'impôt de la capitation réparti séparément, ce qui deviendroit nécessaire, le seroit par la méthode des rôles à colonnes avec plus de proportion & de sûreté qu'il ne l'est maintenant par sa réunion avec la taille.

Au moyen de cette séparation, l'impôt de la capitation pourroit suffire seul pour faire contribuer l'industrie, soit que vous la réduisiez à sa cote naturelle de capitation, soit que vous exigiez qu'elle paie une indemnité à la taille. Dans ce dernier cas, les moyens de maintenir l'équilibre de contribution que vous aurez fixé entr'elle & l'agriculture, vous seront rendus plus sensibles par les tableaux ou projets de rôles que nous remettrons au Bureau.

Votre Commission n'a point été frappée de l'insuffisance qu'on pourroit reprocher à ces plans, en ce qu'ils ne détruisent point l'arbitraire de la capitation , & des taxes sur l'industrie. Une perfection que l'essence des choses rend impossible, restera toujours au-dessus de toutes les facultés de l'intention & du zèle. Mais de deux impôts mal répartis, & appésantissant l'arbitraire sur toutes les classes des contribuables, c'est toujours un grand bien d'en sauver au

L'arbitraire de la capitation n'est pas une raison de laisser subsister celui de la taille.

moins un de cet inconvénient, en le diminuant encore pour
l'autre. Et n'eft-ce pas la taille qu'il eft plus important de
ramener à une regle de proportion certaine; puifqu'elle eft
des deux impôts le plus confidérable, celui qui affecte plus
fpécialement la culture des terres, & qui intéreffe la claffe
la plus nombreufe des habitants de la campagne? Obfer-
vons qu'il n'eft queftion ici que de la taille des paroiffes
de campagne; celle des villes & des gros bourgs méritera
de vous occuper particulierement.

Réformes prélimi-
-naires.

Quelque foit le plan d'amélioration générale que vous
adopterez, la Commiffion croit qu'il devra être préparé,
1°. par l'abolition du droit de diftraire, à quelque titre que
ce foit, l'impofition dûe pour les fonds d'une paroiffe dans
une autre : plufieurs de vos Départements follicitent cette

Remontr. 2 fept.
1768.

abolition, & la Cour des Aydes de Paris en a reconnu la
néceffité dès qu'on fixeroit la répartition fur les feules valeurs d'exploitation; 2°. par un réglement fixe de la nature & de l'étendue du privilége des deux premiers Ordres
en matiere d'exploitation; 3°. par l'abrogation, ou du moins
la modification des priviléges inférieurs des maîtres de
pofte, des gardes-étalons, & de certains offices burfaux
qu'il vaudroit mieux favorifer par des gratifications convenables fur les fonds de la Généralité, que par des
exemptions de l'impôt en nature, & par des taxes d'office.
Vous ferez étonnés fans doute en apprenant ce fait dénon-
cé par un des Départements, que trois maîtres de pofte
occafionnent feuls un rejet de plus de 6000 l. d'impofitions fur une feule Election.

Voilà, Meffieurs, les réfultats du travail de votre Commission sur cette partie. Elle ne vous les offre que comme de simples apperçus, encore très-imparfaits, qui ont besoin d'être éclairés par une lumiere plus pénétrante, & mûris par une méditation plus lente & plus profonde. Si quelqu'un de ces essais acquéroit par vos soins la possibilité d'être un jour réalisé, vous auriez rempli la tâche la plus intéressante que cette matiere pénible imposé aux administrateurs équitables & sensibles.

Il ne faut pas se dissimuler que l'importance du succès est balancée par sa difficulté. L'incertitude du meilleur choix entre des plans qui peuvent offrir également des avantages & des défauts, la délicatesse des moyens à employer, l'opposition des intérêts divers à concilier, & l'embarras que tout changement produit d'abord dans la pratique, sont de grands motifs de ne se décider qu'avec circonspection. Les matériaux sont rassemblés pour que vous ordonniez l'édifice ; mais si cet esprit de sagesse qui honorera principalement votre administration, suspendoit votre décision pour le cours de cette tenue, vous auriez dans l'intervale de l'année un délai suffisant pour affermir vos opinions, pour employer votre Commission à un travail plus approfondi, pour recueillir les conseils des Assemblées de Département, & les secours de tous les bons citoyens qui voudront s'adjoindre par d'utiles mémoires à la préparation du bonheur commun. Ce ne seroit jamais un temps perdu que celui qui pourroit servir à assurer par de sages retardements la solidité de ce grand ouvrage.

RAPPORT SUR LE TRAVAIL D'EXPÉDITION.

NOTRE dessein n'est pas, Messieurs, de vous entretenir de tous les objets de manutention & de détail qui sont entrés dans le travail de votre Commission; mais de vous exposer succinctement ce qui peut vous en intéresser davantage.

1°. La Commission fut frappée dès les premiers instants de l'intérêt de prévenir la multiplicité des distractions qui viendroient la détourner de la préparation des matieres générales. Elle prévit que les Assemblées préliminaires des Départements pourroient avoir sur plusieurs points de leurs opérations des doutes dont les éclaircissements surchargeroient la correspondance. Ce motif détermina la Commission à composer un mémoire d'observations instructives, qui fut envoyé à MM. les Présidents & à tous les Députés nommés dans les Départements. Il a eu le succès qu'elle s'en étoit promis, puisque toutes les Assemblées préliminaires du 24 Septembre ont rempli avec autant de facilité que d'exactitude tout ce qui leur étoit confié.

2°. Ces Assemblées ont fait remettre à la Commission les procès-verbaux de leurs séances, les tableaux de leurs arrondissements, & les états de leur formation complète, contenant les noms, les qualités & le lieu de la demeure de tous leurs membres, classés par distinction d'Ordres & d'Arrondissements; les noms des députés choisis pour leurs Commissions intermédiaires, ceux de leurs Procureurs-Syndics & des Sécretaires-Greffiers. Toutes ces pieces sont
déposées

déposées à vos archives ; & leur régularité prouve combien MM. les Présidents & tous les membres ont mis d'application à s'associer, suivant les formes constitutionnelles, des collègues dignes d'eux & de la confiance publique.

3°. L'époque des Assemblées convoquées dans les paroisses pour former les Assemblées municipales, occupa la Commission d'un plus grand nombre de détails. On fut embarrassé dans plusieurs endroits pour savoir si on pourroit faire des élections dans les paroisses où il n'y avoit aucun cotisé au taux de 30 liv. d'impositions foncieres ou personnelles ; si on pourroit élire des propriétaires non domiciliés dans les paroisses ; si les propriétaires députés à l'Assemblée Provinciale ou à celles des Départements pourroient être élus pour les municipalités de leurs domiciles ; si on pourroit élire des fermiers payant 30 l. d'imposition, soit à défaut de propriétaires résidents, soit en concurrence avec des propriétaires ; si les Gentilshommes demeurants dans des paroisses dont ils ne sont pas Seigneurs pourroient être membres ou syndics des municipalités ; quelle seroit leur séance à l'Assemblée municipale en qualité de membres ; s'ils pourroient ensuite être nommés aux Assemblées de Département, & de là à l'Assemblée provinciale dans l'ordre de la noblesse, &c. Votre Commission a répondu provisoirement, en se conformant au Réglement dont elle n'a pas cru pouvoir s'écarter ; mais en vous réservant de prendre ces objets en considération avec tous ceux qui feront la matiere du travail soumis au Bureau du Réglement.

4°. M. le Contrôleur-Général nous envoya des Instruc

P

tions à faire paffer dans les Départements , avec l'ordre de
SA MAJESTÉ d'y faire convoquer une tenue de leurs Affemblées complétes avant le 20 Octobre. Quelque célérité
que nous ayons mife dans l'expédition de ces Inftructions
arrivées ici le 8 Octobre , & envoyées à tous les Départements par la pofte du lendemain , nous prévîmes que plufieurs ne pourroient pas faire de convocations utiles pour
le terme fixé. Nous eûmes l'honneur d'informer M. le Contrôleur-Général des retardements probables , & en même-
temps de l'impoffibilité où tous les Départements fe trouveroient d'exécuter le travail qui leur étoit demandé fur
les procès-verbaux des Affemblées paroiffiales. Il a été
pourvu à ce dernier article , en ordonnant que tous ces
procès-verbaux fuffent renvoyés de l'Intendance aux Affemblées de Département qui s'occupent maintenant de
leur examen.

Toutes ces Affemblées ont été tenues au complet depuis
le 15 jufqu'au 27 d'Octobre. Elles ont produit , 1°. les fixations en apperçu des frais que chaque Département a cru
néceffaires pour fon fervice ; fixations qui font maintenant foumifes à votre révifion pour être envoyées à SA MA-
JESTÉ avec vos obfervations ; 2°. de très-bons mémoires fur
les intérêts & les befoins locaux de chaque Département
rédigés , comme nous l'avions demandé ; en trois cahiers
féparés , l'un fur les impofitions , l'autre fur les travaux
publics , & le troifieme fur tous les objets d'amélioration
générale ; parce que cette divifion eft correfpondante avec
la diftribution de votre propre travail en différents Bureaux.

Nous faisissons avec empressement cette occasion de rendre aux Assemblées de Département le témoignage qui leur est dû, qu'à peine initiées aux fonctions importantes qui leur sont remises, & ayant peu de secours à leur portée, la plûpart ont déjà montré autant de sagesse & de solidité dans le conseil, que d'intelligence & d'activité dans l'exécution.

5°. Vous allez connoître, Messieurs, l'active sollicitude de Son Eminence sur toutes les parties de l'administration à laquelle elle préside. On lui avoit annoncé qu'une épizootie alarmante désoloit les fertiles paturages qui entourent la ville de Lisieux, & que ses progrès rapides commençoient à porter la contagion sur les confins de notre Généralité. Son Eminence nous fit l'honneur de nous écrire avec l'empréssement le plus touchant ; mais cette nouvelle portée à Gaillon étoit ignorée à Rouen. Nous prîmes des informations circonspectes par le ministere de MM. les Procureurs-Syndics des Départéments de Pont-Lévêque, de Ponteaudemer & d'Evreux. Plusieurs animaux avoient été attaqués d'une maladie assez vive d'abord, qui se manifestoit par des ampoules ou bubons à la langue ; mais elle avoit cédé facilement à un remede très-simple, consistant à gratter la langue des animaux malades avec une piece d'argent jusqu'à ce que les ampoules fussent crevées, & à la bassiner avec une liqueur composée de jus d'ail & d'herbes fortes. Peu de ces animaux étoient morts, & au moment où nous écrivîmes, la crainte & le mal étoient déjà dissipés. Les inquiétudes de Son Eminence en cette occcasion, & la réponse dont Elle nous honora lorsqu'elles

furent calmées, montrent la fenfibilité de fon cœur compa-
tiffant, le patriotifme du bon citoyen, la prudence du grand
Prélat, & toutes les vertus d'un digne Chef d'adminiftration nationale qui nous rendent fa perfonne fi précieufe
& fa préfidence fi refpectable.

6°. La Cour des Aides enregiftra le 29 Septembre
dernier l'Édit de création des Adminiftrations provinciales. M. le Procureur-Général de cette Cour nous envoya
quatre exemplaires de l'Arrêt, en nous annonçant que
les relations qui exiftent entre les objets confiés aux Affemblées provinciales & ceux de la jurifdiction de la Cour
des Aides, lui ont fait défirer qu'il exiftât entre nous &
le Miniftere public qu'il remplit une correfpondance qui
pût prévenir toute oppofition entre les opérations admi-
niftrationnelles, & le réfultat de l'application des loix;
que la confiance mutuelle étoit le moyen le plus certain
d'en foutenir la conformité, ou de préparer des réformes
dans la légiflation, fi l'intérêt public l'exige; que nous
appercevrions que fa Compagnie avoit été frappée comme lui de l'utilité d'une communication entr'elle & les
trois Affemblées de la province; qu'il favoit qu'il rempliroit fon vœu en concourant au fuccès de vos travaux;
& qu'il nous prioit d'affurer l'Affemblée qu'il faifiroit toutes les occafions de feconder les vues d'utilité publique
qui dirigent fes opérations.

Nous remîmes ces pieces fur le bureau de votre Commiffion; & nous vous portons ici le témoignage que M.
le Procureur-Général a defiré de vous faire parvenir de

fes fentiments perfonnels pour vous, & de ceux de fa Compagnie. En rapprochant cette lettre de l'Arrêt d'enregif-trement, votre Commiffion ne dut pas douter que le préambule qui précéde fon difpofitif, fans en faire partie, exprime fimplement la conviction dont la Cour des Aides eft pénétrée que vous êtes dignes fous tous les rapports énoncés dans ce préambule du caractere dont le Roi vous a revêtus. Cette conviction & le patriotifme éclairé qui a toujours rendu cette Cour fi recommandable peuvent feuls lui avoir infpiré le défir qu'elle manifefte de concourir avec vous aux fuccès de votre adminiftration. Des éclairciffements utiles fur la théorie de l'impôt, & fur les moyens d'en améliorer la répartition, font une des contributions que fa longue expérience & fes connoiffances en cette matiere la mettent en état de fournir pour le foulagement de la patrie. Elle recueillera pour prix de fon zèle l'eftime du Roi, la reconnoiffance de la nation, & votre confiance réciproque dans la nobleffe & dans la pureté des fentiments qui l'animent.

Votre Commiffion fut perfuadée, Meffieurs, que vous accepteriez avec plaifir la communication que la Cour des Aides defire d'entretenir avec vous, & nous jouîmes de la fatisfaction d'être par notre réponfe à M. le Procureur-Général les interprètes du vœu de la Commiffion fur cet objet.

7°. Elle a cherché à s'inftruire, tant de la nature & du montant des dépenfes fixes & variables à faire en l'année 1788 pour le fervice de la Généralité, que de la nature

& du montant des fonds affignés pour les remplir. Nous aurions eu l'honneur de vous rendre compte du réfultat imparfait de ces recherches ; mais l'état que M. le Commiffaire du Roi vous a annoncé donnera fur cet objet des connoiffances plus précifes que celles que nous avions pû recueillir. Vous ne doutez pas que M. le Commiffaire du Roi remplira cette partie de fes fonctions avec le même zèle & les mêmes attentions délicates qu'il a apportées jufqu'ici pour favorifer votre adminiftration. Il atteint la vraie grandeur en n'affectant pas une domination illufoire, & il fait nous rendre fon autorité même intéreffante en la tempérant par la réunion de tous les procédés obligeants. Ce qu'il fait prouve bien la vérité de ce qu'il nous a dit ; fans doute il regarde cette Généralité comme fa patrie par adoption, puifqu'il s'occupe fincerement d'y affermir l'inftitution qui doit en augmenter la profpérité.

Le defir ardent & pur de la félicité publique a produit les travaux dont nous terminons ici le rapport ; le même fentiment a dirigé la plume qui les expofe ; le même fentiment les foumet fans réferve à l'examen que votre miniftere inflexible doit en faire avec févérité. La Commiffion defire fans doute que quelques-unes de fes veilles puiffent contribuer au foulagement de fes concitoyens ; mais elle applaudira la premiere à la préférence que des vues meilleures auront méritée. Donnons à la nation pour gage de la fincérité de notre zèle, la publicité de nos méditations, la lenteur falutaire de nos décifions, & la provocation de toutes les lumieres qui peuvent nous éclairer fur le plus grand bien : elle nous donnera en re-

tour fon attachement, fa faveur & fa coopération, qui nous
font déjà naturellement déférées par fon propre intérêt.
Que cette époque à jamais mémorable foit pour nous celle
de la reftauration des mœurs publiques. Tout François
eft appellé de droit à partager l'adminiftration fraternelle
confiée à nos Affemblées ; tout citoyen peut dès à préfent
s'y adjoindre de fait par l'utile communication de fes connoiffances & de fes confeils. En eft-il un que l'égoïfme
déformais inexcufable pût laiffer dans l'indifférence fur le
bonheur de fa patrie, fans le faire paroître prévaricateur
au tribunal fuprême de l'opinion publique ?

L'Assemblée a approuvé le rapport , & témoigné
combien elle étoit fatisfaite du travail de MM. les Procureurs-Syndics , ainfi que du zèle & des opérations de
la Commiffion intermédiaire.

Monfeigneur le Cardinal, Préfident, a propofé de nommer une Commiffion pour examiner les Inftructions envoyées par Sa Majesté. MM. l'Abbé d'Ofmond , le
Marquis de Conflans, le Couteulx de Canteleu, & Coufin
des Préaux ont été chargés de fe réunir à cet effet à MM.
du Bureau du Réglement.

L'Affemblée s'eft partagée enfuite pour le travail des
Bureaux.

La prochaine féance indiquée à demain, heure ordinaire.

Signés , ✝D. Cardinal DE LA ROCHEFOUCAULD.

BAYEUX, *Sécretaire-Greffier.*

Du Jeudi 22 Novembre 1787, à neuf heures du matin.

L'ASSEMBLÉE ayant pris séance comme ci-deſſus, après
la Meſſe, MM. de la Commiſſion chargée des Impoſitions
ont demandé le Bureau & fait le rapport qui ſuit :

　　　M E S S I E U R S ,

　　» L'OBJET qui a dû occuper nos premiers moments, eſt
» celui des vingtiemes ſur lequel les ordres de SA MAJESTÉ
» vous ont preſcrit de donner une prompte réponſe. Les
» inſtructions que M. le Commiſſaire du Roi vous a remiſes
» annoncent que les propriétaires ſont expoſés dans cette
» Généralité à l'effet des vérifications tendantes à conſta-
» ter la vraie valeur actuelle de leurs biens, & que l'inté-
» rêt de prévenir ces vérifications eſt pour eux un motif
» d'offrir un accroiſſement du produit de l'impoſition par
» voie d'abonnement. Les inſtructions annoncent de même
» que la ſomme abonnée pourroit être diſtribuée par une
» répartition libre & proportionnelle ſur tous les biens de
» cette Généralité.

　　» Nous nous ſommes fait repréſenter l'Arrêt que le Par-
» lement de Rouen a rendu le 27 Juillet 1782, pour l'enre-
» giſtrement de l'Edit du même mois qui ordonna la per-
» ception du troiſieme vingtieme pour les beſoins de la
» derniere guerre. L'article II de l'Edit eſt conçu en ces
» termes : *Les trois vingtiemes ſeront impoſés ſuivant &*
» *conformément aux rôles de la préſente année 1782, ſans*
» *que les cotes de chacun des contribuables puiſſent être*
　　　　　　　　　　　　　　　　　　　　» *augmentées*

» *augmentées sous quelque prétexte que ce soit, sauf à ceux*
» *qui prétendroient être trop imposés à se pourvoir en la*
» *forme ordinaire.* L'Arrêt d'enregistrement porte cette
» modification très-expresse : *A la charge que , conformé-*
» *ment à l'article II dudit Édit, les rôles, tels qu'ils exis-*
» *tent pour l'année* 1782, *& sur lesquels se fait la percep-*
» *tion de la présente année, seront suivis, & que les cotes*
» *des contribuables ne pourront être augmentées sous quel-*
» *que prétexte que ce soit, non-seulement pendant la du-*
» *rée du troisieme vingtieme, mais encore tant que le*
» *premier ou second vingtieme auront lieu, & sans qu'on*
» *puisse assujettir auxdits vingtiemes les produits casuels*
» *qui par leur nature n'ont pas été compris dans les rôles*
» *arrêtés au Conseil avant la présente année* 1782, *à peine*
» *contre les contrevenants d'être poursuivis extraordinai-*
» *rement.*

» Cette modification, que la Province a droit de regar-
» der comme fixant son état actuel, a arrêté nos travaux
» ultérieurs, & nous a fait penser que cette position des
» choses méritoit d'être proposée sans délai à votre délibé-
» ration.

» Il nous a paru, que quelqu'intéressant qu'il pût être
» à la Généralité d'acquérir une ouverture de répartition
» plus équitable que celle qui subsiste maintenant, il se-
» roit parfaitement inutile de se livrer en ce moment à
» cette espérance. D'une part, la modification de 1782 met
» les contribuables de cette Province à l'abri de toute vé-
» rification ; & d'autre part, elle s'oppose à toute nouvelle

Q

» impofition , puifqu'elle empêcheroit même une réparti-
» tion différente du montant actuel des deux vingtiemes.

   » C'eft fur quoi nous vous propofons de délibérer.

   La Commiffion a préfenté enfuite ce projet d'arrêté :

   » L'Affemblée ayant pris le rapport en confidération, a
» arrêté qu'elle eft également pénétrée du defir de répondre
» aux bontés de Sa Majesté, & de celui de faire jouir
» la Généralité, & fpécialement la portion la plus fouf-
» frante du peuple qui l'habite, des avantages qui naîtroient
» d'un abonnement proportionné à fes forces épuifées ;
» mais qu'elle fe trouve malheureufement dans l'impuiffance
» actuelle de s'occuper de cet objet, puifque l'état de la
» légiflation fubfiftante en Normandie laiffe le parti d'un
» abonnement fans motif par l'affurance que tous les con-
» tribuables ont d'être affranchis de la vérification, & le
» réduiroit fans effet par l'impoffibilité d'exécuter la répar-
» tition.

   L'Affemblée ayant délibéré, a approuvé le rapport &
l'arrêté, & décidé que l'un & l'autre feroient envoyés
auffi-tôt à M. le Contrôleur-Général des Finances.

   L'Affemblée s'eft partagée enfuite pour aller travailler
aux Bureaux.

   La prochaine féance indiquée à demain , heure ordinaire.

   Signé , † D. Cardinal DE LA ROCHEFOUCAULD.

     BAYEUX , *Secretaire-Greffier.*

Du Vendredi 23 Novembre, à neuf heures du matin.

L'ASSEMBLÉE ayant pris féance comme ci-deſſus, après la Meſſe, M. le Marquis de Cany a déclaré accepter la nomination faite de ſa perſonne à la place de M. Boutren d'Hatanville, en a fait ſes remerciments, & a pris rang dans ſon Ordre.

L'Aſſemblée s'eſt partagée pour le travail des Bureaux.

La prochaine féance indiquée à demain, heure ordinaire.

Signé, ✝ D. Cardinal DE LA ROCHEFOUCAULD.

        BAYEUX, *Sécretaire-Greffier.*

Du Samedi 24 Novembre 1787, *à neuf heures du matin.*

L'ASSEMBLÉE ayant pris féance comme ci-deſſus, après la Meſſe, la Commiſſion chargée de la partie du commerce & du bien public, a annoncé que M. Dambournay membre de cette Commiſſion, avoit fait préſent à l'Aſ-ſemblée, de la part de la Société Royale d'Agriculture, des trois volumes des Mémoires de cette Compagnie, auxquels il avoit joint ſon propre ouvrage ſur *les teintures ſolides que nos végétaux indigénes communiquent aux laines & lainages.*

Monſeigneur le Cardinal, Préſident, l'a chargé de communiquer à la Société d'Agriculture les remerciments de l'Aſſemblée, & les lui a adreſſés à lui-même pour l'utile préſent de ſon ouvrage.

Q 2

L'Assemblée s'est partagée ensuite pour le travail des Bureaux.

La prochaine séance indiquée à Lundi, heure ordinaire.

Signé, + D. Cardinal DE LA ROCHEFOUCAULD.

BAYEUX, *Sécretaire-Greffier.*

Du Lundi 26 Novembre 1787, à neuf heures du matin.

L'ASSEMBLÉE ayant pris séance, comme ci-dessus, après la Messe, MM. les Députés se sont rendus ensuite au travail des Bureaux.

La prochaine séance indiquée à demain, heure ordinaire.

Signé, Le Comte DE MATHAN, pour l'indisposition de Monseigneur le Cardinal.

BAYEUX, *Sécretaire-Greffier.*

Du Mardi 27 Novembre 1787, à neuf heures du matin.

L'ASSEMBLÉE étant en séance, comme ci-dessus, après la Messe, MM. de la Commission du Commerce & bien public, ont pris le Bureau, & fait le rapport suivant:

MESSIEURS,

» La diversité des poids & mesures dont le commerce » fait usage dans la Généralité de Rouen, occasionne des » abus, fait commettre des erreurs dans le calcul de la » correspondance du poids ou de la mesure d'un endroit

»à un autre, & trompe fouvent les acheteurs qui font li-
»vrés à un poids ou à une mefure plus foible qu'ils ne s'y
»attendoient.

»Ces poids font :

»Le poids de marc dont on fe fert à Paris & dans
»toutes les douanes du royaume.

»Le poids de *Vicomté* ou de Rouen, qui eft de 4 liv.
»par cent plus fort que le poids de marc.

»Le poids-le-Roi, qui eft de huit livres par cent plus
»fort que le poids de marc, & dont on fe fert commu-
»nément avec les deux autres poids, excepté lorfque les
»marchandifes font portées au poids public dans les vil-
»les, entr'autres du Havre, Montivilliers, Harfleur &
»Honfleur.

»L'aune eft prefque par-tout de 44 pouces 8 lignes
»de long.

»Le pot, mefure d'Arques, eft auffi en ufage affez gé-
»néralement; mais la différence du boiffeau varie à l'in-
»fini depuis 12 pots jufqu'à 24 pots.

»A la différence de la contenance du boiffeau fe réunit
»celle des ufages qui font livrer dans le même endroit cer-
»tains grains au boiffeau ras, d'autres au boiffeau comble.

»De là il arrive fouvent des difficultés, des erreurs, &
»même des abus dont tous les laboureurs & les mar-
»chands fe plaignent.

»Regardant l'unité des poids & mefures comme un des

»établiſſements les plus utiles pour l'agriculture & le com-
»merce, nous avons l'honneur de vous propoſer, Meſ-
»ſieurs, de réclamer l'admiſſion pour toute votre Géné-
»ralité, des poids & meſures de Paris ; qui probablement
»deviendront ſucceſſivement en uſage dans tout le royau-
»me, & que tous les grains ne puiſſent être livrés qu'au
»boiſſeau ras.

»Nous ſommes très-éloignés de vouloir porter la moin-
»dre atteinte aux droits qui ſont dûs tant au Roi qu'aux
»Seigneurs particuliers, à raiſon des divers poids & me-
»ſures actuellement exiſtants.

»Si vous approuvez, Meſſieurs, l'unité des poids &
»meſures, il nous ſemble que SA MAJESTÉ pourroit être
»ſuppliée d'ordonner que le paiement de ces droits ne
»pourroit s'exiger qu'à proportion de la différence qui
»réſulteroit des nouveaux poids & meſures, dont le chan-
»gement n'en doit point occaſionner dans la quotité des
»droits.

»Nous avons fixé de même notre attention ſur la di-
»verſité des meſures pour l'arpentage des terres, & nous
»croyons que l'unité eſt également à déſirer, en obſervant
»de conſerver les droits reſpectifs par le rapprochement
»des meſures anciennes avec les meſures nouvelles. «

L'Aſſemblée délibérant ſur le rapport ci-deſſus, l'a approuvé, & a arrêté que SA MAJESTÉ ſera ſuppliée d'accorder une loi qui fixe l'uſage des poids & meſures de
Paris dans toute la Généralité de Rouen, avec défenſe de
meſurer les grains autrement qu'au boiſſeau ras ; en fai-

.fant. fuivre aux redevances, qui fe perçoivent aux poids & mefures actuellement exiftants, la proportion de la dif-férence qui pourra réfulter des nouveaux poids & mefu-res ; dé maniere que le changement ne puiffe augmenter ni diminuer la quotité de ces redevances.

La même Commiffion a continué le Bureau , & dit :

MESSIEURS,

»On pourroit employer ici la plus grande éloquence, »puifque nous allons parler de l'humanité. Nous nous »bornerons à interroger les ames fenfibles , & à ce titre »nous fommes affurés que vous êtes frappés du fléau des »Sages-Femmes, telles qu'elles exiftent maintenant. Com-»bien d'enfants n'ont-ils pas été enlevés à l'Etat en naif-»fant , & combien de meres n'ont-elles pas été les vic-»times de l'ignorance & de la ftupidité de ces Accou-»cheufes, dites Sages-femmes ! ...... D'après la certitude » de ces funeftes abus , qui révoltent la nature , on ne »fauroit trop s'empreffer de chercher les moyens d'é-»clairer les campagnes, & d'y répandre des connoiffances »fur l'art des accouchements,

»Nous devons à M. de Crofne l'hommage des premiers »effais dans cette Généralité , qui pouvoient conduire aux »établiffements dont vous devez fentir la néceffité.

»La dame du Coudray fut envoyée par le Gouverne-»ment ; & M. de Crofne l'accueillit avec fon empreffe-»ment ordinaire pour le bien public.

»Vous avez parmi vous des témoins de l'établiffement

» d'un cours d'accouchements dans une des Élections de » cette Généralité (*), dont s'étoit chargé ſans aucune » rétribution le Chirurgien le plus inſtruit ſur cet art (**). » M. de Croſne lui procura ſeulement les mannequins né- » ceſſaires, de l'invention de Madame du Coudray, pour » démontrer à ſes Eleves.

» Les femmes qui ſuivirent ce cours, s'y rendirent tou- » tes de bonne volonté ; elles étoient en très-grand nom- » bre, & il ne leur falloit pour y être admiſes qu'un cer- » tificat de mœurs & d'intelligence du Curé de leurs pa- » roiſſes.

» Autant l'ignorance des Sages-Femmes avoit déſolé » juſqu'alors les campagnes, autant leur inſtruction y a pro- » duit un bien ſenſible.

» L'utilité de ces établiſſements, Meſſieurs, n'a jamais » été perdue de vue par le Gouvernement ; & au moment » de la création des Aſſemblées provinciales, un ſembla- » ble cours d'accouchements devoit avoir lieu à Evreux, » de l'agrément du Miniſtre. On donnoit cinquante livres » par mois à chaque femme admiſe, & l'on doit ici faire » l'éloge du zèle du ſieur Boulard, Chirurgien-Accoucheur, » qui ſe chargeoit de l'inſtruction dans la ſeule vue de » l'humanité.

» Nous ne doutons pas, Meſſieurs, que vous ne ſen- » tiez unanimement la néceſſité de ces établiſſements ſi pré- » cieux pour les campagnes, qui doivent fixer vos regards » ſous tous les rapports. Nous allons mettre ſous vos yeux

les

»les vues du Bureau du bien public, qui peuvent facili-
»ter ces fages inftitutions.

»De toutes les deftinations qu'on peut donner aux fonds
»publics, il n'en eft point de plus refpectable; il n'en eft
»pas même qui, confidérée politiquement, puiffe être d'un
»plus grand intérêt pour la fociété : puifqu'il eft queftion
»de conferver des citoyens à l'Etat, des enfans à leurs
»peres, & des meres à leurs familles.

»Ces dépenfes, Meffieurs, ne pourroient être confidé-
»rables, & l'on ne peut en faire une application plus ef-
»fentielle. Nous vous propofons de choifir dans le chef-
»lieu de chaque Département le Chirurgien le plus inf-
»truit & le plus zèlé, pour fe charger du cours d'accouche-
»ments. Nous avons lieu de penfer qu'il fe trouveroit fuf-
»fifamment payé, par la feule fatisfaction de concourir
»auffi directement à la confervation des hommes.

»Il feroit feulement néceffaire de fournir les manne-
»quins de la dame du Coudray, qui ne font d'aucune dé-
»penfe férieufe.

»Le cours d'accouchements dureroit trois années, & il
»y auroit un mois par an d'inftruction qui pourroit être
»prolongé plus ou moins, felon le temps du Démonftra-
»teur & la volonté des éleves. Douze femmes feroient
»admifes à ce cours, & l'on pourroit en augmenter le
»nombre fuivant la néceffité.

»Ce nombre d'éleves peut vous paroître au-deffous de
»ce qui feroit défirable dans les Départements étendus ;

R

» mais lorſque nous l'avons fixé de cette maniere , nous
» n'avons pas douté que les Seigneurs zèlés , les Curés
» charitables , & les Communautés même n'envoyaſſent
» à leurs frais des ſujets aux cours que vous auriez éta-
» blis , & qui , dans ce cas , ſeroient inſtruites comme les
» autres par les Démonſtrateurs.

» Les femmes admiſes à ces cours ſeroient jeunes ; elles
» ſeroient moins prévenues des fauſſes idées , & conſéquem-
» ment elles ſeroient plus ſuſceptibles des inſtructions qu'el-
» les recevroient. Leur force les rendroit en même-temps
» plus propres à une profeſſion qui impoſe la néceſſité du
» travail & des veilles.

» Le choix de ces éleves ſeroit fait par les Commiſſions
» des Départements , & leurs mœurs ſeroient certifiées par
» les Aſſemblées municipales.

» Lorſque le cours d'accouchements ſeroit terminé , &
» que les éleves ſeroient jugées par les démonſtrateurs ſuffi-
» ſamment inſtruites , elles ſeroient alors reçues Sages—
» femmes ſous la dénomination de *Sages-femmes du cours*
» *public*.

» En ſuppoſant , Meſſieurs , que vous ſoyez pénétrés de
» l'utilité de ces établiſſements , il nous reſte à vous mon-
» trer quelle en pourroit être la dépenſe.

» Il exiſte dix Départements dans le reſſort de votre
» bienfaiſance : ſi vous jugiez néceſſaire d'accorder 30 ſols
» par jour à chaque éleve pour ſon déplacement & pour

»fon féjour , cela produiroit par chaque Département
»pour les douze femmes admifes , à raifon de 45 liv. cha-
»cune , la fomme de 540 livres & conféquemment pour
»les dix Départements enfemble celle de 5400 liv.

  »Il nous refteroit à y ajouter l'acquifition des manne-
»quins qui n'auroit lieu qu'une fois. Nous nous fommes
»affurés que le prix de chacun eft de 233 liv. 6 fols 8 den.
»& M. Scanégatty , dont le zèle & les talents font
»connus , s'offre d'en procurer dix pour la fomme de
»2333 liv. 6 f. 8 den. (1).

  »Dépenfe premiere pour les man-
»nequins, ... 2333 l. 6 f. 8 d.

  »Frais des trois années pour les
»éleves , ... 16200

  »Total pour le cours complet , . 18533 l. 6 f. 8 d.

  »Par cet état , Meffieurs , vous avez fous les yeux la
»dépenfe déterminée , & nous foumettons à votre fageffe
»s'il n'eft pas intéreffant de donner l'efpoir de quelques
»gratifications aux démonftrateurs les plus actifs & aux
»éleves qui auront le plus recueilli de leurs inftructions.
»Nous croyons encore néceffaire de donner à ces Chirur-
»giens zèlés le titre de *Chirurgiens-Démonftrateurs pour*

---

(1) M. Scanégatty doit avoir fur cet objet toute la confiance de
l'Affemblée , ayant été chargé le premier de l'exécution de ces mannequins.

» les *cours d'accouchements*, *nommés par l'Assemblée pro-*
»*vinciale.*

»D'après ces confidérations , nous vous propofons ,
»Meffieurs , de délibérer :

» 1°. S'il fera établi dans le chef-lieu de chaque Dé-
»partement un cours annuel d'accouchements qui durera
»trois ans feulement , & qui aura lieu un mois chaque
»année pour l'inftruction de douze éleves Sages-femmes.

»2°. S'il fera accordé à chacune 30 fols par jour
»pendant le mois de leur déplacement & de leur féjour.

»3°. Et fi l'Affemblée confidérant que ces établiffements
»font de la premiere néceffité pour protéger l'humanité
»dans les campagnes , elle fe propofera d'y appliquer les
»fonds convenables ».

La matiere mife en délibération , l'Affemblée ayant unanimement adopté les vues propofées par le Bureau du bien
public , parce qu'elle fixe fon attention particuliere fur tout
ce qui peut intéreffer l'humanité , a arrêté qu'il feroit établi
dans le chef-lieu de chaque Département un cours public
d'accouchements , dont les réfultats doivent être effentiellement utiles aux campagnes.

Mais en même-temps elle a jugé néceffaire de ne rien
ftatuer de pofitif fur le falaire des éleves , eftimant qu'elle
ne peut en ce moment le fixer à 30 fols par jour pour le
temps de leur inftruction.

Elle s'eft déterminée à charger les Commiffions intermédiaires de chaque Département de lui adresser un état de ce que pourront coûter ces établissements, en observant la plus grande économie & les facilités locales ; l'Assemblée se réservant sur ces divers rapports d'appliquer à ces institutions les fonds convenables dont elle pourra disposer.

Messieurs de la même Commission de l'agriculture, du commerce & du bien public, ont encore fait le rapport qui suit :

MESSIEURS,

» Le prix du pain est soumis dans les villes à l'autorité » des Juges de police.

» On a crû pendant long-temps que c'étoit le plus sûr » moyen d'empêcher les boulangers de vendre le pain au- » dessus de la proportion du prix auquel le bled est vendu » dans les halles.

» En effet, il paroît naturel de suivre le cours de la halle » pour établir le prix du pain ; mais il se commet tant d'a- » bus aux halles, que les Juges de police sont journelle- » ment trompés.

» Le prix de la police est fixé sur le prix moyen, c'est- » à-dire entre le plus haut & le plus bas, sans égard à la » quantité de sacs de chaque sorte de bled vendu à la » halle.

» Les boulangers ont donc intérêt qu'il soit vendu ou » qu'il paroisse être vendu quelques sacs de bled à haut

» prix pour faire reffortir le prix moyen à un taux plus
» haut.

» C'eft un abus auquel toutes les villes font expofées ;
» celles qui font fur le bord des rivieres & les ports de
» mer qui par le fecours de |la navigation reçoivent des
» cargaifons entieres de bled & farine , font privées de l'a-
» vantage que pourroit leur procurer leur heureufe pofition.

» Quoique ces bleds & farines foient prefque toujours
» vendus au-deffous du cours de la halle , les Juges de po-
» lice n'ont égard qu'aux prix de la halle ; foit parce que
» le prix de la vente des bleds & farines que les navires
» & bateaux apportent ne leur eft point connu , foit parce
» que l'achat n'en eft fait que par un petit nombre de bou-
» langers qui feuls profitent du bon marché au préjudice
» du public.

» Pour remédier à ces inconvénients, nous penfons que
» le meilleur parti eft de läiffer aux boulangers la liberté
» de vendre le pain au prix auquel ils croiront devoir l'é-
» tablir, en ne le foumettant à l'autorité de la police que
» pour le poids & la qualité , qui font de la plus grande
» importance pour le public.

» Il nous femble qu'on doit attendre les mêmes effets
» de cette liberté, que de celle dont jouiffent les marchands
» de farine qui , à l'envi l'un de l'autre, vendent journelle-
» ment les farines au rabais.

» Nous fommes enfin convaincus qu'il n'y a pas plus à re-
» douter cette liberté pour les boulangers des villes, que

»pour ceux des bourgs & campagnes qui vendent leur pain
»sans fixation de prix par la police.

» Nous avons l'honneur de soumettre cette question à
»votre délibération, Messieurs, & de vous proposer, si
»vous l'approuvez, de solliciter que l'essai de cette liberté
»soit fait au Havre; sauf à l'étendre par la suite dans les au-
»tres villes de la Généralité, si le succès répond à l'attente.

» Nous indiquons le Havre, autant parce que c'est le
»vœu de ses Officiers municipaux, que parce que la
»concurrence des boulangers de son fauxbourg d'Ingou-
»ville, & de ceux d'Honfleur qui deux fois par semaine
»apportent au marché du pain en abondance, est un sûr
»garant contre toute cabale ou association au préjudice
»du public.

» Le moment actuel est favorable pour tenter cet essai.
»Le bled n'est pas cher, & par cette raison on ne peut
»craindre une révolution dangereuse. Si, contre toute at-
»tente, on s'appercevoit que le changement de système ne
»fût point suivi de bons effets, il seroit aisé de rétablir les
»choses sur l'ancien pied.

» Tous les établissements sont sujets à des inconvénients;
»l'expérience seule peut en prouver le mérite : celui qui
»n'offre aucun mal difficile à réparer, nous semble de-
»voir inspirer la confiance.

» Si ce projet mérite votre approbation, Messieurs,
»nous croyons que pour parvenir à son exécution, le Par-
»lement de Normandie ayant la grande police, vous ju-
»gerez convenable que les Officiers municipaux du Havre

»foient autorifés à s'étayer du fuffrage de votre Affem-
»blée , & qu'ils foient invités par elle à fe pourvoir auprès
» du Parlement dont le zèle & la follicitude veillent fans
» ceffe au bien général de la province.

La matiere mife en délibération, l'Affemblée confidérant que la liberté pour la vente du pain peut être, particulierement pour la ville du Havre, un fûr moyen d'en procurer le prix à meilleur marché, a arrêté que MM. les Officiers
municipaux du Havre feront autorifés à s'étayer du fuffrage de l'Affemblée provinciale de la Généralité de Rouen,
& invités à fe pourvoir auprès du Parlement pour obtenir de laiffer la liberté aux boulangers du Havre de vendre le pain fans fixation de prix par la police, en n'affu-
jettiffant les boulangers à l'autorité des Juges de police,
que pour le poids & la qualité qui exigent la plus grande
furveillance.

L'Affemblée s'eft partagée enfuite pour le travail des
Bureaux.

La prochaine féance indiquée à demain, heure ordinaire.

Signés, Le Comte DE MATHAN, pour l'indifpofition de Monfeigneur le Cardinal.

BAYEUX, *Sécretaire-Greffier.*

*Des Mercredi & Jeudi 28 & 29 Novembre, à neuf heures
du matin.*

L'ASSEMBLÉE s'eft réunie, après la Meffe, comme les jours
précédents, pour fe rendre enfuite au travail des Bureaux.
                                                           La

La prochaine féance indiquée à demain , heure ordinaire.

Signés ; le Comte DE MATHAN, pour l'indifpofition de Monfeigneur le Cardinal.

BAYEUX, *Sécretaire-Greffier.*

Du Vendredi 30 *Novembre* 1787 *, à neuf heures du matin.*

L'ASSEMBLÉE s'étant réunie comme ci-deffus , après la
Meffe , la Commiffion des travaux publics a pris le bureau , & repréfenté la néceffité de réclamer des bontés de
SA MAJESTÉ une augmentation de fecours extraordinaires
pour occuper la foule d'ouvriers que les circonftances actuelles réduifent fans travail & fans pain.

L'Affemblée ayant délibéré, a arrêté que les vœux &
les juftes inquiétudes de la Commiffion feroient mis auffi-
tôt fous les yeux de SA MAJESTÉ.

Enfuite on eft allé travailler aux Bureaux.

La prochaine féance indiquée à demain , heure ordinaire.

Signés , le Comte DE MATHAN, pour l'indifpofition de Monfeigneur le Cardinal.

BAYEUX, *Sécretaire-Greffier.*

Du Samedi 1 *Décembre* 1787 *, à neuf heures du matin.*

L'ASSEMBLÉE ayant pris féance comme ci-deffus , après
la Meffe, M. le Préfident a annoncé que MM. les Officiers
municipaux de la ville de Rouen , & MM. de la Cham-

S

bre de commerce, devoient se présenter pour complimenter l'Assemblée & lui rendre leurs hommages ; sur quoi
M. l'Abbé de Goyon, M. le Président de Janville, M. de
Fontenay & M. Angren ont été députés pour aller recevoir ces deux Compagnies dans la piece qui précede
la salle.

MM. les Officiers municipaux s'étant fait annoncer, après
avoir envoyé le vin d'honneur, MM. les Députés sont allés
les recevoir. Ils ont été introduits ; & se sont placés sur des
sieges disposés au bas de la salle, vis-à-vis M. le Président.

M. le Couteulx de Canteleu, premier Echevin, a pris
la parole, & dit :

Messieurs,

»Les Maire & Echevins de la ville de Rouen ont
»l'honneur de vous présenter leurs hommages.

»Le Roi en instituant votre Assemblée, rappelle les
»bienfaits que les Rois ses prédécesseurs avoient accordés
»à nos ancêtres, & les fonctions que particulierement
»dans cette ville ils avoient confiées à nos *Mayeurs*.

»La Commune de la ville de Rouen se trouvoit alors
»placée immédiatement sous la sauve-garde du Souverain.

»Vous nous offrez aujourd'hui, Messieurs, le même lien
»d'intérêt entre le Monarque & ses peuples.

»Mais vous vous présentez avec tous les avantages que
»doivent opérer la réunion des villes & des campagnes,
»& le concours des trois Ordres de l'État, animés du

„même efprit & du même amour pour le bien public.

„Vous réuniffez, Meffieurs, le fentiment unanime de la „cité fur le patriotifme , le zèle & les talents qui vous „diftinguent : agréez particulierement fes vœux & fes ef-„pérances.

M. le Préfident a répondu :

„L'Affemblée provinciale reçoit avec reconnoiffance les „hommages du Corps municipal.

„L'époque mémorable du paffage de SA MAJESTÉ dans „cette ville, fembloit être l'heureux préfage des bienfaits „que lui réfervoit fon cœur paternel.

„Non content d'avoir animé par fa préfence l'accroiffe-„ment de notre puiffance maritime, la fageffe du Roi mé-„ditoit dès-lors le plan de bienfaifance qui promet à fes „peuples une exiftence nouvelle, & le développement de „tous les moyens de profpérité qui découlent de fes avan-„tages naturels.

„Vous avez, Meffieurs, confacré dans vos archives les „témoignages univerfels de l'allégreffe publique, & de l'at-„tendriffement d'un Monarque citoyen.

„Il vous appartient d'y configner ce moment qui offre „à vos yeux la réunion de tous les Ordres de la Province. „Le citoyen vertueux, qui dans cet inftant marche à votre „tête, fiege chaque jour parmi nous ; nous le regardons „unanimement comme un gage précieux de votre zèle „pour le bien public.

„L'ame patriotique de cette Affemblée fera, n'en dou-

S 2

„ téz pas, le lien d'amour entre le Prince chéri & ſes fidè-
„ les ſujets.

„ Dites encore, Meſſieurs, à la Commune de Rouen
„ que vous repréſentez, dites-lui que notre travail a pour
„ objet unique le plus grand avantage de la Province ; que
„ les intérêts de ſa Capitale nous ſeront toujours particulie-
„ rement chers, & qu'elle peut tout ſe promettre de nos
„ ſoins, ſi le ſuccès égale le zèle qui nous anime. „

MM. les Officiers Municipaux ont été enſuite reconduits de la même maniere, & par les mêmes Députés.

MM. de la Chambre de Commerce s'étant auſſi fait
annoncer, ont été reçus & introduits par les mêmes Députés, & placés également ſur des ſieges au bas de la
ſalle, vis-à-vis M. le Préſident.

M. Hellot, Prieur-Conſul, a parlé ainſi au nom de ſa
Compagnie :

Messieurs,

„ L'ÉTABLISSEMENT des Aſſemblées provinciales eſt le
„ plus grand bienfait que la nation pût recevoir de ſon Sou-
„ verain. Quelles eſpérances ne devons-nous pas concevoir,
„ particulierement dans cette Généralité, en réfléchiſſant
„ ſur le mérite, les connoiſſances & les talents de ceux qui
„ compoſent cette reſpectable Aſſemblée !

„ Parmi les objets intéreſſants qui vous occupent, Meſ-
„ ſieurs, le commerce n'a pas échappé au zèle qui vous anime.

»Jamais celui de cette province n'eut plus befoin de fe-
»cours. L'induftrie qui vivifioit nos nombreux atéliers, ren-
»contre dans le royaume même une concurrence d'autant
»plus funefte & décourageante, qu'elle eft étrangere. C'eft
»à vous qu'il appartient, Meffieurs, d'indiquer & d'obtenir
»les moyens qui peuvent diminuer les avantages de nos
»rivaux. La Chambre de Commerce de Normandie, rem-
»plie de confiance dans vos fages réfolutions, félicite le
»commerce d'avoir de tels défenfeurs dans cet inftant de
»crife. En ambitionnant la gloire de vous être utiles, nous
»venons vous faire hommage de nos foibles lumieres. Si
»vous jugez à propos de faire quelquefois concourir nos
»travaux avec vos vues patriotiques & bienfaifantes, nous
»ferons toujours prêts à vous prouver, au moins par notre
»zèle, les fentiments de reconnoiffance, de dévouement &
»de refpect que vous nous avez infpirés.«

M. le Préfident a répondu ainfi :

»Vos hommages, Meffieurs, ont été devancés ici
»par votre offrande à la patrie : vous lui avez adreffé le
»fruit d'une méditation profonde, & de votre tendre folli-
»citude fur fes véritables intérêts.

»L'Affemblée a reçu avec une fincere reconnoiffance le
»Mémoire fur le commerce que vous lui avez fait pré-
»fenter.

»Chacun de nous a reconnu l'efprit vraiment patrio-
»tique qui vous anime, & le zèle noble qui vous conduit
»à tout ce qui peut être utile au bien public.

» Vous l'eûffiez fuppofé; oui, Meffieurs, l'Affemblée
» provinciale cherche les moyens les plus fûrs d'encoura-
» ger le commerce de cette ville & de la province; elle
» defire pouvoir rendre à l'induftrie nationale toute fon
» activité, & au commerce fon ancienne fplendeur; &
» dans ce moment nous attendons tout de la bienfaifance
» du Monarque qui nous gouverne.

» Continuez, Meffieurs, à éclairer notre zèle patrio-
» tique par vos lumieres, & dites avec nous que le pre-
» mier defir de l'ame fenfible eft un vœu pour le bien
» public.

MM. de la Chambre de commerce ont été reconduits comme l'avoient été Meffieurs les Officiers municipaux.

M. Thouret, l'un des Procureurs-Syndics, a remis enfuite fur le Bureau le manufcrit d'un *Dictionnaire topographi-
que des villes, bourgs & paroiffes de la Généralité de Rouen,
contenant l'indication de leur fituation & de leur population*; ouvrage de M. l'Abbé le Coq, qui en fait hommage à
l'Affemblée; & à cette occafion M. Thouret a dit:

MESSIEURS,

» C'EST à la Commiffion intermédiaire que M. l'Abbé
» le Coq s'adreffa d'abord pour annoncer le defir qu'il
» avoit de vous remettre fon ouvrage, utile, fous une in-
» finité de rapports, aux détails de votre Adminiftration.
» La Commiffion touchée de la valeur de ce préfent,
» & du fentiment eftimable qui animoit l'auteur, nous

» autorifa d'accepter fon offre généreufe. Il vient de la réa-
» lifer.

» Permettez-nous d'exprimer ici la fatisfaction que nous
» reffentons en jouiffant des premiers effets de notre inf-
» titution. Ne vous femble-t-il pas, Meffieurs, que le zèle
» du bien public fe ranime de toutes parts, & brûle de fe
» produire ? Combien fes progrès ne vont-ils pas s'étendre
» par les influences de cette communication électrique !

» La confiance qui vous eft due, & l'accueil honorable
» que vous deftinez à tout ce qui peut accroître l'utilité
» de vos travaux, vont établir entre la nation & vous une
» correfpondance patriotique. Elle fera le canal par lequel
» tous les fecours, toutes les lumieres propres à hâter la
» profpérité publique, arriveront jufqu'à vous. Vos regiftres
» feront les monuments durables qui tranfmettront à la
» poftérité les noms & les vertus des bons citoyens qui
» vont concourir au fervice de la patrie. C'eft par ces faftes
» nationaux que les exemples de leur zèle & du vôtre fe
» communiqueront à nos fucceffeurs pour leur fervir de
» modele & d'encouragement.

» La connoiffance que nous avons de vos difpofitions
» nous autorife à vous propofer de configner dans votre
» procès-verbal l'hommage que M. l'Abbé le Coq vous
» fait de fon ouvrage en vous en remettant le manufcrit,
» & d'y exprimer les fentiments dont nous voyons que
» fon acte de patriotifme vous a pénétrés. La page que
» vous aurez deftinée à cette mention jufte & méritée ne
» fera pas infructueufe à d'autres égards. Sans doute le

« devoir de tout citoyen eft de fervir la patrie ; mais la
» patrie pourroit-elle , fans fe nuire, refter infenfible au
» dévouement du citoyen qui la fert ? Et l'adminiftra-
» teur feroit-il irréprochable, s'il privoit la chofe publique
» de l'utile émulation qui naît de la publicité des bonnes
» actions , & de la reconnoiffance qu'elles lui infpirent ?

L'Affemblée a délibéré fur cet expofé , & fenfible au
patriotifme qui a déterminé M. l'Abbé le Coq à lui confacrer fon travail , elle a reçu fon manufcrit avec reconnoiffance , a arrêté qu'il lui en feroit fait des remerciments , & qu'on lui enverroit au nom de l'Affemblée un
exemplaire du préfent procès-verbal.

La Commiffion d'agriculture , du commerce & du bien
public, a enfuite pris le Bureau , & fait le rapport fuivant :

Messieurs ,

« Juftement alarmés des malheurs dont le commerce na-
» tional eft menacé , le Bureau d'agriculture , du commerce
» du bien public, s'eft appliqué dans fes premieres féan-
» ces à fonder toute la profondeur de la plaie. S'il a été
» effrayé du tableau affligeant que préfente la lecture du
» mémoire de la Chambre de commerce, ce n'a point été
» pour lui un motif de fe livrer au découragement , & de
» renoncer à toutes les vues d'amélioration que fon zèle
» pouvoit lui infpirer. Nos reffources font multipliées &
» abondantes ; il ne s'agit que de les développer , & bien-
» tôt nous ferons en état de reprendre cette fupériorité
» & cette prépondérance que nos rivaux, plus prévoyants
» & plus actifs que nous, fe font acquifes.

» En

„ En attendant que le Bureau foumette à vos réflexions
„ l'enfemble des pertes que nous éprouvons, & les moyens
„ que nous avons de les réparer, nous allons porter votre
„ attention fur un objet d'utilité particuliere, qui intéreffe
„ une de nos principales manufactures.

„ Il n'eft point queftion, Meffieurs, d'un de ces grands
„ établiffements qui exigent de groffes avances, avant de
„ pouvoir être une fource de profpérité pour nous. L'ob-
„ jet que nous avons l'honneur de mettre fous vos yeux,
„ eft peu difpendieux ; il eft d'une exécution facile, & il
„ mérite encore plus d'encouragements que de dépenfe.

„ Il s'agit d'améliorer & de perfectionner nos laines,
„ & de les rendre propres à entrer dans nos plus belles
„ manufactures.

„ Ce projet, Meffieurs, n'a rien de chimérique ; & s'il
„ eft vrai qué par les foins & l'activité de quelques agri-
„ culteurs zèlés, nous poffédons dans certaines provinces
„ du royaume des laines prefqu'auffi belles & auffi fines
„ que celles d'Efpagne & d'Angleterre ; pourquoi ne pou-
„ vons-nous pas nous promettre que ces deux efpeces
„ réuffiront également dans la nôtre ?

„ Pour qu'il fe réalife, il fuffit de croifer les races étran-
„ geres avec nos efpeces, & de modifier & corriger le
„ régime actuel de nos troupeaux.

„ Les fociétés d'agriculture & de l'école vétérinaire,
„ nous ont donné, fur leur éducation, des inftructions qui
„ ne laiffent rien à défirer.

T

„ Nous nous bornerons à vous citer deux expériences
„ qui ont été faites par deux membres de cette Assemblée,
„ & qui nous ont paru intéressantes.

„ M. d'Irville nous a préfenté un mémoire, dans lequel
„ il nous offre un essai qu'il a fait pour croiser la race des
„ moutons d'Espagne avec la nôtre. Il s'étoit procuré un
„ bélier de chez M. d'Aubenton, & au bout de deux an-
„ nées il a eu la satisfaction de voir que les toisons de
„ son troupeau étoient plus abondantes & beaucoup plus
„ fines qu'auparavant.

„ Et pour conduire son expérience jusqu'au dernier pro-
„ cédé, il a fait fabriquer, avec cette nouvelle laine, une
„ piece de drap qu'il a soumife à l'examen du Bureau.
„ MM. Dambournay, le Camus & Métayer, dont l'ex-
„ périence est connue, l'ont trouvée singulierement plus
„ fine & d'une qualité bien supérieure aux étoffes du mê-
„ me genre, qui se fabriquent dans son canton avec les
„ laines ordinaires.

„ M. d'Irville avoit eu la précaution de faire construire
„ une bergerie qui n'étoit point couverte, & qui n'étoit
„ fermée par le devant que par une claire - voie. Malgré
„ les rigueurs de l'hiver de 1783 à 1784, où il commen-
„ ça son essai, les agneaux qui nâquirent dans ce nouveau
„ parc au mois de Janvier, non-feulement n'éprouverent
„ aucun préjudice, mais ils devinrent sensiblement plus
„ forts & plus vigoureux que ceux de son fermier, qu'on
„ avoit eu grand soin d'abriter contre le froid, suivant
„ la routine ordinaire.

„ Pour mieux affurer fon expérience, & pour établir une „ comparaifon exacte, M. d'Irville avoit eu foin que le „ traitement pour la nourriture, fût égal entre les deux „ troupeaux.

„ Dom de Lénable, lorfqu'il étoit Cellerier de l'Abbaye „ de Séez, ayant réfléchi que le fol & le climat de l'An- „ gleterre avoient beaucoup d'analogie avec la Normandie, „ a fait fur la race des bêtes à laine Angloifes, le même „ effai que M. d'Irville a tenté fur celles d'Efpagne.

„ Il s'étoit procuré fucceffivement deux béliers Anglois, „ qu'il croifa avec des brebis du pays de Caux. L'ufage „ de parquer les moutons n'a point lieu dans le canton „ de la province qu'il habitoit alors, & il n'ofoit s'en rap- „ porter à l'inexpérience d'un berger dans un pays qui „ abonde en loups.

„ Pour remédier aux inconvéniens de la chaleur des „ étables, qui eft fi préjudiciable à la fanté du mouton, „ comme à la qualité de fa laine, il avoit fait faire de gran- „ des ouvertures à la bergerie, enforte que l'air y circuloit „ plus librement.

„ Au bout de trois ans, fon troupeau qui étoit compofé „ de cent-cinquante bêtes fe trouva entierement régénéré; „ les toifons devinrent beaucoup plus fortes, & la laine „ acquit un dégré de fineffe qui le cédoit peu aux laines „ d'Angleterre, au jugement des connoiffeurs qui dès la „ premiere levée ne craignirent pas de les acheter le double „ du prix des années précédentes.

„ Ces exemples, Meffieurs, joints à l'expérience de

T 2

» tous ceux qui ont fait de pareils essais , & qui tous ont
» réussi , prouvent évidemment que nous sommes en état ,
» quand nous le voudrons , de fournir à nos manufactures
» les matieres qu'elles vont chercher à grands frais chez
» l'étranger ; & que ce n'est qu'à notre indolence & à notre
» peu d'émulation que nous devons imputer la mauvaise
» qualité de nos laines.

» Les Anglois sentent mieux nos avantages à cet égard
» que nous-mêmes. Un de leurs Auteurs , le Docteur Artur
» Young , met en principe que , si nous sçavions nous pro-
» curer la race de leurs bêtes à laine , nous ne tarderions
» pas à soutenir la concurrence avec eux dans cette partie.
» Aussi le Gouvernement chez eux n'a-t-il rien négligé pour
» empêcher la sortie d'aucune bête à laine de leur pays.
» Les peines capitales qu'il a décernées contre les réfrac-
» taires à la loi , justifient leur crainte & nos espérances.

» Il est encore un autre moyen, Messieurs, d'améliorer
» & de perfectionner nos laines , & qui n'est pas moins
» efficace que ceux dont nous avons eu l'honneur de vous
» entretenir. C'est l'usage du sel , qui n'est pas moins utile
» ni moins essentiel au mouton qu'à l'homme même. On sait
» que le tempéramment humide de cet animal le rend sujet
» à une infinité de maladies , dont ce puissant dessicatif
» sauroit le préserver & le guérir. Mais vous sentez comme
» nous, Messieurs , l'impossibilité d'administrer ce salutaire
» remede à nos troupeaux , tant que nous gémirons sous le
» joug désastreux de la gabelle.

» Des circonstances plus heureuses nous en délivreront

»certainement un jour : nous en avons pour garant la pro-
»meffe d'un Roi qui chérit fes peuples ; nous devons en
»attendre l'effet avec confiance. C'eft à votre zèle , Mef-
»fieurs, à éclairer fa bienfaifance , pour concilier les droits
»de fa couronne avec l'intérêt de fes fujets.

»Ce n'eft point affez que d'établir les moyens infaillibles
»de porter à leur plus grande perfection les toifons de nos
»troupeaux , & de tracer , d'après l'expérience , les foins
»confervateurs de ces fources réelles de la richeffe na-
»tionale. Plus un projet eft avantageux , plus on doit in-
»fifter fur fon exécution.

»Mais comment amener nos cultivateurs à fe procurer
»des béliers étrangers , à mêler des brebis étrangeres avec
»les béliers indigênes , enfin à croifer les races ? Voilà le
»point important.

»N'attendons rien à cet égard du colon ordinaire : tou-
»tes fes opérations font foumifes à une routine qu'il n'a-
»bandonnera que lorfque les exemples multipliés l'auront
»éclairé comme malgré lui.

»Pour parvenir à ce but , nous ne voyons point de moyen
»plus efficace à vous propofer , que de recourir au Gou-
»vernement , & de le folliciter de faire les premiers frais
»d'achat des efpeces étrangeres qui conviendroient le mieux
»au fol & au climat de cette Généralité. Une centaine de
»moutons mâles & femelles , qui feroient diftribués & ré-
»partis dans les dix Départemens qui la compofent , ré-
»généreroient en peu d'années la race de nos troupeaux.

»Une fois en poſſeſſion de cette ſource de régénération ,
»votre zèle , Meſſieurs , ne tarderoit pas à porter la lumiere
»& l'émulation dans nos campagnes.

»Un code d'inſtructions ſur le régime des bêtes à laine ,
»fondé ſur les expériences les mieux ſoutenues , corrigeroit
»l'ancienne routine , & en éclairant le cultivateur ſur ſes
»propres intérêts , il le dirigeroit dans ſes opérations.

»L'émulation ainſi excitée par vos ſoins , ſe propage-
»roit de toutes parts , ſur-tout ſi votre vigilance & vos re-
»gards ſe portoient ſur les premiers effets & ſur les progrès
»de cette régénération naiſſante.

»Vous pourriez , par exemple , vous faire préſenter an-
»nuellement un tableau des meilleurs Agriculteurs de la
»Généralité , & diſtribuer publiquement , en récompenſe
»de leurs ſoins , ſoit un bélier étranger , ſoit des brebis
»de choix , à ceux dont les troupeaux ſeroient le mieux
»tenus au jugement des Experts que vous auriez nommés
»à cet effet.

»Cet encouragement répondroit à celui qui ſe donne
»chaque année dans pluſieurs paroiſſes , pour des objets
»qui ne tiennent pas de plus près au bien de l'État : car ,
»nous ne pouvons trop le répéter , la perfection des ma-
»tieres premieres d'une manufacture auſſi importante , en
»ſeroit une abondante ſource.

»Vous pourriez encore accorder à ceux qui , par leurs
»ſoins & leurs avances , accéléreroient cette révolution ,
»une marque de diſtinction qui ſur les ames honnêtes ne
»manque jamais ſon effet ; comme des lettres d'encoura-

« gement fignées par Meffieurs de l'Adminiftration pro-
» vinciale , ou des places de prééminence dans la paroiffe
» au profit de laquelle tourneroient néceffairement leurs
» avances & leurs travaux.

« Mais ce qui certainement ne trompera pas notre efpé-
» rance, Meffieurs, c'eft cette portion de citoyens culti-
» vateurs, dont les vues patriotiques & les reffources d'un
» riche domaine favorifent les améliorations en tout genre
» de production. Ce font ces généreux Seigneurs qui ,
» après avoir paffé leurs plus belles années à ceuillir des
» lauriers dans le champ de Mars, viennent pour la prof-
» périté de leurs vaffaux employer les dernieres à moif-
» fonner paifiblement dans celui de Cerès. C'eft d'eux
» que nous avons droit d'attendre ces frais préliminaires
» qu'exigent toujours les établiffements qu'on veut perfec-
» tionner, & qui feront abondamment compenfés par la fuite.
» Ce font eux qui vraiment éclairés apprendront à leurs vaf-
» faux que les découvertes confacrées par l'expérience, font
» des titres irréfragables à la confidération & à la recon-
» noiffance, non-feulement de leurs concitoyens, mais en-
» core de toute la nation.

« Tel eft le vœu que le Bureau d'agriculture, du com-
» merce & du bien public, a l'honneur de vous porter &
» de vous foumettre. »

L'Affemblée ayant pris en confidération le préfent rapport, a délibéré & arrêté,

1°. Que SA MAJESTÉ fera fuppliée d'accorder inceffamment les fonds néceffaires pour les frais d'achat & de conduite de cent moutons tant mâles que femelles, des efpeces étrangeres qui conviendront le mieux au fol & au climat de cette Généralité; lefquels frais font eftimés ne devoir pas excéder la fomme de 15000 l. & qu'Elle fera également fuppliée de laiffer aux foins de l'Affemblée la difpofition de ces fonds, pour faire faire avec le plus d'économie & de fidélité poffibles l'achat de ces animaux.

2°. Que ces moutons étrangers feront diftribués dans les dix Départements de la Généralité, & confiés aux meilleurs cultivateurs dont les Affemblées de département donneront la lifte.

3°. Que la Commiffion intermédiaire fera travailler à un code d'inftructions élémentaires fur le régime des bêtes à laine, lequel fera envoyé gratuitement aux Seigneurs & aux Curés des paroiffes qui les communiqueront & les expliqueront au befoin à ceux de leurs paroiffiens qui feront chargés de faire les premiers effais.

4°. Que les Seigneurs & Curés feront invités par la Commiffion intermédiaire de veiller à l'obfervation du nouveau régime qui leur fera adreffé, & d'exciter l'émulation parmi leurs paroiffiens.

5°. Que pour favorifer cet établiffement, l'Affemblée, fous le bon plaifir du Roi, fera chaque année diftribuer publiquement pendant fa tenue un prix d'émulation à celui des cultivateurs qui par fes foins aura le plus contribué à accélérer la régénération de fon troupeau, & dont les fuccès feront les plus marqués pour l'amélioration des laines,

laines, au jugement des experts nommés à cet effet, &
qu'on accordera en outre en forme d'*accessit* des lettres
d'encouragement signées par MM. de l'Administration
provinciale, à ceux qui se feront trouvés en concurrence
pour le prix.

Ensuite on est allé travailler aux Bureaux.

La prochaine séance indiquée à Lundi 3 Décembre,
heure ordinaire.

Signés, le Comte DE MATHAN, pour l'indisposition de Monseigneur le Cardinal.

BAYEUX , *Sécretaire-Greffier.*

_____

Du Lundi 3 Décembre 1787 , à neuf heures du matin.

L'ASSEMBLÉE s'étant réunie comme les jours précédents,
après la Messe, elle a pris en considération qu'il étoit convenable & avantageux qu'il s'établît entre la Cour de Parlement, la Chambre des Comptes & elle, une heureuse
harmonie de vues & d'efforts pour le bien public.

En conséquence il a été arrêté de députer à la Cour de
Parlement & à la Chambre des Comptes, pour les com-
plimenter de la part de l'Assemblée. Monseigneur l'Evê-
que d'Evreux, M. le Marquis de Cany, M. Grégoire &
M. Bourdon ont été nommés pour la premiere députation ;
M. l'Abbé de S. Gervais , M. le Marquis d'Estampes,
M. de Fontenay & M. Desmarquets ont été choisis pour
la seconde.

V

Monseigneur l'Evêque d'Evreux , M. le Marquis de Cany , M. Grégoire & M. Bourdon , se sont rendus au Parlement , précédés des Huissiers.

Après avoir rempli leur mission , ils sont rentrés. Suivant le compte qu'ils en ont rendu , ils ont été reçus au Parlement , les Chambres assemblées , de la maniere usitée dans les grandes députations. Introduits dans la salle d'Audience , dont les deux battants leur ont été ouverts , & assis sur le banc de MM. les Rapporteurs , Monseigneur l'Evêque d'Evreux a pris la parole , & dit :.

MESSIEURS,

» L'Assemblée provinciale persuadée que vous avez vu » avec satisfaction son établissement , nous a chargés de » venir vous assurer de son empressement à se concerter » avec vous en tout ce qui pourra intéresser le bien public.

» Nous croyons, Messieurs, nous associer à vos nobles » fonctions, par l'équité que notre administration exige; » & l'éloge le plus authentique que nous puissions faire de » vos vertus, c'est de les prendre pour modeles dans la » carriere qui doit nous exposer si publiquement au juge- » ment de nos concitoyens. Eh , dans quelle source plus pure, » plus féconde , pourrions-nous trouver les principes d'un » sévere désintéressement & d'une rigide impartialité !

» Je suis charmé, Messieurs, de trouver cette heureuse » occasion de vous rendre cet hommage particulier ; la vé- » rité me l'inspire , & il peut recevoir quelque prix de » l'habitude où je suis, depuis que j'ai l'honneur d'occu-

» per un fiege dans cette province, d'admirer votre zèle,
» votre patriotifme & votre juftice; grandes & fublimes ver-
» tus de la Magiftrature, qui fe retrouvent avec toute leur
» énergie dans l'ame de votre illuftre chef !

M. le Premier Préfident ayant répondu, MM. les Députés fe font retirés, & ont été reconduits, jufqu'à la derniere
porte, par deux de MM. les Confeillers de Grand'Chambre.

Ce rapport entendu, il a été arrêté de députer à MM. les
Officiers municipaux de la Ville de Rouen, & à MM. de
la Chambre du commerce, pour les faluer au nom de l'Affemblée; & MM. le Marquis de Pardieu & Dambournay ont été nommés à cet effet.

L'Affemblée s'eft partagée pour le travail des Bureaux.

La prochaine Séance indiquée à demain, heure ordinaire.

Signés, le Comte DE MATHAN, pour l'indifpofition de Monfeigneur le Cardinal.

BAYEUX, *Sécretaire - Greffier.*

Du Mardi 4 Décembre 1787, à neuf heures du matin.

L'ASSEMBLÉE ayant pris féance comme les jours précédents, après la Meffe, l'Huiffier a annoncé un des No-
taires-Sécretaires de la Cour de Parlement. Il a été introduit, & s'eft avancé jufqu'au Bureau de M. le Préfident; là, debout, il a donné lecture de la réponfe que
le Parlement avoit arrêté d'envoyer à l'Affemblée, l'a dépofée fur le Bureau, & s'eft retiré.

V 2

Cette réponfe eft ainfi conçue :

MESSIEURS,

» La Cour de Parlement s'eft empreffée d'enregiftrer
» l'Edit portant création des Affemblées provinciales. Le
» zèle patriotique avec lequel vous cherchez à remplir
» l'attente nationale fi bien fondée fur vos vertus & vos
» talents, juftifie fon empreffement.

» Il n'eft point de vœux qu'elle ne forme pour le fuc-
» cès de vos nobles & généreux travaux ; & elle unira fon
» zèle au vôtre pour y concourir de toute fon autorité.

» La Cour vous offre en même-temps, Meffieurs, les
» affurances les plus fincères de la vive fatisfaction qu'elle
» a reffentie d'apprendre par vous-mêmes la juftice que
» vous rendez aux fentiments qui l'animent pour le bien
» du fervice du Roi & de l'État, & de toute fa fenfibi-
» lité à la députation que vous lui avez faite. «

L'Affemblée ayant délibéré, a arrêté que cette réponfe
feroit confignée fur fes regiftres, & inférée dans fon procès-verbal, comme le témoignage du concert le plus heureux pour le bien de la province.

M. le Préfident ayant enfuite annoncé que M. le Commiffaire du Roi devoit venir prendre féance dans l'Affemblée, il a invité M. l'Abbé le Rat, M. le Comte de Caumont, M. Gueudry & M. d'Irville, à l'aller recevoir.

L'Affemblée avertie de l'arrivée de M. le Commiffaire
du Roi, MM. les Députés & M. Thouret, l'un des Procureurs-Syndics, font allés au-devant de lui, à la maniere ufitée.

M. le Commiſſaire du Roi, introduit avec les honneurs accoutumés, a pris ſéance dans un fauteuil placé
en face de celui de M. le Préſident ; & après avoir annoncé que l'objet de ſa miſſion étoit de communiquer à
l'Aſſemblée de nouvelles Inſtructions de SA MAJESTÉ,
relatives à l'agriculture & au bien public, il a dépoſé ſur
le Bureau ces Inſtructions, ſignées de lui, faiſant ſuite à
celles que l'Aſſemblée avoit déjà reçues dans ſa Séance
du 19 Novembre dernier, & y a joint, conformément
aux intentions de SA MAJESTÉ, pluſieurs exemplaires
d'inſtructions ſur *les prairies artificielles ; ſur le parcage
des bêtes à laine ; ſur la culture des* turneps *ou gros na-
vets ; ſur la culture, l'uſage & les avantages de la bette-
rave champêtre :* trois exemplaires *d'obſervations ſur les
effets des vapeurs méphitiques dans l'homme ; ſur les noyés ;
ſur les enfants qui paroiſſent morts en naiſſant, & ſur la
rage ;* avec des extraits de cet ouvrage, tant en format
in-4°., *pour pouvoir être facilement répandus & diſtribués
dans toute la Généralité,* qu'en placards, *pour être affi-
chés dans le lieu qui ſera deſtiné, dans chaque village, aux
ſéances de l'Aſſemblée municipale.*

M. le Commiſſaire du Roi a enſuite ſalué l'Aſſemblée,
s'eſt retiré, & a été reconduit avec les mêmes honneurs
& par les mêmes Députés qui étoient allés le recevoir.

MM. les Députés rentrés, la Commiſſion des travaux
publics a pris le Bureau, & fait le rapport ſuivant :

MESSIEURS,

» IL nous paroîtroit embarraſſant de dire ici que nous
» venons conſacrer par notre ſuffrage l'approbation dont

» vous avez, dans vos premieres féances, honoré le Rap-
» port de votre Commiffion intermédiaire, fi un mûr exa-
» men & de longues réflexions ne devoient pas ajouter un
» nouveau prix à une opinion formée d'après une lecture
» rapide & fans difcuffion.

» Le travaïl de la Commiffion intermédiaire a tellement
» dirigé celui du Bureau, que pour ne pas charger votre
» procès-verbal de répétitions inutiles, nous nous fommes
» déterminés à renvoyer au rapport de la Commiffion pour
» tous les développements que nous n'avons pas crus ef-
» fentiellement néceffaires à l'appui des principes que nous
» allons foumettre à votre examen.

» Le grand objet de notre travaïl a été de recueillir ici
» les principes les plus faciles à faifir par leur fimplicité,
» les plus aifés à appliquer par les conféquences nombreufes
» qui en dérivent, & les plus utiles dans la pratique par
» l'expérience des gens de l'art, & des autres perfonnes inf-
» truites que nous avons confultées.

» Chargés de vous offrir l'enfemble des travaux qu'exi-
» gent les chemins de la Généralité, nous avons cru devoir,

» 1°. Fixer les fonds que vous pouvez y employer.

» 2°. Etablir dans la perception de ces fonds le régime
» le plus économique ; éloigner les embarras d'une compta-
» bilité trop compliquée, & faciliter le paiement des fom-
» mes confacrées aux travaux que vous aurez ordonnés.

» 3°. Vous préfenter un tableau des ouvrages qui nous
» ont paru les plus néceffaires à faire dans le cours de
» l'année.

» 4°. Fixer par un réglement des principes invariables
» sur cette partie de l'administration, afin de diriger tou-
» jours par un même esprit ceux de vos membres que vous
» chargerez, après votre séparation, de la surveillance des
» affaires.

» Le développement du premier article n'offre aucune   *Recette.*
» difficulté, & nous profiterons de la connoissance que vous
» avez du rapport de la Commission intermédiaire, pour
» n'en saisir que les résultats.

» L'imposition en rachat de corvée est le quart du pre-
» mier brevet de la taille, & le quart de la capitation ro-
» turiere des villes franches & communautés d'arts & mé-
» tiers; elle s'éleve à la somme de 724,000 l. (1) Les fonds
» déstinés aux travaux d'arts sont de 212,970 l. 16 s. 10 d.

» Il existe un troisieme fonds accordé par le Roi pour
» les atéliers de charité. Si nous prenions pour mesure des
» secours que nous pouvons espérer de la bienfaisance du
» Roi ceux qu'il a accordés à la Généralité en 1787, nous
» aurions, en y ajoutant les contributions des particuliers,
» une somme de 107,561 l.

» En calculant d'après cette hypothese, les travaux de
» la province auront pour baze un fonds de 1,044,531 l.
» 16 s. 10 d.

» Tout ce qui concerne la perception des fonds consacrés   *Perception.*
» aux travaux d'art & aux atéliers de charité, est déterminé

---

(1) Il ne faut pas compter sur cette somme exacte, à cause des décharges,
modérations & non valeurs sur la capitation.

» dans les Inftructions qui vous ont été préfentées par M. le
» Commiffaire du Roi, & ne doit point fixer votre atten-
» tion.

» Nous nous permettrons cependant une réflexion fur l'un
» de ces deux objets : vous peferez vous-mêmes fon utilité.

» M. de la Milliere, dont le zèle éclairé a porté une fi
» grande activité dans cette partie des travaux publics, a
» obtenu que les fonds levés pour les ponts & chauffées fe-
» roient employés dans la Généralité. Mais ces fonds paffent
» de la province dans le tréfor royal, du tréfor royal dans
» la caiffe du Tréforier général des ponts & chauffées, &
» reviennent enfuite dans la Généralité pour acquitter le
» prix des ouvrages. Ces tranfports d'argent font au moins
» inutiles, & diminuent les fonds par les frais qu'ils en-
» traînent.

» Le paiement des travaux faits fur les fonds connus fous
» le nom d'impofition en rachat de corvée, a préfenté au
» Bureau des objets de difcuffion plus importants.

» Vous découvrirez la fource des embarras que doit
» éprouver la comptabilité dans cette partie de vos fonds,
» en jettant les yeux fur l'article IV de la Déclaration du
» Roi, du 27 Juin 1787, pour la converfion de la corvée
» en une preftation en argent. Nous allons avoir l'honneur
» de vous en faire la lecture.

Art. IV.

» *Les deniers provenants de la contribution de chaque*
» *ville ou communauté, feront jufqu'audit jour premier*
» *Janvier mil fept cent quatre-vingt-huit, & jufqu'à ce*
qu'il

» qu'il en ait été par *Nous autrement ordonné fur les de-*
»*mandes des Affemblées Provinciales, levés en vertu d'un*
» *rôle féparé, par les mêmes Collecteurs chargés du re-*
» *couvrement des impofitions ordinaires ; lefquels jouiront*
» *de fix deniers pour livre de taxations, pour leur tenir*
» *lieu & les indemnifer de tous frais de confection de rôle*
» *& de perception ; & feront les deniers provenants du-*
» *dit recouvrement verfés directement des mains defdits*
» *Collecteurs dans celles des Entrepreneurs & Adjudi-*
» *cataires pour la confection & l'entretien des routes.*»

» Vous appercevrez d'abord, Meffieurs, que les chan-
» gements dont nous allons vous démontrer la néceffité
» ont été prévus par le Gouvernement ; puifqu'il annonce
» qu'il attend les demandes des Affemblées provinciales
» pour les ordonner en conféquence de leurs obfervations.
» Plufieurs membres de l'Affemblée peuvent vous déve-
» lopper dans tous les détails les difficultés, ou plutôt les
» impoffibilités que ce régime a offert dans la pratique.
» D'ailleurs, les difpofitions de la Déclaration, comme
» l'énonce formellement l'article IV, ont pour terme le
» premier de Janvier 1788.

» Mais les difpofitions du Gouvernement, les difficultés
» qu'a éprouvées l'ancienne adminiftration, l'expiration
» prochaine de la loi, ne doivent pas fuffire pour vous
» déterminer à folliciter un changement ; il faut encore
» examiner en quoi cette forme de comptabilité peut con-
» trarier les principes de votre adminiftration.

» Il ne faudra pas de grands développements pour vous
» faire fentir toutes les difficultés que préfente l'obligation

X

» de faire paſſer les fonds des mains des collecteurs di-
» rectement dans celles des entrepreneurs & adjudica-
» taires. Quels principes de comptabilité pouvez-vous eſ-
» pérer de faire ſuivre à des hommes pour qui la moindre
» opération eſt ſouvent un travail impoſſible ? Multiplie-
» rez-vous entre leurs mains les ordonnances & les papiers?
» Seront-ils en état de vérifier ceux qui leur ſeront pré-
» ſentés ? Faudra-t-il qu'ils partagent les fonds dépoſés
» entre leurs mains, à différents adjudicataires qui vien-
» dront réclamer un tiers, un ſixieme de l'impoſition de
» leur paroiſſe ? Enfin, Meſſieurs, un principe ſimple doit
» nous diriger ſur cet article : une comptabilité quelconque
» demande de l'inſtruction & de l'habitude : la confierez-
» vous à des hommes ſimples & ſans uſage, dont la ſuc-
» ceſſion eſt ſi rapide, que l'expérience d'une année ſera inu-
» tile pour la ſuivante ?

» Mais ſi ce régime a paru impoſſible dans l'exécution,
» lorſque les fonds ne pouvoient être employés qu'à huit
» mille toiſes des communautés qui les avoient fournis,
» quels obſtacles n'offrira-t-il pas, ſi vous adoptez les
» principes que nous avons à vous propoſer ſur la diſtribu-
» tion des travaux des grandes routes ?

» Nous n'anticiperons pas ici, Meſſieurs, ſur le déve-
» loppement du plan que nous voulons vous préſenter, afin
» de ne pas mettre de confuſion dans les objets que nous
» devons vous expoſer. Lorſque vous aurez à délibérer
» ſur les différents articles, vous aurez connoiſſance du
» tableau général, & vous pourrez mieux juger la force
» de nos raiſons. Il vous ſuffit de ſçavoir en ce moment

» qu'il eſt poſſible que les contributions d'un Départe-
» ment ſoient portées au point le plus reculé de la Gé-
» néralité ; & vous jugerez vous-mêmes qu'il •eſt impoſ-
» ſible de propoſer à l'adjudicataire de Dieppe d'aller re-
» cueillir dans toutes les paroiſſes du Département d'Evreux
» le ſalaire de ſon travail. Ce ſalaire, d'après les mêmes
» principes, peut être d'une très-modique valeur; & comme
» les paiements ne ſe font que trois fois par an, il en ré-
» ſulte que l'adjudicataire conſommeroit en voyages ſeuls
» le prix de ſon ouvrage. Le Bureau n'a point penſé qu'il
» fût impoſſible d'obliger les adjudicataires à ce régime
» pénible & coûteux ; mais il a ſenti que le prix des ad-
» judications s'éleveroit en proportion des difficultés ou
» des dépenſes qu'entraîneroit le paiement.

» Ce régime eſt donc trop compliqué dans ſa forme ; il
» eſt encore ruineux par ſes effets : ces motifs ont paru plus
» que ſuffiſants au Bureau pour vous propoſer de le proſcrire.

» Il s'agit actuellement de vous expoſer des moyens qui
» le ſuppléent avec avantage ; & c'eſt-là que de nouvelles
» difficultés vont ſe développer.

» Nous devons ce témoignage à la Généralité, qu'on
» nous a déſigné pluſieurs perſonnes qui offroient d'ê-
» tre gratuitement dépoſitaires de nos fonds. Mais nous
» avons penſé qu'une adminiſtration publique ne pouvoit
» établir ſon régime ſur des principes trop ſolides, & que
» tout ce qu'elle devoit exiger du patriotiſme & du zèle,
» eſt que l'on rempliſſe avec exactitude les devoirs qu'elle
» impoſe. La reconnoiſſance gêne ſouvent l'autorité ; &

» nous avons cru devoir conferver à l'Adminiftration le
» droit de fe plaindre de fes employés.

» Un tréforier général pour cette recette particuliere
» nous a préfenté le double inconvénient d'entraîner de trop
» grands frais de perception, & de lier trop intimement des
» ouvrages indifpenfables & publics avec la fortune & les
» fpéculations d'un feul homme.

» Il nous a été propofé auffi de dépofer nos fonds entre
» les mains de la Commiffion intermédiaire. Jamais, fans
» doute, notre confiance n'auroit été mieux placée ; mais
» le Bureau a jugé que l'opinion publique étoit un juge
» dont il falloit ménager la févérité, & que notre zèle
» pour le bonheur de la Généralité ne devoit nous rappro-
» cher jamais que du travail & des veilles.

» Nous entrons, Meffieurs, dans tous ces détails,
» afin que le même travail qui a dirigé nos délibérations
» vous éclaire fur celles que vous allez prendre.

» Voici enfin le dernier parti auquel le Bureau s'eft
» arrêté : il vous propofe de folliciter un Arrêt du Con-
» feil qui ordonne, que tant qu'il paroîtra convenable à
» l'Affemblée provinciale de Rouen, les fonds connus
» fous la dénomination de rachat de corvée, foient verfés
» dans les caiffes des Receveurs particuliers des Finances
» dans chaque Élection, moyennant une remife d'un de-
» nier & demi, pour être employés au paiement des ou-
» vrages faits fur les grandes routes de la Généralité, d'a-
» près les ordonnances de l'Affemblée provinciale ou de la
» Commiffion intermédiaire.

» Ce moyen nous a parû remplir toutes les vues d'éco-
» nomie & de prudence qui doivent animer l'Affemblée.

» La rétribution que nous ftipulons, d'après les infor-
» mations qui nous ont été données par des perfonnes
» faites pour diriger par leurs lumieres & leur expérien-
» ce notre travail fur ces objets, eft fuffifante pour
» acquitter l'excédent de travail que cette recette impo-
» fera aux commis de MM. les Receveurs particuliers,
» qui trouveront dans l'eftime de leurs concitoyens une
» récompenfe plus flatteufe encore de leur zèle & de leur
» exactitude.

» Nos fonds ainfi partagés, & fortant tous les trois
» mois des différentes caiffes, ne courront aucun hafard.

» La clarté & la fûreté renaîtront dans notre comp-
» tabilité : les Receveurs particuliers, devenus prépo-
» fés immédiats de l'Affemblée, recevront des collec-
» teurs cette impofition : les ordonnances de l'Affemblée
» feront acquittées par eux, & les comptes de la Généra-
» lité feront facilement appurés par la Commiffion char-
» gée de ce détail.

» Les adjudicataires auront un lieu & une perfonne
» fixe qui les paiera à leur commodité, & les travaux de
» la Généralité bénéficieront de tout ce que la confiance
» & la facilité dans le paiement peuvent produire d'a-
» vantageux dans l'appréciation des ouvrages.

» Quand vous aurez fixé tout ce qui intéreffe votre
» recette, la marche naturelle eft de vous occuper de
» l'emploi de vos fonds, & c'eft ce que nous allons vous
» propofer.

» C'est ici, Messieurs, que nous devons invoquer la
» force salutaire des principes ; c'est par les principes que
» nous distribuerons les ouvrages avec sagesse & impartia-
» lité ; c'est par les principes que nous les ferons avec so-
» lidité ; c'est enfin par les principes que nous y porterons
» l'économie qu'ils exigent.

» Le premier principe que nous désirons vous faire adop-
» ter, c'est que l'intérêt général l'emportera toujours sur
» l'intérêt particulier. Ne croyez pas que nos idées soient
» rétrécies au point de vouloir puiser ici des forces qui met-
» tent l'administration en état de lutter avec avantage con-
» tre les sollicitations & les préventions des particuliers.
» Ces dangers seront ceux que nous laisserons à nos suc-
» cesseurs, lorsque par un régime sévere nous serons par-
» venus à exécuter tous les travaux qui intéressent les prin-
» cipales divisions du pays confié à notre administration.

» Nous ne connoissons dans ce moment d'intérêt géné-
» ral que celui de la Généralité, & d'intérêt particulier
» que celui des Départements.

» Nous voudrions obtenir que vous voulussiez bien déter-
» miner que les fonds de tous les Départements seront
» considérés comme un fonds commun destiné au soutien
» d'une grande famille, & dont l'administration disposera
» de la maniere qu'elle jugera la plus utile pour le bien de
» la Généralité ; que l'importance des travaux fût fixée d'a-
» près la place qu'ils tiendront dans le tableau que vous a
» offert le rapport de la Commission intermédiaire, & dans
» lequel les routes sont divisées en plusieurs classes.

» Ce plan, au lieu de laisser languir dans tous les Dé-
» partements des travaux, dont l'expérience ne peut fixer
» le terme par les détériorations qu'entraîne la lenteur
» de la rentrée des fonds, ce plan, osons-nous dire, por-
» tera par-tout des forces actives, il épargnera à la pro-
» vince les pertes qu'entraînent nécessairement la suspen-
» sion habituelle & la longueur des travaux.

» Si vous accordez vos suffrages à ce système, vous de-
» vez vous attendre, Messieurs, à de fortes réclamations;
» il est même de notre devoir de vous instruire qu'elles sont
» déjà consignées dans la plupart des procès-verbaux des
» Assemblées de Département. Ce mouvement si naturel
» qu'inspire l'intérêt & l'inquiétude mérite toute votre
» indulgence, mais ne doit point influer sur vos délibé-
» rations; & c'est par la fermeté avec laquelle vous pren-
» drez cette résolution, que vous donnerez le premier
» exemple de la confiance qu'on doit avoir dans votre ad-
» ministration paternelle. Le principe contraire à celui que
» nous avons l'honneur de vous proposer, renferme un
» germe destructeur de toute espece de bien public; il
» isole tous les Départements, & portera dans vos Assem-
» blées un sentiment d'indifférence qui sera le fruit néces-
» saire du peu d'intérêt que chaque Député aura de pren-
» dre part à l'administration générale.

» Afin que vous connoissiez dans tous ses détails l'opé-
» ration que vous allez arrêter, nous déposons sur le Bureau
» un tableau qui vous offrira la comparaison de la recette &
» de la dépense de chaque Département.

» Une fuite naturelle de notre fyftême eft de porter à
» *l'entretien fimple* tout ce que nous avons de routes fai-
» tes , par ce principe inconteftable qu'une bonne admi-
» niftration doit, comme un propriétaire éclairé , chercher
» à conferver tout ce qu'elle poffede d'utile.

» Lorfque vous aurez confommé cette grande & utile
» opération , vous vous livrerez avec plus d'énergie à la conf-
» truction des ouvrages à faire à neuf, que l'intérêt de la
» Généralité ou des Départements vous fuggérera.

» Si vous adoptez le projet que nous vous propofons,
» il faut auffi que vous déterminiez les moyens les plus pro-
» pres pour le fuivre avec avantage.

» Les baux d'entretien ont paru au Bureau la voie la
» plus fûre pour obtenir des ouvrages bien faits. Par cette
» précaution, l'adjudicataire de mauvaife foi , foit dans les
» matériaux ; foit dans la main-d'œuvre ; ne tromperoit que
» lui-même ; puifque fon ouvrage foumis à l'infpection des
» Ingénieurs & à la furveillance des Départements feroit
» rejetté par l'Adminiftration.

» Cependant, Meffieurs , quelques pénétrés que nous
» foyons de l'utilité des baux d'entretien, nous n'ofons vous
» en parler pour cette année ; un mûr examen nous
» porte même à vous propofer de les profcrire en ce mo-
» ment.

» Les pluies abondantes ont mis les chemins dans un
» très-mauvais état ; il y a près d'un an qu'on n'y a fait
» aucun travail ; les dégradations font donc confidérables.
» L'adjudication des baux d'entretien pour des routes auffi
                                             » délabrées ,

» délabrées, & où les réparations font majeures, effraie-
» roit les adjudicataires, & ne pourroit fe faire à l'a-
» vantage de l'Adminiftration. Ces baux forceroient à de
» trop grandes avances dans le premier moment, pour jouir
» du bénéfice du bail; & fi ces avances ne font pas faites,
» le befoin de réparations ne faifant qu'augmenter, les ad-
» judicataires fe trouveroient expofés à des pertes confidé-
» rables; nous devons fur-tout craindre de les dégoûter par
» premier échec.

» Le Bureau a jugé plus utile pour la Généralité de
» faire faire d'abord les réparations par des adjudica-
» tions fimples, & lorfque les routes feront en bon état,
» de procéder l'année prochaine à donner à bail l'entre-
» tien des grandes routes.

» Le Bureau a cru néceffaire encore de divifer infini-
» ment ces adjudications, afin de les mettre à portée des
» petits fermiers, & d'augmenter par là le nombre des
» concurrents. Il ne penfe pas cependant qu'on doive
» profcrire ceux qui voudroient prendre & réunir plufieurs
» objets d'adjudication.

» Nous n'avons pas pu déterminer l'étendue des ad-
» judications à la toife, parce que le prix de ces ouvra-
» ges varie avec la nature du fol & l'éloignement des
» matériaux.

» Cette divifion d'adjudication fera foumife à la pru-
» dence des Bureaux intermédiaires des Départements, qui
» prendront tous les moyens poffibles pour affurer aux plus
» petits fermiers la facilité de fe rendre adjudicataires.

Y

» Nous avons penfé , Meffieurs , que les moyens que
» nous vous avons propofés peuvent remplir les vues de
» l'Affemblée fur le principal travail qu'exige la répara-
» tion des routes. Mais il en eft un , le plus intéreffant
» fans doute , le travail journalier qui prévient les dégra-
» dations ; opération bien plus utile & bien plus écono-
» mique que celle par laquelle on les répare.

» Nous ne connoiffons d'autre moyen à vous propo-
» pofer à cet effet , que celui de continuer le fervice des
» cantonniers qui font déjà établis fur les grandes routes.

» Plufieurs membres du Bureau ont eu de la peine à
» concevoir la néceffité d'un cantonnier avec le principe
» établi de partager en petites parcelles ces grandes adju-
» dications , qui pouvoient autrefois le rendre plus nécef-
» faire. Il femble effectivement que les adjudicataires de ces
» petites portions de route peuvent eux-mêmes faire les
» fonctions de cantonniers.

» Le Bureau entierement d'accord fur le fond , c'eft-
» à-dire la néceffité d'un travail journalier , n'a différé uni-
» quement que fur la forme.

» Cependant , Meffieurs , il eft bien difficile d'exiger
» d'un laboureur qu'il foit toujours fur la route à com-
» bler des ornieres quand la faifon l'appelle dans fon
» champ pour tracer les fillons qui doivent produire fa
» récolte. Le travail journalier eft néanmoins jugé de pre-
» miere néceffité fur les routes. Il faut à l'Adminiftration
» un homme qu'aucun prétexte ne puiffe excufer d'a-
» voir négligé les réparations du chemin ; il lui faut un

» homme qu'elle puisse renvoyer quand elle n'est point
» contente du travail : cet homme ne sera certainement
» pas l'adjudicataire que son bail met à l'abri de l'expul-
» sion; cet homme ne peut donc être que le cantonnier.

» Si vous jugez à propos d'approuver l'établissement
» des cantonniers, nous avons à ce sujet une délibération
» à vous proposer, qu'il est essentiel de ne pas retarder.
» Les adjudications nouvelles ne pourront être faites que
» dans le mois de Février, & comme le service des can-
» tonniers ne sera payé par les anciens adjudicataires que
» jusqu'au mois de Janvier, il faudra que vous deman-
» diez que MM. les Receveurs Généraux fassent les
» avances de leurs émolumens à cette époque. C'est une
» opération qui a eu lieu l'année derniere, & qui ne peut
» être de longue durée.

» Vous trouverez, Messieurs, tous ces principes expo-
» sés dans le réglement que nous vous avons annoncé, &
» vous allez en faire l'application au plan que l'on vous
» propose pour les ouvrages de cette année.

» Tous les détails sont contenus dans les cahiers que
» nous a remis M. Lamandé votre Ingénieur en chef,
» dont nous ne pouvons trop reconnoître le zèle, & sur-
» tout la méthode claire qui a tant facilité notre instruc-
» tion. Ils seront remis sur le Bureau si vous le désirez, &
» vous pourrez suivre dans ses détails cet immense tra-
» vail.

» Nous allons vous en offrir les résultats, & c'est déjà
» un fruit précieux de notre système de n'avoir à arrê-

» ter votre attention que fur de grandes maffes.

» La continuation des entre-
» tiens fimples emploiera un
» fond de . . . .   351227 l. 11 f. 8 d.

» Les dépenfes que nous
» vous propofons pour les
» parties à mettre en entre-
» tien, feront de . . . . . .   366035 l. 4 f. 7 d.

» Ce qui forme un total de . 717262 l. 16 f. 3 d.

» Vos fonds pour ces objets
» font de . . . .   724000 l.

» Ce qui offre une diffé-
» rence de . . . .   6738 l.

» Mais vous devez calculer fur quelque bénéfice par les ad-
» judications, l'évaluation de ces travaux ayant été faite au
» plus haut. Nous ne pouvons déterminer l'excédent de re-
» cette dont vous jouirez; il ne fera connu que par le prix des
» adjudications. Mais nous avons cru que vous regarderiez
» comme un acte de prudence de ne pas laiffer des fonds
» inutiles, & nous vous offrirons un tableau des travaux
» les plus urgents que la Commiffion intermédiaire or-
» donnera à proportion des fonds que les adjudications
» laifferont de libres. Il eft joint aux cahiers qui ren-
» ferment le projet & l'état des ouvrages pour l'année
» 1788.

Travaux d'art.   » LES détails qui concernent les travaux d'art ne vous

» offriront pas, Messieurs, de bien grands résultats, Tous
» vos fonds sont presqu'absorbés par des engagements an-
» térieurs à votre administration ; & les principes que nous
» avons développés relativement aux ouvrages faits sur les
» fonds en rachat de corvée, ne trouvent pas ici une ap-
» plication aussi exacte.

» On ne peut confier indifféremment un travail de cette
» nature ; l'intelligence des ouvriers devient d'un intérêt
» majeur pour la solidité des ouvrages. Il sera cependant
» utile d'exciter, autant qu'il sera possible, la concurrence
» lorsqu'il s'agira de faire des adjudications dans cette
» partie. Le réglement que nous vous présenterons in-
» diquera les précautions que nous avons cru néces-
» saires.

» Vos fonds ordinaires, comme nous avons eu l'honneur
» de vous le dire, sont de 202,970 l. 16 f. 10 d.

» Nous n'y comprenons pas 10,000 l. qui ont été accor-
» dées pour le chemin de Gisors aux Tilliers par Dangû.
» L'emploi en est prescrit par le brevet ; mais c'est tou-
» jours un grand avantage pour la Généralité, puisque
» l'utilité de cette route l'auroit obligée d'y porter ses
» fonds.

» Voici, Messieurs, la maniere dont vos fonds sont
» employés.

» L'entretien des chauffées en pavé absorbe une somme
» de 27,410 l.

» Cet entretien se fait par des baux qui expireront au

» 1er Avril 1789. Vous aurez donc à vous occuper l'année
» prochaine de leur renouvellement.

» Les parfaits paiements montent à 50,888 l. 16 f. 4 d.

» Les continuations d'ouvrages s'élevent à 75,932 l.
» o f. 6 d.

» Ce chapitre eft compofé de onze articles, dont quatre
» font des ouvrages entierement finis, mais dont le paie-
» ment ne fera terminé que l'année prochaine par une fom-
» me de 12,097 l. 19 f. 6 d.

» Six autres articles ne font pas encore achevés, & après
» les paiements faits cette année, il reftera encore dû fur le
» montant des adjudications une fomme de 45,122 l. 5 f.

» Le onzieme eft celui pour lequel les 10,000 liv. d'ex-
» traordinaire font accordées.

» Ainfi ces ouvrages auront à réclamer fur les années
» fuivantes une fomme de 57,220 l. 4 f. 6 d.

» Nous avons une remarque particuliere à faire fur un
» des fix articles non terminés.

» L'adjudicataire de la côte S. Laurent-du-Mont, route
» de Paris à Caen, traverfant la partie la plus difficile de
» la Généralité de Rouen, le pays d'Auge, cet adjudica-
» taire n'a été obligé par fon bail qu'à extraire le pavé de
» la carriere & à paver la route.

» L'importance dont cette route étoit pour la Généra-
» lité de Caen, l'a engagée, pour avancer la conftruc-
» tion de ce chemin, à contribuer fans dédommage-

» ment d'une fomme de 48,000 l. pour extraire le pa-
» vé qui eft déjà en entier hors de la carriere. Mais le
» tranfport de ce pavé, qui s'eft fait jufqu'à préfent par
» corvée, eft un ouvrage fi confidérable, qu'on eftime que
» les frais qu'il entraînera fe porteront à près de 60,000 l.

» Le peu de fonds dont l'Affemblée difpofe cette an-
» née, vous engagera fans doute, Meffieurs, à vous bor-
» ner dans ce moment à l'emploi du pavé déjà fur place;
» mais vos liaifons naturelles avec la partie de la province
» qui a fait les fonds pour l'extraction du pavé, votre réf-
» pect pour des engagements de cette nature, vous déter-
» mineront fans doute à ne pas perdre long-temps de vue
» un objet que tant de raifons doivent vous rendre inté-
» reffant.

» La fomme deftinée aux nouveaux ouvrages n'étoit por-
» tée dans l'avant-projet dont il a été rendu compte dans
» le rapport, qu'à 300 l.; mais par une réduction propofée
» par M. Lamandé dans le nombre des éleves, ce fonds
» peut aller à 3240 l. Ainfi les appointements des Ingé-
» nieurs qui étoient portés pour 26,340 l., ne le font plus
» que pour 23,400 l.

» Les ouvrages nouveaux que nous avons à vous pro-
» pofer, font ceux qui ont été indiqués dans le rapport,
» favoir :

» Le pont de Harfleur fur la route du Havre, celui
» de S. Sauveur fur la route de Honfleur, & celui du
» Petit Abbeville fur la route du Havre à Dieppe.

» Les raifons qui ont déterminé cette préférence, font

» développées dans le rapport, & nous n'aurons rien à y
» ajouter.

*Atéliers de cha-
rité.*
» Le Bureau n'a pas cru devoir confidérer les fonds
» accordés par le Roi pour les atéliers de charité, com-
» me une pure aumône; il les a regardés comme un fe-
» cours qui doit être acheté par le travail. Il eft également
» contraire aux principes d'une bonne adminiftration,
» comme à ceux de la morale, d'entretenir les hommes
» pareffeux dans l'oifiveté. Il n'eft qu'une claffe de vieil-
» lards & d'infirmes que la fociété n'oblige point à payer
» le tribut d'utilité qu'elle a le droit d'exiger de tous fes
» membres. Le fort de cette foule malheureufe doit être
» l'objet particulier des foins & de la vigilance de la Com-
» miffion, que vous avez particulierement chargée de pour-
» voir aux moyens d'extirper la mendicité.

» C'eft d'après ce principe févere, que le travail doit
» être uni à la bienfaifance, que le Bureau a penfé que le
» falaire de l'ouvrage ne devoit point être payé à la jour-
» née, qu'il falloit déterminer le prix d'une tâche quel-
» conque, en procurant cependant aux êtres délicats les
» moyens de fubfiftance que leurs forces ne leur permet-
» tent point d'obtenir comme les autres.

» Mais pour mettre toujours la loi en place de l'hom-
» me, & prévenir la partialité ou l'injuftice, nous avons
» penfé qu'il falloit déterminer d'une maniere fixe & in-
» variable les principes fur cette matiere; décider par
» exemple que lorfque le prix de la toife d'ouvrage fera
» évalué

» évalué à douze fols ; les femmes, les vieillards au-def-
» fus de 60 ans, & les enfants au-deffous de 14, gagne-
» ront le même prix, en ne faifant que la moitié de la
» toife.

» Le Bureau a cru ce moyen propre à bannir la fainéan-
» tife que l'adminiftration ne veut point foudoyer , &
» penfe que l'intérêt attaché à l'ouvrage rendra la pré-
» fence des piqueurs moins néceffaire.

» Nous avons jugé encore qu'il étoit utile au bien pu-
» blic de n'accorder des atéliers de charité , que lorfqu'ils
» auront été demandés , en fourniffant au moins le tiers
» de la fomme qui fera employée pour faire travailler les
» pauvres. On ne pourroit s'écarter de ce principe, que
» lorfqu'une circonftance très-urgente & bien authentique
» appelleroit les fecours dans un lieu où l'on n'auroit pas
» fait une propofition pour augmenter les fonds accor-
» dés par le Roi. Cette précaution , rigoureufement fui-
» vie, a paru propre à attirer de plus puiffants fecours en
» faveur des pauvres.

» Un grand objet d'utilité à donner aux atéliers de cha-
» rité fera de les employer , autant qu'il fera poffible , à
» l'amélioration des chemins vicinaux. C'eft un grand plan
» qui fera long à exécuter ; mais tous les principes qui of-
» frent un germe d'utilité doivent être faifis par une ad-
» miniftration prévoyante , quelque temps qu'ils puiffent
» exiger pour développer & faire fentir leurs avantages.

» Nous avons encore penfé que la Commiffion intermé-
» diaire devoit confulter les Affemblées de Départements

Z

» avant d'accorder un atélier de charité , la connoiffance des
» befoins locaux devant fur-tout la diriger dans ce travail.

» Nous ne vous demandons pas , Meffieurs , une déli-
» bération fur chaque objet de ce rapport ; la plûpart vous
» feront préfentés dans le Réglement que nous vous avons
» annoncé , & le langage précis de la loi fixera mieux le
» fujet de la délibération. Le travail que nous vous of-
» frons n'eft en partie qu'un développement que nous
» avons cru néceffaire pour que vous puiffiez délibérer
» avec plus de maturité.

» Nous allons cependant extraire les objets pour lef-
» quels nous avons plus formellement reclamé votre fanc-
» tion. «

Ces objets ayant été mis fous les yeux de l'Affemblée ,
elle a approuvé le rapport & arrrêté ,

1°. Qu'il fera follicité un arrêt du Confeil , qui ordonne
que , tant qu'il paroîtra convenable à l'Affemblée provinciale de Rouen , les fonds connus fous la dénomination
de rachat de corvée , feront verfés dans les caiffes des Receveurs particuliers des Finances dans chaque Election ,
moyennant une remife d'un denier & demi , pour être employés aux paiements des ouvrages faits fur les grandes
routes de la Généralité , après les ordonnances de l'Affemblée provinciale ou de la Commiffion intermédiaire.

2°. Que ces fonds feront regardés comme un fonds commun à tous les Départements , dont l'Adminiftration difpo-
fera de la maniere qu'elle jugera la plus utile pour la Généralité.

3°. Que l'importance des travaux fera fixée d'après la place qu'ils tiennent dans le tableau contenu au Rapport de la Commiffion intermédiaire , & dans lequel les routes font divifées en plufieurs claffes.

4°. Qu'en continuant les entretiens des routes déjà perfectionnées, les fonds de cette année feront confacrés à mettre en état d'entretien fimple toutes les routes faites.

5°. Que les réparations des routes fe feront cette année par une fimple adjudication pour un an.

6°. Que le fervice des cantonniers fera continué , & que l'Affemblée follicitera que MM. les Receveurs généraux faffent les avances de leurs gages jufqu'à ce que les Adjudications foient décidées , ce qui ne pourra pas paffer le mois de Février.

7°. Que fur les fonds provenants de la baiffe que les adjudications porteront dans l'eftimation faite pour les travaux de l'année 1788 , la Commiffion intermédiaire eft autorifée à ordonner les travaux énoncés dans le tableau qui a été mis fous les yeux de l'Affemblée.

L'Affemblée s'eft partagée enfuite pour le travail des Bureaux.

La prochaine féance indiquée à demain , heure ordinaire.

Signés, Le Comte DE MATHAN , pour l'indifpofition de Monfeigneur le Cardinal.

BAYEUX, *Sécretaire-Greffier.*

Z 2

Du Mercredi 5 Décembre 1787, à neuf heures du matin.

L'Assemblée ayant pris séance, comme les jours précédents, après la Messe, la Commission de l'agriculture, du commerce & du bien public a pris le Bureau, & fait le rapport suivant :

MESSIEURS,

» Les pêches ne sont pas une source moins féconde de » richesses que l'agriculture, & elles méritent d'autant plus » la protection du Gouvernement, que c'est principale- » ment à elles qu'il est redevable des meilleurs matelots » qu'exige le service des vaisseaux du Roi. Il est du devoir » des Administrations Provinciales de s'instruire de la na- » ture, de l'étendue des pêches, & des rapports qu'elles » ont avec les autres objets soumis à leur examen. C'est » par où nous nous proposons de commencer. Nous re- » chercherons ensuite les obstacles qui s'opposent à la pros- » périté d'une branche aussi importante de la richesse na- » tionale.

» La pêche est, si l'on veut nous permettre l'expression, » la culture de la mer, comme l'agriculture est celle de la » terre : elle soutient parfaitement la comparaison avec » cette derniere. On peut comparer l'armateur avec le pro- » priétaire, le patron ou maître pêcheur avec le fermier, » les matelots du bateau avec les domestiques du cultiva- » teur. Les productions de la pêche, comme celles de la

» culture, font vendues à des particuliers qui les apprê-
» tent ou les expédient dans les différents lieux de confom-
» mation. Ces productions enfin, ainfi que celles de l'agri-
» culture, font foumifes à des droits plus ou moins mal
» affis.

» Toutes les terres ne demandent pas la même culture,
» & n'offrent pas les mêmes productions : toutes les pêches
» ne fe font pas de la même maniere, & ont pour objet
» la capture de différents poiffons. Les détails dans lefquels
» nous allons entrer fur la pêche de Dieppe, la principale
» ville de pêche de cette Généralité, donneront une idée
» de celle des autres ports de la même Généralité.

» On divife les pêches en grandes & petites ; & chacune
» d'elles doit fa dénomination particuliere à l'efpece des
» filets qu'on y emploie, & de poiffon qu'on y prend.

Etendue des pêches de Dieppe.

» Les grandes pêches fe font à des diftances éloignées
» du port ; telles que la côte d'Irlande pour la pêche du
» maquereau, & la mer du nord vers Yarmouth pour
» celle du hareng.

» Les petites pêches fe font le long des côtes de la
» Manche, & dans le voifinage du port.

» Dans les grandes pêches, le poiffon eft apporté falé,
» foit en grenier, c'eft-à-dire pêle-mêle, foit en baril :
» dans les petites, il eft prefque toujours apporté frais.

» Les grandes pêches font celles du maquereau & du
» hareng ; les petites fe font aux cordes, à l'hameçon ; à
» la drège ou drague ; aux folles, forte de filets à larges

» mailles , pour prendre les grands poiſſons plats , & que
» les pêcheurs rendent ſédentaires au fond de l'eau ; enfin ,
» quelques autres pêches qui ſe font avec des chaloupes.

  » Le départ pour la pêche du maquereau , en Irlande , eſt
» à la fin de Mars & dans les premiers jours d'Avril ;
» celui pour la pêche du hareng , à Yarmouth , étoit en
» Septembre ; mais le peu de ſuccès qu'a eu cette dernière
» depuis quelques années , la fait inſenſiblement aban-
» donner. Les bateaux qui ſe deſtinent à faire ſeulement
» ces pêches dans le canal, retardent leur départ juſqu'au
» temps de l'apparition du poiſſon ſur la côte ; ce qui a
» lieu dans les mois ſuivants.

  » Soixante à ſoixante-cinq bateaux s'expédient de Dieppe,
» année commune , pour la pêche du maquereau ; quatre-
» vingt à quatre-vingt-dix pour celle du hareng. Ces ba-
» teaux , de trente à ſoixante tonneaux , ſont montés chacun
» de vingt à trente hommes d'équipage : à ce nombre de
» bateaux s'en joignent environ ſoixante autres des diffé-
» rents ports de la province , qui viennent faire à Dieppe
» la vente de leur poiſſon.

  » La pêche aux cordes ou à l'hameçon ſe fait par les pê-
» cheurs du fauxbourg du Pollet ; elle emploie vingt-cinq
» à trente bateaux d'environ trente tonneaux , chacun de
» quatorze à ſeize hommes d'équipage. Cette pêche occupe
» en outre plus de trente petits bateaux de deux, quatre à
» ſix tonneaux , montés pour l'ordinaire par un ancien
» matelot & de jeunes garçons. C'eſt dans ces frêles na-
» celles que nos gens de mer acquerent cette vigueur de

»tempérament , cette intrépidité de caractere , cette ha-
»bitude des dangers qui les leur font braver de fang froid.
»On peut les confidérer comme le berceau des pêcheurs.

»Les bateaux du Pollet vont faire leur pêche aux côtes
»d'Angleterre , vers Torbey ; ●bfence eft alors de huit
»à dix jours. Les petits fe tiennent à la vue du port , & y
»reviennent journellement. Ceux-ci font la pêche aux
»cordes toute l'année : les premiers n'y mettent d'intervalle
»que celle du hareng ; quelques-uns auffi celle du maque-
»reau.

»Il y a de groffes & de petites cordes. Avec les pre-
»mieres , on prend les gros poiffons ; tires , raies , mo-
»rues , &c. Avec les fecondes , fe pêchent les foles , li-
»mandes , carrelets , plies , rouges , vives , & fur-tout le
»merlan en grande quantité.

»La pêche à la drège ne fe pratique plus que dans le
»carême , & n'eft qu'un foible veftige d'une pêche autre-
»fois confidérable , qui donnoit le plus beau poiffon. On
»expédioit chaque année trente à trente-cinq bateaux , ré-
»duits maintenant à quatre ou cinq. Ils prenoient à mi-
»canal , des vives , des rouges , des foles , des barbues , &c.
»d'une qualité & d'une fineffe infiniment fupérieures à celles
»des poiffons qui viennent des côtes d'Angleterre.

»La pêche aux folles , où , comme on l'a dit , fe
»prennent les grands poiffons plats , tels que les tur-
»bots , les anges , les raies , &c. , n'eft pratiquée que
»depuis le mois de Janvier jufques vers celui de Mai , &
»rarement plus tard. On pourroit cependant la faire toute

» l'année. Douze à quinze bateaux s'emploient à cette pê-
» che fur la côte d'Angleterre, vers Plimouth & Torbey.
» Il faut, pour tendre leurs folles, que les pêcheurs atten-
» dent le temps de la morte-eau où les courants font mo-
» dérés ; parce que le poiſſon plat ne ſe prend qu'autant
» que la tranquillité de la mer permet aux filets de ſe ſou-
» tenir droits fur les fonds où ils font tendus.

  » Les autres petites pêches ne méritent point de détails
» particuliers.

  » Comme toutes les pêches (celle à l'hameçon excep-
» tée) ont une faiſon qui leur eſt propre, on emploie ſuc-
» ceſſivement à chacune d'elles les mêmes bateaux ; c'eſt-
» à-dire, que ceux qui font la pêche du hareng, font les
» mêmes que les bateaux qui ont fait celle du maque-
» reau , &c.

  » Aux pêches dont nous venons de parler, on doit join-
» dre celle de la morue fur le grand banc de Terre-Neu-
» ve & en Iſlande. C'eſt une branche de commerce aſſez
» conſidérable, non-ſeulement par les navires que Dieppe
» y envoie, mais par l'abord des bâtiments de différents
» ports du royaume qui y apportent leurs chargements,
» dont ils trouvent toujours une vente prompte & avan-
» tageuſe. Dieppe, chaque année, arme pour Terre-Neu-
» ve ſeize à dix-huit navires, & quatre à cinq pour l'Iſ-
» lande. Ceux des autres ports qui viennent y vendre leurs
» morues, font, année commune, au nombre de ſoixante-
» cinq à ſoixante-dix.

  » Tout le poiſſon, frais & ſalé, provenant des différen-
                                                    » tes

» tes pêches, est vendu à l'arrivée; le premier, à des pois-
» sonniers & maréyeurs qui le débitent dans la ville, ou
» le transportent dans les lieux voisins, & jusqu'à Paris;
» le salé, à des commerçants qui l'expédient, en plus
» grande partie par commission, ou pour leur compte,
» à Rouen, Paris, & autres villes de l'intérieur du royau-
» me. Outre ces envois, on expédie aussi, sur-tout le ha-
» reng, pour les côtes d'Espagne & d'Italie, la Provence
» & les côtes de l'Amérique.

» Lorsque le poisson frais vient en si grande quantité
» qu'on ne peut ni le transporter, ni le consommer aussi-
» tôt, on le sale à terre dans les maisons des particuliers,
» principalement le maquereau, & plus encore le hareng,
» dont la pêche est la plus intéressante pour la ville &
» pour l'État. Elle occupe presque tout le petit peuple,
» & lui fournit, quand elle est abondante, de quoi sub-
» sister une partie de l'année. Quelquefois ce poisson vient
» en si grande quantité, qu'alors on trouve à peine assez
» de bras pour le transporter, le saler, le caquer, l'em-
» barriller ou le forir. Tel a été un des jours de la pêche
» actuelle, où il est entré dans le port de Dieppe huit à
» neuf cens lests de hareng, c'est-à-dire, huit à neuf millions
» de ces poissons. Au reste, presque toute la ville tient
» directement ou indirectement à la pêche; &, de vingt à
» vingt-cinq mille ames qu'elle contient, y compris ses
» Fauxbourgs, il n'en resteroit peut-être pas deux mille,
» si le port venoit à être fermé.

» Pour offrir le produit des pêches qui se font à Diep-
» pe, nous prenons celui des deux dernieres années.

A a

A N N É E 1785.

Produit de ces pêches.

» Pour la pêche du maquereau , . . .　674,619 l.
» Pour celle du hareng , ...　2,442,507 l.
» Pour celle de la morue , ...　1,158,829 l.
» Pour celle du poisson frais , au moins　1,000,000 l.

　　　　　　　　　Total , ...　5,275,955 l.

A n n é e 1786.

» Maquereau ,　. . . . .　692,860 l.
» Hareng ,　. . . . .　2,726,937 l.
» Morue ,　. . . . .　1,124,484 l.
» Pêche fraîche ,　. . . . . . .　1,000,000 l.

　　　　　　　　Total ,　. . . . .　5,544,281 l.

Nombre des matelots du département.

» On conçoit facilement qu'une production aussi éten-
» due , exige une grande quantité de bras. Aussi le dépar-
» tement de la marine de Dieppe est-il un des plus nom-
» breux en gens de mer. Il s'y forme beaucoup de mate-
» lots vigoureux , excellents , & capables de servir utile-
» ment sur les vaisseaux du Roi. En 1779 , la quantité de
» matelots de cette espece étoit de près de deux mille ,
» dont très-peu avoient au-delà de cinquante ans. En y
» joignant ceux d'un âge plus avancé , les capitaines , no-
» vices , mousses , la totalité des gens de mer montoit à
» trois mille six cens hommes environ.

» Ce tableau , tracé d'après la situation du département
» dans les années qui ont précédé la derniere guerre , est
» susceptible aujourd'hui d'une grande diminution , la ma-
» rine ayant beaucoup souffert dans cette guerre.

» D'après ce coup d'œil sur l'étendue de nos pêches & sur » leur produit, on ne manquera pas de regarder les pêcheurs » comme des hommes jouiſſant d'un état aiſé. Il n'eſt peut-» être pas de condition plus dure, de vie plus pénible que la » leur ; & les profits qu'ils retirent de la pêche, ſont rarement » en proportion avec les travaux qu'elle exige. Il eſt vrai que » certains maîtres heureux gagnent conſidérablement, ainſi » que leurs équipages. Mais le petit nombre eſt celui des » heureux : il en eſt beaucoup dont le gain eſt médiocre ; » d'autres, dont il eſt au-deſſous du médiocre. Il ne ſuffit pas » d'ailleurs au matelot d'expoſer ſa vie ; il faut qu'il ſoit pour-» vu des filets néceſſaires à ſa profeſſion ; & cette dépenſe, » ſur-tout actuellement, excede ſouvent ſes foibles facultés.

» Dans un mémoire fait par un homme inſtruit, & d'où » ſont tirés tous les détails qui précedent, on trouve un » état des dépenſes du matelot, relativement aux filets, » fait en 1779. Tout eſt conſidérablement augmenté de prix » depuis cette époque. Ses calculs ſont donc beaucoup au-» deſſous de la vérité ; ils ſont néanmoins effrayants.

» Le matelot qui s'adonne aux grandes pêches, doit » être monté de filets propres à celles du maquereau & » du hareng. Le coût des filets néceſſaires à ces deux pê-» ches, eſt d'environ 750 l. pour chaque matelot.

» Si dans l'intervalle de ces pêches il veut s'occuper de » celle des folles, il lui faut un ſupplément de filets, dont » le prix eſt de 180 l. S'il choiſit la pêche à la drège, il » a beſoin d'un tramail qui coûte un peu moins à établir. » Quoiqu'il en ſoit, on voit que la richeſſe en filets d'un » matelot pratiquant la pêche, eſt de 900 l.

» En réfumant fes profits pendant une année dans les
» différentes pêches, on trouve qu'il peut gagner de 8 à
» 900 l. au plus; ce qui donne environ le capital de fa dé-
» penfe première. Mais les filets dépériffent; tous les ans il
» faut en renouveller une partie, acheter le chanvre, &c.
» On eftime qu'année commune, cet entretien coûte 300 l.
» au matelot, fans mettre en compte le temps que lui, fa
» femme & fes enfans emploient à la fabrication des filets;
» travail qui prend tout leur temps.

» Il fuit de ce qui vient d'être dit, que le pêcheur le
» plus favorifé peut dans le cours d'une année retirer
» de fes travaux 5 à 600 l. pour fon entretien, fa fubfif-
» tance, & celle des fiens; fomme modique, fans doute,
» fi on la compare aux befoins d'une famille nombreufe,
» au coûteux entretien qu'exigent les plus rudes travaux;
» à la forte nourriture que le pêcheur ne peut fe refufer. Mais
» s'il fait une mauvaife pêche, s'il lui furvient une perte
» de filets, que deviendra ce malheureux?

» La pêche à la ligne n'expofe point à de femblables
» revers. Les inftruments font fimples, & coûtent moins à
» établir. Une monture pour les groffes cordes revient à
» 60 l. & à un peu plus pour les petites; parce qu'elles
» demandent des rechanges que les premieres n'exigent
» point.

» Mais cette pêche a un inconvénient qui la met de ni-
» veau, & même au-deffous de la pêche avec les filets
» proprement dits. Ceux-ci n'ont pas befoin d'appât. Les
» lignes, au contraire, doivent être hameçonnées; l'amorce

» differe felon l'efpece de pêche. Le poiffon eft friand ;
» & du bon choix de l'appât qu'on lui préfente dépend
» l'abondance de la pêche: encore arrive-t-il fouvent que
» le produit ne répond pas à la dépenfe.

» Concluons de ces détails, que la condition du pê-
» cheur n'eft pas toujours digne d'envie. Au milieu des
» dangers où fouvent il fe trouve expofé, à peine a-t-il de
» quoi faire fubfifter fa famille. Survient-il une guerre? fa
» condition eft terrible. Pour continuer le parallele de la
» pêche avec l'agriculture, on exige du pêcheur, comme
» du cultivateur, une contribution de fa propre perfonne
» à la défenfe de l'État. Mais quelle différence entre les
» deux contributions! La milice de terre épargne le pere
» de famille, fouvent même fon fils, & les principaux agents
» de la culture. Le défaut de taille, de cheveux, &c.
» laiffe à leurs utiles travaux les habitants des villes & des
» campagnes. Celui qui tombe au fort, prefque toujours ob-
» tient fon congé fans avoir été fouftrait à fes occupations.

» Chez les matelots, la levée n'épargne perfonne que
» les infirmes & les vieillards. Tout ce qui peut fervir eft
» pris indifféremment. Peres, maris, enfants, arrachés
» au travail qui foutenoit la famille, la laiffent dans la dou-
» leur & la mifere; & l'homme qui fert ainfi la patrie aux
» dépens de tous fes proches, fouvent ne touchoit fes foi-
» bles gages qu'après quelques années de paix. En-
» fin, fi la guerre enleve un milicien, fa famille n'a qu'un
» individu à pleurer. Le coup qui emporte un matelot,
» peut faire à la fois une veuve & dix orphelins.

» Si la condition du pêcheur eſt bornée, celle de l'ar-
» mateur l'eſt auſſi. Les frais d'armements ſont conſidéra-
» bles, & les profits modiques. Ce n'eſt qu'avec beaucoup
» d'économie qu'il peut eſpérer de ſe ſoutenir ; &, quel-
» qu'heureux qu'il ſoit, jamais il n'éprouvera de ces révo-
» lutions brillantes qu'operent les entrepriſes de long cours.
» Ce n'eſt pas aſſez pour lui d'avoir à fournir aux dépen-
» ſes indiſpenſables, & l'on conçoit ce qu'il lui en coûte en
» entretien de voiles, cordages de toute eſpece, calfata-
» ge, &c. pour des bateaux preſque continuellement en
» mer, au milieu des vents & des tempêtes, à la merci de
» gens groſſiers qui ménagent à peine ce qui leur appar-
» tient. Des dépenſes d'opinion, ſi l'on peut s'exprimer ainſi,
» viennent encore augmenter les frais de l'armateur.

- » Un bateau doit être conduit par le maître pendant
» neuf années ; & quand ce maître eſt en même-tems
» armateur, il ne manque gueres de ſuivre la loi. Mais,
» quoiqu'elle prononce contre le maître qui appartient à
» un armateur la défenſe de commander pour d'autres, s'il
» quitte ſon bateau avant le tems preſcrit, il trouve tou-
» jours moyen de l'éluder, ſous prétexte que le bateau a
» des défauts, & que perſonne ne veut s'enrôler ſous lui.
» Ainſi, au bout de ſix ans, l'armateur ſe voit forcé {de
» conſtruire un nouveau bateau, au préjudice de ſes inté-
» rêts & de l'État même; puiſque, dans la diſette où l'on
» eſt de bois de toute eſpece, on hâte encore par ce
» moyen l'anéantiſſement de celui propre à la conſtruc-
» tion. Si la guerre ſurvient, l'armateur eſt obligé de
» laiſſer en déſarmement ſes bateaux, qui riſqueroient de

» devenir la proie de l'ennemi, qui pourriffent à ne rien
» faire, & d'en conftruire de plus petits, dont il ne peut
» plus fe fervir au retour de la paix.

» Cependant la pêche dans l'état où elle eft, opere cha-
» que année une production de cinq millions & demi pour
» Dieppe feulement. Qu'on ajoute à cette production celle
» de Fécamp, évaluée dans les états préfentés par cette
» ville à la fomme de 339,286 liv., celle de S. Valery en
» Caux, du Tréport, &c. & l'on jugera que la pêche dans
» cette Généralité, équivaut en quelque forte à une pro-
» vince fur-ajoutée au royaume. Si chacune de ces villes
» préfentoit le tableau des impofitions auxquelles elle eft
» foumife, on fe convaincroit fans peine qu'elle mé-
» rite, & la plus finguliere confidération, & la protec-
» tion la plus marquée. Achevons de faire connoître les
» entraves qu'elle éprouve, au lieu d'encouragements.

» Ils font le fruit de l'ignorance où l'on a été fur les
» biens qu'elle procure. Convaincu, il eft vrai, de la nécef-
» fité d'encourager les pêches, le Gouvernement a réduit en
» différents tems la perception des droits. Son dernier
» bienfait en ce genre a été l'exemption de tous droits à
» Paris fur le poiffon falé, & la réduction à moitié de
» ceux fur le poiffon frais.

» Les effets qu'a produit cette opération, femblent d'un
» préfage heureux pour ce que la pêche doit attendre de
» la part du Gouvernement. La diminution des droits à
» Paris l'a ranimée: elle a augmenté le nombre des bateaux &
» celui des pêcheurs. En fupprimant les droits à l'entrée des

» autres villes, & sur-tout de Rouen, on mettroit le pois-
» son à portée d'un plus grand nombre de consommateurs;
» les armements de pêche augmenteroient; les matelots
» se multiplieroient; la denrée deviendroit plus abondante,
» & les contributions auxquelles elle est assujettie plus
» considérables.

» Mais est-il avantageux à l'Etat de lever des droits sur
» les productions de la pêche?

» La terre, mere de tous les biens, & sur laquelle en
» derniere analyse retombent tous les impôts, est juste-
» ment chargée de les acquitter. Mais si l'on s'est forte-
» ment convaincu de l'utilité des pêches, des travaux pé-
» nibles qu'elles exigent, des avances considérables qu'elles
» demandent, des pertes auxquelles elles exposent, de
» l'incertitude de leurs produits, des naufrages enfin qui
» peuvent ruiner l'armateur; ne sera-t-on pas induit à
» penser que, loin de les soumettre à aucune espece d'im-
» pôt, on devroit, à l'exemple des nations qui savent les
» estimer ce qu'elles valent, les encourager par des pri-
» mes, des récompenses, des distinctions? D'ailleurs, si
» les pêches ne payoient pas directement l'impôt, elles y
» satisferoient d'une maniere indirecte & très-avantageuse,
» en donnant une grande valeur aux productions de toute
» espece des pays voisins du centre de leur activité, &
» même bien au-delà. En effet, supposons que tous les
» ports de pêche de la Généralité vinssent à être fermés:
» les productions de l'agriculture dans tous les genres
» que consomment les pêches, perdroient tout-à-coup infi-
» niment de leur valeur; les fermes baisseroient à propor-
» tion;

» tion; l'impôt diminueroit néceffairement, ou, s'il reftoit
» le même, il hâteroit la ruine dès propriétaires & des
» cultivateurs. C'eft donc à la pêche qu'eft dûe, non-feule-
» ment la valeur de l'impôt fur les productions qu'elle
» emploie, mais ces productions elles-mêmes que fa def-
» truction anéantiroit avec elle.

» Voilà de quelle maniere les pêches doivent payer à l'E-
» tat la protection qu'elles ont droit d'en attendre. Elles la
» lui paieront d'une maniere bien précieufe encore dans la
» fituation actuelle des chofes, en formant la meilleure &
» la plus nombreufe efpece de matelots. Le commerce de
» long cours en eft la deftruction; la pêche en eft la pé-
» piniere. Un modique bateau renferme vingt à trente
» individus, qui ne s'éloignant que pour peu de tems de
» leurs foyers, confervent toûs des mœurs faines, font tous
» dans l'obligation de fe marier, par la nature de leurs oc-
» cupations, & fe voient tous peres de nombreufes familles.
» Ces hommes montent les flottes pendant les guerres, qui
» prefque toutes ont le commerce pour caufe: ils en font
» la force par leur conftitution vigoureufe; tandis que les
» autres matelots, corrompus au moral & au phyfique par
» les longues navigations, deviennent bientôt dans la guerre
» victimes de fes fatigues, autant que du fer ennemi, comme
» pendant la paix ils le font de la débauche.

» L'exemption des droits directs fur la pêche, au moins
» à l'entrée des différentes villes où on l'exporte, eft un
» dès premiers bienfaits qu'elle follicite. La deftruction
» des droits indirects qui l'exténue, en eft un nouveau.
» Un moment Dieppe a joui en imagination de la douce

B b

»idée de voir son plus mortel ennemi terrassé. La gabelle
»*jugée*, lui montroit dans une perspective prochaine la
»gabelle *anéantie*. Elle subsiste encore : mais sa destruction
»est un bienfait qu'il tarde au cœur de SA MAJESTÉ d'ac-
»corder à ses peuples, & que hâteront les observations de
»ses Administrations provinciales.

»Il faut être livré au commerce des pêches, pour sentir de
»combien de manieres sait se replier le génie qui préside à la
»gabelle, pour leur livrer ses désastreuses attaques. La pêche,
»qui semble destinée à lui servir de pâture, sans cesse le trouve
»en son chemin : tantôt par rapport à la quantité du sel ; tan-
»tôt par rapport aux moyens de le faire délivrer : ici, à cause
»de l'emploi ; là, pour le débarquement du poisson salé :
»d'un côté, pour le travail du poisson chez le marchand ;
»de l'autre, pour l'expédition, pour les acquits à caution,
»le tourment des commissionnaires & de leurs commet-
»tants, &c. &c. : ici, il faut secouer le sel qui conserve le
»poisson : enfin, il peut arracher à un homme son droit de
»bourgeoisie, pour un oubli, ou la faute d'un de ses gens.

»A toutes ces gênes dûes à la dévorante sollicitude du
»génie fiscal, se réunit un abus très-nuisible à la pêche, &
»qui naît encore du régime de la gabelle. Des gens, moins
»jaloux d'acheter le hareng, que de se procurer du sel par
»son moyen, portent ce poisson, qui n'est pour eux que
»l'accessoire, à un haut prix qui force la main au vendeur
»même. Les négociants honnêtes sont obligés, pour avoir
»aussi le poisson, d'en passer par le prix qu'ont fait les pre-
»miers. Ce comestible, devenu trop cher par cette ma-
»nœuvre, n'est plus à la portée d'un aussi grand nombre

» de confommateurs. De là, des pertes peu inquiétantes
» pour le marchand malhonnête qui fait en vendant fon
» fel en contrebande fe dédommager, ou plutôt s'enrichir
» aux dépens du commerce. De là, une furveillance plus
» fcrupuleufe de la part du fermier, & un redoublement
» de gênes pour ceux qui fe livrent à ce genre d'occupa-
» tion.

» Tous ces maux, une parole du Souverain les fera dif-
» paroître! Le jour où la gabelle fera anéantie donnera une
» nouvelle vigueur à l'agriculture, en fourniffant à certai-
» nes terres un engrais convenable, aux troupeaux un ali-
» ment qu'ils aiment, & qui peut guérir ou prévenir leurs
» maladies. Il permettra la jouiffance d'un bienfait précieux
» du ciel, à ces contrées où le fel, dit-on, fe forme naturelle-
» ment, & où des troupes d'employés, connues fous le nom
» de *brigades noires*, font la garde jufqu'à ce que les
» pluies de l'automne l'aient fait difparoître. Enfin, il ti-
» rera les pêches de l'oppreffion fous laquelle elles gémif-
» fent, & en doublera l'activité.

» L'opération femble auffi facile que défirable. Ce n'eft
» point une fuppreffion du droit, impoffible dans l'état
» préfent des chofes, que follicite la pêche; mais un chan-
» gement dans l'affiette & la perception. Y auroit-il quel-
» qu'inconvénient à répartir cet impôt fur chacune des
» Généralités qui y font actuellement foumifes, à raifon de
» la part qu'elles en fupportent? Chaque Généralité diftri-
» bueroit cette fomme entre fes divers départements; ceux-ci
» la partageroient entre les diverfes municipalités de leur

» reſſort, leſquels en feroient la répartition ſur chaque par-
» ticulier, relativement à ſa fortune. Ainſi, le pauvre & le
» riche ſupporteroient cet impôt d'une maniere équitable,
» puiſqu'il ſeroit proportionné à leurs facultés.

» Les produits de la pêche du hareng étant principa-
» lement deſtinés à la conſommation du pauvre, il eſt né-
» ceſſaire de ne pas les porter au-deſſus de ſes moyens. On
» vient de voir comment la gabelle y ajoute un ſurtaux:
» la diſette du bois la menace d'un autre.

» C'eſt du bois le plus beau, & qu'on nomme *bois de*
» *quartier*, que ſe tirent les douvelles dont on fait les ba-
» rils dans leſquels s'expédie le hareng. Le prix du bois
» influe donc ſur le prix de ce comeſtible. La rareté du bois
» d'un côté, l'augmentation des beſoins de l'autre, en pro-
» voquent la diſette.

» Il ſeroit à déſirer que Sa Majeſté daignât, en ajou-
» tant de nouvelles Ventes à celles accordées à la conſom-
» mation de Dieppe, mettre la pêche à l'abri des incon-
» véniens qui doivent réſulter d'une augmentation ſur le
» prix du bois. Il ne pourroit renchérir à Dieppe, ſans que
» la tonnellerie, & le poiſſon qu'on ne peut expédier qu'en
» barils, n'y augmentaſſent en même raiſon. Nouvelles en-
» traves à la pêche; nouvelle charge pour le peuple, aux
» beſoins duquel on veut cependant ſubvenir par le bas
» prix de la denrée.

» Il n'eſt rien moins qu'indifférent pour l'Etat, que tout
» le commerce ſe raſſemble ſur un point du territoire

»ou fur plufieurs. En difféminant fur la furface du
»royaume les divers moyens de richeffe, on en vivifie tou-
»tes les parties par le bon prix des productions ; on y ex-
»cite l'activité, en éveillant l'induftrie. La concurrence
»entre tous les ports de pêche eft défirable ; elle eft avan-
»tageufe à l'Etat en portant la denrée à fon vrai prix.
»Dieppe a fes charges locales qui pourroient mettre cette
»ville dans le cas de fupporter moins facilement cette
»concurrence ; mais il eft un moyen de rétablir l'équili-
»bre en fa faveur. Ce moyen eft l'ouverture d'un canal
»de Dieppe à l'Oife, propofée depuis tant d'années. Ce
»canal, en offrant aux produits des pêches de Dieppe ún
»débouché facile & peu coûteux, mettroit cette ville à
»portée de foutenir la concurrence avec les autres ports.
»De plus, en facilitant l'exportation des denrées de tous
»les cantons où s'étendroit fon heureufe influence, il en
»haufferoit là valeur, & feroit le bien des propriétaires.
»Ainfi, pour nous borner à un feul exemple relatif à la
»matiere que nous traitons, les cidres du pays de Bray,
»qu'on eft forcé, à caufe des mauvais chemins, de con-
»fommer en grande partie dans le pays même, ou
»qu'on n'en tranfporte qu'à grands frais, s'exporteroient
»facilement jufqu'à Dieppe, où la pêche fait une immenfe
»confommation de cidre.

»Le canal de Dieppe à l'Oife peut auffi devenir utile à
»la ville de Rouen. Il traverfe l'Andelle près de fa fource.
»Cette riviere, qui tombe dans la Seine au-deffus du Pont-
»de-l'Arche, contient plus d'eau qu'il n'en faut pour for-
»mer un canal d'embranchement, auffi facile que le pre-

»mier, par lequel le commerce de Rouen feroit parvenir
» fes marchandifes, lorfque la féchereffe ou les déborde-
» ments rendent le fleuve impraticable. On pourroit même
» en ufer en tout temps, parce que la navigation par ce
» canal feroit plus facile & plus courte que par la Seine.

Terminons en rappellant une autre furcharge de nos
» pêches : car où trouvent-elles encouragement & li-
» berté ? Les boiffons deftinées à la pêche font exemptes
» de droits, & celles qu'on embarque pour Terre-Neuve
» jouiffent de cette exemption. Les boiffons deftinées aux
» pêches qui fe font dans nos environs, ont auffi la même
» faculté ; mais comme il faudroit qu'elles fuffent fous la clef
» du fermier, & que la gêne qui fuivroit de la jouiffance du
» droit feroit confidérable, on la néglige. Cependant quelle
» quantité de boiffon la pêche ne confomme-t-elle pas ?
» Qu'on en juge par le nombre d'hommes que renferme un
» bateau pêcheur, & par le genre de travail auquel ils fe
» livrent ! Cette furcharge pour la pêche, ne s'éteindra qu'au
» moment où le Gouvernement aura fucceffivement con-
» verti les droits d'aides en une addition à d'autres impôts,
» felon les vues particulieres des Adminiftrations provin-
» ciales.

Conclufion.   » Meffieurs, il eft deux fources fécondes de la richeffe
» publique, l'agriculture & la pêche qui produifent : l'induf-
» trie façonne ; le commerce échange. La premiere fleurit
» dans cette province : on vous préfentera les obftacles
» qui s'oppofent aux progrès de l'induftrie & du commer-
» ce, & l'on montrera quelles font les faveurs qu'ils fol-
» licitent de vous.

»Les pêches n'étoient pas moins dignes de fixer vos
»regards. Vous êtes convaincus, Meſſieurs, de leur im-
»portance: leur nature, leur étendue, leurs rapports vous
»ſont connus; vous gémiſſez des obſtacles qui s'oppoſent
»à leur activité. La deſtruction de ces obſtacles eſt le ſeul
»encouragement qu'elles ſollicitent en ce moment: les
»primes & les autres eſpeces de récompenſes ne ſeroient
»que de petits moyens, tant que les ſources du mal ne
»ſeroient pas taries. Si les repréſentations de l'Aſſemblée
»provinciale parviennent à les détruire, ces encourage-
»ments acheveront de les porter au plus haut dégré de
»ſplendeur, où elles puiſſent eſpérer d'atteindre.«

L'Aſſemblée ayant pris le préſent rapport en conſidé-
ration, & convaincue de l'importance des pêches, ſous
les divers aſpects qui y ſont énoncés, a délibéré & arrêté:

1°. De donner aux objets contenus dans le Rapport une
attention particuliere, afin de préparer plus efficacement
les meilleurs moyens, non-ſeulement de conſerver, mais
encore d'accroître l'activité des pêches.

2°. De ſupplier très-inſtamment SA MAJESTÉ de mettre
ſous ſa protection ſpéciale cette école de navigation pé-
rilleuſe qui fournit au ſervice de ſes flottes la meilleure eſpece de matelots; d'encourager la branche de commerce
qui en dérive, comme néceſſaire au ſoutien des ports &
des villes qui l'exercent, à l'entretien du peuple qu'elle y
occupe, & à la ſubſiſtance de ſes pauvres ſujets qu'elle
alimente dans tout le royaume; de faire jouir les pêches,
intéreſſantes à tant de titres, de toutes les améliorations &

de tous les adouciffements qu'elles méritent par leur importance , & dont, elles ont le plus preffant befoin contre les gênes & les perceptions qui en détruifent la profpérité.

3°. De folliciter particulierement la bienveillance de Sa Majesté pour obtenir qu'Elle veuille bien dès à préfent délivrer les productions des pêches , des droits d'entrée dans les villes où ces productions importées pour la confommation font taxées immodérément , ou du moins de diminuer ces droits , fur-tout à Rouen où ils excedent le quart de la valeur du poiffon.

4°. D'inviter la Commiffion intermédiaire à demander aux Affemblées des Départements d'Arques , Montivilliers & Pont-Lévêque , tous les éclairciffements néceffaires pour que l'Affemblée puiffe connoître à fa prochaine tenue générale, quels font les obftacles les plus nuifibles au fuccès des différentes pêches fur toute l'étendue des côtes de la Généralité , & quels moyens compatibles avec les befoins actuels de l'Etat , pourront être employés efficacement pour faire ceffer ces obftacles.

L'Affemblée s'eft partagée enfuite pour le travail des Bureaux.

La prochaine féance indiquée à cet après-midi, cinq heures.

Signés , le Comte DE MATHAN , pour l'indifpofition de Monfeigneur le Cardinal.

BAYEUX, *Sécretaire-Greffier.*

Du même jour 5 Décembre 1787, à cinq heures du soir.

L'Assemblée en séance, la Commiſſion de l'agriculture, du commerce & du bien public, a pris le Bureau,
& dit :

Messieurs,

» Le vœu que vous formez pour la proſpérité de cette
» province, a déterminé le Bureau du bien public à fixer,
» dans ſes premieres ſéances, ſes recherches & ſes médita-
» tions ſur tous les reſſorts du commerce & de l'agricul-
» ture, qui ne peuvent jamais ſe diviſer.

» Traverſés par la ſéduction des anciennes habitudes,
» par les uſages locaux & par les préjugés, nous ne pou-
» vons nous diſſimuler qu'il nous reſte encore de grands
» efforts à faire pour porter l'agriculture à ſa perfection ;
» mais tout nous encourage en voyant, même à l'époque de
» l'inſtitution des Aſſemblées provinciales, le françois s'é-
» lever pour ſa gloire, & le patriotiſme s'échauffer pour le
» ſuccès de la nation.

» Si nous ne ſommes pas encore parvenus, Meſſieurs,
» à profiter de toutes les reſſources que la providence nous
» à ménagées dans cette province, il ne faut s'en prendre
» qu'à l'engourdiſſement de l'ignorance, prolongé depuis
» les temps de barbarie juſqu'à nos jours par l'indolence
» & la timidité des cultivateurs. Mais votre ſol eſt ſans re-
» proche ; l'intelligence & l'activité ſont naturelles aux co-
» lons ; & nous avons déjà la ſatisfaction de voir des pro-

C c

»grès senfibles en agriculture, auxquels il ne manque plus
»que des expériences & des encouragements.

»Vous devez appercevoir, Messieurs, que tout se ra-
»nime évidemment; & nous ne devons pas douter que la
»postérité ne se souvienne, avec les transports de la plus
»vive reconnoissance, des Administrations provinciales, &
»du Roi bienfaisant qui les a créées pour le bonheur de
»ses peuples.

»Sous ce point de vue, Messieurs, vos engagements sont
»déterminés, & vous n'aurez rempli convenablement votre
»mission, qu'après avoir pleinement convaincu vos conci-
»toyens que la richesse de l'état n'est qu'illusoire & chimé-
»rique sans les liens mutuels du commerce & de l'agri-
»culture.

»Frappés de cette vérité, nous avons porté tous nos
»soins à vous démontrer l'utilité des défrichements &
»de la culture des Communes. Ce projet paroît difficile
»à exécuter, & nous sentons que la tâche est pénible
»à remplir; mais nous pensons que le temps est venu où
»l'on peut espérer de faire adopter ce moyen de prospéri-
»té publique.

»Nous n'aurons pas, Messieurs, le mérite de cette pro-
»position, & vous savez que depuis des siecles on a essayé
»tous les moyens de rendre à l'agriculture ces terrains im-
»menses sans valeur réelle, que l'on peut porter pour le
»royaume à un sixieme de sa surface.

»Nous pourrions citer différents auteurs qui ont traité des

» Communes & de l'avantage de les cultiver ; nous aurions
» encore à l'appui de notre syftême, une foule d'Edits à
» mettre fous vos yeux, dont le but a été de fertilifer ces
» terrains vagues & arides, fouftraits à l'induftrie & à l'ac-
» tivité du cultivateur.

» Il vous paroîtra étonnant, Meffieurs, que ces projets
» & ces loix, fi propres à étendre les produits de l'agri-
» culture, n'aient pas eu jufqu'ici leur exécution ; mais auffi
» vous devez fentir que maintenant le syftême eft entiere-
» ment changé ; que le cultivateur eft plus inftruit ; que
» chaque propriétaire connoît mieux fon intérêt ; qu'il eft
» environné de reffources qui lui étoient autrefois incon-
» nues, & que vos travaux vont lui donner une nouvelle
» énergie & des encouragements, par les communications
» faciles & les débouchés multipliés que l'on projette d'é-
» tablir, qui contribueront à fon débit & à fes bénéfices.

» Le défrichement des Communes ne laiffe plus de doute
» fur fes avantages fous le rapport de l'agriculture & fur
» les reffources abondantes qu'on en doit recueillir. Par
» là, Meffieurs, vous parviendrez à multiplier vos prairies
» artificielles, qui vous deviendront fi néceffaires pour l'é-
» ducation des moutons & pour l'amélioration de vos lai-
» nes, que le commerce attend de vos établiffements pa-
» triotiques.

» Vous augmenterez les facultés de l'État & la maffe des
» richeffes en allégeant les paroiffes du fardeau des contri-
» butions ; fur-tout fi la Généralité vient à jouir d'un abon-
» nement.

» Ce furcroit d'occupation éloigneroit la pareffe ordi-
» naire chez les habitants voifins des Communes ; certains
» d'y nourrir leurs beftiaux, ils font fouvent oififs, & n'ont
» aucune part aux précieux travaux de la terre.

» Si les Communes étoient défrichées, les mutations qui
» feroient fréquentes, procureroient à l'État & aux familles
» une fource nouvelle de circulation.

» Enfin, Meffieurs, vous irez au fecours de l'humanité
» en dénaturant ces Communes ftériles ou marécageufes,
» qui procurent par leurs exhalaifons ces épidémies funef-
» tes aux habitants, & par le même principe, ces épizoo-
» ties défaftreufes pour les animaux.

» Rien, Meffieurs, n'eft plus propre que le tableau fui-
» vant à vous montrer les avantages qui réfulteront du dé-
» frichement des Communes. Nous l'avons puifé dans plu-
» fieurs numéros du Journal d'agriculture de 1782, dont
» la rédaction étoit alors confiée au rédacteur de celui de
» la province, dont le zèle pour le bien public, & le goût
» pour les fciences vous font connus.

» Afin de faire une comparaifon frappante de l'opulence
» des paroiffes avec ou fans Communes, l'on en a choifi qua-
» rante dans l'Election de Clermont en Beauvoifis, & la
» comparaifon a démontré qu'il y avoit proportionnelle-
» ment plus de population & de facultés dans les paroif-
» fes fans Communes.

» Si cela ne fuffifoit pas pour vous faire connoître à
» quel point les défrichements font néceffaires pour vous en-

„ richir, nous vous citerions particulierement la Décla-
„ ration d'Août 1766, qui autorife & regle la forme des
„ défrichements.

„ On fit un calcul trois ans après cette loi ; il fit découvrir
„ que l'on avoit défriché dans vingt - huit provinces du
„ Royaume, environ quatre cens mille arpents ; ce fait eft
„ juftifié par les états dépofés dans le Bureau de l'admi-
„ niftration des Finances, chargé du département de l'a-
„ griculture. Le Journal d'agriculture qui nous met à mê-
„ me de vous préfenter ce tableau, nous met en même-
„ temps en état d'avancer que par les évaluations les moins
„ hazardées, ces quatre cens mille arpents de terrain dé-
„ friché produifirent trois millions de feptiers de grain à
„ 20 l. le feptier prix moyen, depuis 1764, & qui confé-
„ quemment ont valu foixante millions de livres. Ces pro-
„ duits ont fait fubfifter pendant un an cent-cinquante mille
„ perfonnes, & mis en circulation quarante-deux millions
„ de livres. Indépendamment des trefles & luzernes, ces
„ défrichements ont fourni des pailles en abondance, dont
„ la confommation & leurs fumiers ont fuffi pour entretenir
„ d'engrais ces mêmes terrains nouvellement en labour. Par
„ quelle fatalité les difpofitions d'une loi fi précieufe n'ont-
„ elles pas été généralement fuivies dans le royaume ?

„ Le vœu que la nation forme depuis un fiecle pour
„ le défrichement des Communes, nous fait penfer, Mef-
„ fieurs, que les exemples que nous avons mis fous vos
„ yeux font autant de moyens pour confolider ce fyftê-
„ me, & pour enrichir évidemment l'agriculture.

»Si nous fommes parvenus à réunir vos opinions fur
»l'avantage & la néceffité de mettre en valeur les terrains
»vagues & les Communes, nous aurons rempli une por-
»tion de notre tâche.

»Ce qui vient d'être dit, Meffieurs, a démontré juf-
»qu'à la premiere évidence les avantages qui réfulteront
»du défrichement des Communes; mais avant d'en venir
»aux moyens qu'il faut employer pour le prompt & en-
»tier défrichement, il convient de fapper dans fes fonde-
»ments l'antique & général préjugé qui fait regarder les
» Communes comme une fource de profpérité pour les
»campagnes.

»Le tableau fuivant qui eft de la plus exacte vérité,
»va fervir à fixer vos idées. Que ne peut-il être auffi aifé-
»ment rapproché des habitants de la campagne, qui dans
»leurs vues refferrées, feront peut-être les premiers à s'é-
»lever contre leur propre intérêt !

»Nous ne balançons pas, Meffieurs, à vous citer un
»extrait des Journaux qui ont traité des Communes au
»moment même des recherches du Bureau fur cet objet
»important. La pureté de cette rédaction nous invite à
»la joindre à notre fyftême.

»*Les bois communaux, mal clos & mal gardés, dont*
»*on ne ménage aucunement les coupes, endommagés de*
»*toutes parts par le bétail, dégradés par la concurrence*
»*& par l'avidité des habitants voifins favorifés dans leurs*
»*dégâts clandeftins par l'accès pour la vaine pâture, n'of-*
»*frent que des brouffailles à l'abandon.*

»*Les landes en commun, qui, pour les trois quarts,*

» *sont des forêts dégénérées, hériffées de joncs, de brouf-*
» *failles , d'arrête-bœufs , de chardons , d'orties , de ron-*
» *ces , de fougeres , d'épines , de genets , de genievres ,*
» *de bruyeres, & d'une infinité d'autres petites plantes aufsi*
» *vivaces , qui toutes font encore amaigries par la mouffe ,*
» *offrent de tous côtés une image expreffive de la flérili-*
» *té & de la mifere profonde des poffeffeurs communs.*

» *Dans les faifons où le foleil , plus proche & plus*
» *ardent , ajoute à la fécondité des terrains en culture , il*
» *augmente, avec l'aridité de ceux-ci , leur défaut de va-*
» *leur : le bétail y fouffre à la fois le chaud , la piqûre*
» *des mouches, & la faim plus cruelle encore. Le printems ,*
» *au retour duquel tout a repris ailleurs fa verdure & la*
» *vie , laiffe encore aux landes dont fon humidité bien-*
» *faifante ne peut pénétrer la furface , & leur langueur*
» *habituelle , & cette teinte olivâtre , afpect fatiguant , mé-*
» *me aux voyageurs qui fe croient dans les déferts.*

» *Qu'arrive-t-il de là ? Les chétifs & rares troupeaux*
» *de nos malheureux cultivateurs errent avec peine dans*
» *ces landes , qui ne leur fourniffent , fans les raffafier ,*
» *qu'une nourriture mal faine & échauffante , caufe ordi-*
» *naire des épizooties qui tous les ans , ravagent nos*
» *Provinces.*

» *C'eft bien pis encore dans les marais indivis. Il n'eft*
» *pas de communaux dont la jouiffance foit plus défa-*
» *vantageufe.*

» *Plus endommagée encore du pied que de la dent d'un*
» *troupeau confidérable vers la fin de l'hyver , l'herbe y*

» recroit à peine à l'entrée du printems , où , faute d'écou-
» lement , son humidité n'eſt point entierement diſſipée ,
» & où le bétail exténué renouvelle ce dommage en brou-
» tant ſa premiere pointe avant qu'elle ſoit d'un doigt
» hors de terre , & l'on en profite auſſi peu qu'on feroit
» d'un arbre auquel on auroit arraché les boutons à meſure
» qu'ils pouſſoient. Les troupeaux foulent & diſſipent en peu
» de temps une étendue de pâtis qui , dans l'économie parti-
» culiere , auroit nourri dix fois plus de bétail. La moitié
» de l'herbe eſt tout d'un coup perdue , les beſtiaux préfé-
» rant toujours la plus tendre , & dédaignant la plus du-
» re , qui ſe ſéche & devient fumier ſous leurs pieds. Leur
» foibleſſe , à la ſuite d'une ſaiſon dans laquelle ils ont
» pâti en ne trouvant qu'une quantité inſuffiſante de mau-
» vais fourrage , en fait journellement s'envaſer , au point
» qu'on a quelquefois de la peine à les débarraſſer de ces
» fondrieres. On les y voit ſouvent nâger pour paître une
» poignée d'herbes aigres. Ils n'y prennent en général
» qu'une nourriture , ou la moins abondante , ou la plus
» mal ſaine , par les dépôts de l'atmoſphère , & par ceux
» d'inſectes venimeux. Ils y boivent habituellement des
» eaux dormantes & corrompues ; ils ont preſque en tout
» tems le pied mouillé dans ces terrains fangeux , où chaque
» pas devient pour eux un travail.

» Faut-il s'étonner , après cela , de la maigreur de nos
» troupeaux & de leur peu de produit , de leurs maladies
» continuelles & de l'infériorité des laines ? La plûpart de
» nos fabriques ſont réduites à employer des laines étran-
» geres. Qui doute que la perfection & le rapport de nos
                                                    » beſtiaux

»*bestiaux dépendent sur-tout de leur nourriture ? Com-*
»*ment donc, dans de pareilles circonstances, le cultiva-*
»*teur pourroit-il songer à en entretenir ? Borné dans ses vues*
»*& dans ses connoissances, il croit que les troupeaux sont*
»*d'un foible produit, par leur nature même; & il ne sent*
»*pas que, pour devenir une des branches les plus avanta-*
»*geuses de l'économie rurale, il ne s'agit que de suivre*
»*une méthode meilleure que sa routine, & d'avoir des pâ-*
»*turages plus abondants, plus sains & mieux entretenus*
»*que ses communaux. Ces considérations sont encore ren-*
»*forcées par l'influence que les marais & terres incultes*
»*ont sur la santé des hommes. Tous les médecins qui ont*
»*traité de cette matiere, Arbuthnot, MM. Delaunay,*
»*Vic-d'Azir, Chiral, le Docteur Pringle, &c. leur*
»*imputent en partie les maladies épidémiques, les fievres*
»*putrides & contagieuses qui désolent les campagnes. Il*
»*est en effet reconnu que les émanations des terres incul-*
»*tes & humides, en se mêlant avec l'air respirable, doi-*
»*vent nécessairement apporter des dommages sensibles dans*
»*l'économie animale.*

»Passons maintenant au moyen qui doit opérer le défri-
»chement des Communes; nous ne balançons pas à le dire
»hautement, après les plus mûres réflexions, ce moyen
»nous paroît unique & facile. Il consiste dans le partage
»des Communaux, par lequel on substituera la propriété
»particuliere qui vivifie tout, à la jouissance commune qui
»entraîne abus, insouciance & détérioration.

»En écoutant les intérêts particuliers, la foule des er-
»reurs passées en usage, & les dispositions de trois cens

» soixante-sept Coutumes qui exiſtent en France , on pour-
» roit croire que les difficultés de l'exécution ſeroient in-
» ſurmontables ; mais nous penſons que la Coutume uni-
» que & générale eſt celle qui eſt dictée par l'équité , la
» raiſon & l'intérêt public.

 » Mais comment , & d'après quels principes , ce partage
» doit-il être fait ? Nous avons approfondi , Meſſieurs ,
» avec une attention particuliere , la plupart des ouvrages
» & tous les traités ſur les Communes ; nous rencontrons
» différentes opinions ſur le partage.

 » M. de la Maillardiere le propoſe par lots & par têtes
» d'habitants.

 » Pluſieurs économiſtes propoſent de n'en dénaturer que
» moitié pour faire valoir l'autre.

 » Les Aſſemblées provinciales ont eu l'opinion du pied
» pour perche , & de la proportion du marc la livre de
» la taille.

 » Un Arrêt du Parlement de Rouen , du mois de Mars
» 1747 , juge que les partages des Communes ſe feront
» en proportion des fonds de chacun.

 » Voilà , Meſſieurs , bien des opinions , qui vraiſembla-
» blement ont arrêté juſqu'ici l'exécution de quarante-ſix
» Arrêts , Déclarations ou Lettres-patentes , depuis 1556
» juſqu'à nos jours , qui ont prononcé les défrichements ,
» & conſéquemment déſiré les partages. Nous ne comp-
» tons pas les États voiſins qui ont adopté récemment la
» même légiſlation ; tels que la Suede , l'Angleterre , l'Al-
» lemagne , l'Italie , le Dannemarck , la Ruſſie , l'Eſpa-

» gne , la Prusse & la Corse. Serions-nous assez heureux
» pour trouver le juste milieu , en vous mettant à même de
» ne délibérer sur les partages , que d'après les principes
» de la justice , & pour le plus grand bien possible ?

» Il est inutile d'abord d'observer ici que lorsque la Décla-
» ration du mois d'Août 1766 régla la forme des défri-
» chements , l'on n'entendit pas sans doute y comprendre
» ces pâturages gras & immenses qui enrichissent les val-
» lées de la Basse-Normandie , & qui sont du plus
» grand rapport par l'usage d'y engraisser les bœufs qui
» fournissent à la consommation de Paris & de toutes
» les Provinces. Ces prairies d'une richesse inappréciable ,
» quoique pâturées en commun , sont sans nul doute excep-
» tées des terrains qui attendent le défrichement , parce
» que l'on ne pourroit leur donner une plus grande valeur
» que celle qu'elles ont dans leur état présent.

» Par le mot *Communes* , on entend les terrains sur les-
» quels les habitants ont indivisément droit d'usage ou de
» propriété , comme formant communauté laïque.

» Leur origine remonte à des temps très-reculés.

» Personne n'ignore que les Communes ont été autrefois
» abandonnées par les Seigneurs à leurs vassaux , pour qu'ils
» en jouissent en commun , & sans aucune distinction.

» Il ne paroît pas douteux que cette concession des Sei-
» gneurs , ayant eu pour objet d'appeller des habitants dans
» leur territoire , le droit aux Communes dut être accordé
» également par têtes , ou du moins par feux. Plusieurs com-
» munautés ont conservé cet usage , qui est en effet le plus

» conforme à l'inflitution primitive. Dans plufieurs autres
» communautés, le régime s'eft introduit de régler la jouif-
» fance à proportion de l'étendue des poffeffions de cha-
» que propriétaire. Ne pourroit-on pas foupçonner ce der-
» nier fyftême de n'être qu'un nouvel exemple des abus
» fi fréquents de la loi du plus fort ? Cette variété doit
» céder à l'évidence de la deftination originaire, qui eft
» imprefcriptible.

» Il feroit inutile, pour cette Généralité, de s'embarraf-
» fer dans les diftinctions que plufieurs écrivains ont faites
» fur les diverfes efpeces de Communes. Nous ne connoif-
» fons que les *ufages* que les communautés exercent fur
» des terreins dont elles ne font pas propriétaires, & les
» terres dont elles ont la propriété indivife.

» Cette derniere efpece eft la feule à qui la qualifica-
» tion de *Communes* convienne proprement, & qui puiffe
» entrer dans l'objet de notre rapport.

» Il eft évident que les droits d'ufage & les terrains fur
» lefquels ces droits s'exercent ne font pas fufceptibles
» d'un défrichement forcé, puifqu'il faut refpecter les droits
» du propriétaire ; ni du partage entre les habitants, puif-
» que ceux-ci n'en ont pas la propriété.

» Les feules *Communes* proprement dites, celles dont les
» communautés ont le tréfonds & le domaine indivis, peu-
» vent être foumifes à la loi du défrichement & du par-
» tage.

» Il refte, Meffieurs, à défigner la forme de ce partage.

» Le dédale où nous jetteroient les différentes opinions fur
» la maniere de partager les Communes, nous a fait pro-
» pofer un plan qui nous paroît conforme à l'efprit de
» leur établiffement; nous penferions que le partage pour-
» roit être fait par feux, jouiffant maintenant du droit de
» Communes, à raifon d'une propriété quelconque dans
» la paroiffe.

» Loin de croire qu'il feroit plus jufte de partager en
» raifon de la puiffance & de la quotité des biens de cha-
» cun des paroiffiens, nous eftimons au contraire que ce
» feroit s'éloigner de la jouiffance indivife, & de ce que
» prefcrit pofitivement le mot ou l'acception *Communes*. Il
» doit vous paroître fenfible que lorfque ces fonds ont été
» abandonnés aux vaffaux, ils n'étoient pas pour lors plus
» riches les uns que les autres. Le fort ayant protégé les
» uns & laiffé les autres dans leur premier état, cela ne
» peut changer la nature du droit. On doit ajouter que, fi
» vous partagiez au marc la livre, ou au pied pour perche,
» ou en raifon de la propriété, le premier moyen vous don-
» neroit un détail de répartition immenfe, qu'il faudroit
» ajouter à l'opération des lots; le fecond rentreroit dans
» l'injuftice que nous comptons démontrer; & le troi-
» fieme y mettroit le comble, puifque vous donneriez le
» plus à celui qui en auroit le moins de befoin, & le moins
» à celui dont la néceffité feroit plus conftante.

» On peut nous obferver que de cette maniere on donne
» une propriété à un homme fouvent hors d'état de la cul-
» tiver : il fera facile de répondre qu'il fera le maître de la
» vendre, louer, fieffer ou concéder en tout ou partie, pour

» l'aider à mettre en valeur ce qu'il fe réferveroit ; alors
» votre objet eft rempli, la furface eft en valeur, & vous
» affurez par le produit, à ce moins riche, des reffources
» qui l'aident dans fes befoins & fon exiftence.

» Mais avant tout partage, il eft bien entendu que le
» tiers du Seigneur lui fera réfervé, lorfqu'il en aura le
» droit conftaté ; & nous voudrions auffi que préalable-
» ment un tiers de la maffe des Communes fût prélevé pour
» être mis en valeur, en faveur des habitants fans propriété
» & des véritables pauvres ; parce que la diftribution du
» produit fe feroit en paiement du travail des chemins tra-
» verfant les Communautés : ce feroit une maniere de pour-
» voir à l'amélioration des chemins, & de fauver les pau-
» vres de l'état de mendicité.

» La part des pauvres feroit gérée comme les biens de
» l'Eglife & du tréfor, par les tréforiers de la fabrique,
» pour le profit être partagé entre les pauvres felon leurs
» befoins. Dès les premiers moments & celui du partage,
» la partie des pauvres feroit louée au plus offrant.

» En vain nous objecteroit-on qu'il faut pour défri-
» cher, des avances foncieres, des inftruments, &c.
» Hélas ! c'eft d'objection en objection qu'on eft parvenu
» à propager tous les préjugés & les abus nuifibles au bien
» public !

» Raffurons-nous, Meffieurs, fur ces prétendues diffi-
» cultés. Les perfonnes qui ont la moindre teinture de la
» culture de la terre, favent qu'il ne s'agit pour défricher,
» que de porter fimplement la charrue fur le lieu, pendant

» les temps humides pour les terrains fecs & arides., &
» pendant un temps fec pour ceux qui feroient gras ou ma-
» récageux. Ces deux moments font libres pour les labou-
» reurs', leurs attelages étant prefque toujours fans activité
» pendant les pluies de l'hiver & les chaleurs de l'été. Ne
» fait-on pas encore qu'un labour feul fuffit au défrichement
» pour la premiere année , & que l'on eft affuré de retrou-
» ver le fruit de fes peines par la récolte abondante que
» l'on en retire ; effet ordinaire & conftaté des terres repo-
» fées ? Le laboureur eft donc affuré d'un produit , & alors il
» a des engrais qui lui permettent d'affoler ces défrichements
» avec fes autres terres , pouvant leur donner les fumiers
» comme aux autres dans la proportion de leur rapport.
» D'ailleurs , l'habitant le moins aifé qui aura fa part
» des Communes , trouvera toujours le moyen de la faire
» défricher par le vrai laboureur fon voifin , foit à prix
» d'argent , foit à moitié , ainfi que le pratiquent dans les
» paroiffes beaucoup d'habitants qui n'ont pas de chevaux.

» Vous avez près de vous , Meffieurs , un citoyen qui
» a porté fes vues fur l'utilité des défrichements , & qui en
» a l'expérience. Il pourroit vous affurer que ce travail ne
» lui a coûté que l'attention d'y appliquer fes charrues &
» fes chevaux pendant les faifons mortes. Il a mis en prai-
» ries artificielles dans les côteaux les terres qui ne pou-
» voient produire mieux , & en grain celles qui en étoient
» fufceptibles ; il a mis en prairies naturelles des emplacements
» mixtes & fans rapport ; & dans la même année fes fuc-
» cès ont été couronnés par l'abondance des récoltes de
» toutes les natures.

» C'eft à force d'exemples , Meffieurs , que l'on détruit
» les préjugés ; l'expérience feule a droit de vaincre les
» faux fyftêmes , & l'on doit trop aux premiers effais , pour
» ne pas citer les citoyens qui les ont tentés : c'eft à ce
» titre que nous nommons M. l'Abbé de Foucarmont.

» Si ce rapport , Meffieurs , ne vous paroiffoit pas fans
» reproche tant par la méthode , que par les principes qu'il
» contient ; nous efpérons au moins que vous appercevrez
» le zèle du Bureau qui n'a eu d'autre but que de con-
» courir avec vous à feconder les vues du Gouvernement ,
» & enrichir l'agriculture.

L'Affemblée ayant donné la plus mûre attention à l'importance de l'objet traité dans le Rapport du Bureau ; également pénétrée , tant de l'utilité publique du défrichement
& du partage des Communes , que des difficultés qui ont
arrêté jufqu'à préfent , par la forme , une amélioration fi
défirable par la bonté de fes effets , a arrêté de fufpendre
fa délibération jufqu'à ce qu'elle ait pu recueillir les éclairciffements particuliers & locaux qui peuvent l'aider à fe
déterminer avec plus de certitude & de maturité.

Pour y parvenir , elle invite la Commiffion intermédiaire à fe procurer dans l'intervalle de la prochaine tenue générale , toutes les connoiffances qui peuvent être
acquifes fur cet objet , par la correfpondance avec les
Bureaux des dix Départements.

Et elle propofe le fujet du programme fuivant , au zèle
de tous les bons citoyens , & fpécialement de ceux qui ont
des inftructions utiles fur la matiere des Communes :

» Déterminer

» Déterminer les avantages ou les défavantages du par-
» tage des Communes, particulierement dans la Généralité
» de Rouen, en ayant égard à la différence qui pourroit
» être faite entre celles qui font en bon fond de pâturage,
» ou autre efpece de culture en pleine valeur, & celles qui
» font en friche, bruyere ou patis dans le cas d'être dé-
» frichées.

» Déterminer également quelle eft la maniere préférable
» de procéder au partage entre les deux méthodes les plus
» généralement indiquées, favoir celle du marc la livre
» ou pied-perche des propriétés, & celle de la divifion par
» feux ou têtes de chefs de famille.

» Combiner les vues différentes qui paroiffent fe croifer
» fur le mode du partage entre l'équité, les ufages établis,
» les préjugés réfultants des jugements particuliers inter-
» venus fur cette matiere, & la plus grande utilité à retirer
» du partage.

» Préfenter enfin un projet de réglement pour l'exécu-
» tion du partage, conforme au plan que l'auteur aura
» préféré. «

L'Affemblée défire que les mémoires foient envoyés
avant le 1er Octobre 1788 à MM. les Procureurs-Syndics.
L'auteur du mémoire dont le projet pourra être réalifé,
recevra une médaille d'or, ou la fomme de 400 l. à fon
choix, dont le fonds a été propofé, & eft fait par un
anonyme.

L'Affemblée s'eft partagée enfuite pour le travail des
Bureaux.

La prochaine féance indiquée à demain, heure ordinaire.

Signés, le Comte DE MATHAN, pour l'indispofi-tion de Monfeigneur le Cardinal.

BAYEUX , *Sécretaire-Greffier.*

Du Jeudi 6 Décembre 1787 , *à neuf heures du matin.*

LA féance étant ouverte, comme les jours précédents, après la Meffe, Monfeigneur l'Evêque d'Evreux a témoi-gné, au nom de l'Affemblée, à Monfeigneur le Cardinal-Archevêque de Rouen, Préfident, dont une indifpofition l'avoit privée depuis plufieurs jours, toute la fatisfaction que lui caufoit fa préfence.

On eft enfuite allé travailler aux Bureaux.

La prochaine féance indiquée à demain, heure ordinaire.

Signés, † D. Cardinal DE LA ROCHEFOUCAULD.

BAYEUX, *Sécretaire-Greffier.*

Du Vendredi 7 Décembre 1787, *à neuf heures du matin.*

L'ASSEMBLÉE étant en féance comme les jours précé-dents, après la Meffe, le Bureau des impofitions a fait le rapport fuivant :

MESSIEURS,

» L'IMPORTANTE matiere que vous avez confiée à notre » examen nous a paru fe rapporter à trois principes fon-

» damentaux. Le premier eſt que tout citoyen membre
» de l'Etat, doit contribuer aux beſoins de l'Etat en pro-
» portion des biens dont la puiſſance publique lui garan-
» tit la propriété. Le ſecond eſt que le Gouvernement doit
» aux citoyens qui lui portent en tribut une portion de leur
» propre ſubſtance, tout ce qu'il peut mettre d'adouciſſe-
» ment aux frais de perception & aux gênes fiſcales. Le
» troiſieme eſt que les adminiſtrateurs chargés du régime
» de la répartition, doivent ſur-tout en bannir l'arbitraire &
» l'inégalité que le peuple redoute, & qui l'oppriment en
» effet plus que l'impôt même.

» Si cette province fidele à la premiere de ces maxi-
» mes, ne s'étoit pas toujours diſtinguée par ſon exacti-
» tude à fournir les plus abondantes contributions, nous
» aurions gémi d'avoir à rappeller au ſouvenir de nos com-
» patriotes une des premieres obligations attachées à leur
» titre de citoyens. Mais qu'il nous eſt doux d'avoir à pré-
» ſenter aux pieds du Trône le zèle & la fidélité d'un peu-
» ple plein d'amour pour ſon Roi, & d'ardeur pour la
» gloire de la France, que le fardeau des impôts, tout
» accablant qu'il eſt, n'a pas découragé !

» Ne doutons pas auſſi que notre ſeconde maxime ne
» ſoit gravée dans le cœur paternel de Sa Majesté; Elle
» ſouffre autant que nous de cette aggravation de frais
» de perception qui ſurcharge les contribuables, de cette
» foule de prohibitions qui énervent l'induſtrie, & ſur-tout
» du fléau des inquiſitions fiſcales. Ce ſont les réſultats fu-
» neſtes de cette exceſſive variété de ſubſides qui épuiſent la

» matiere même de l'impôt. Sa Majesté acceptera avec
» bonté les remplacements qui lui feront proposés avec les
» avantages d'un régime plus doux, plus simple & moins
» dispendieux. Nous nous ferions déjà livrés à la recher-
» che de ceux qui pourront être offerts pour cette Géné-
» ralité ; mais l'obligation qui nous est imposée par le troi-
» sieme de nos principes, exigeoit les prémices de notre
» travail.

» Les campagnes, principales sources de la population
» & de la force réelle des Etats ; les campagnes si souvent
» sacrifiées au luxe & à la frivolité brillante des villes, font
» spécialement affligées par l'injuste répartition de la taille
» & de ses accessoires. C'est vous, Messieurs, qui devrez dé-
» sormais instruire le Conseil de Sa Majesté des quotités
» proportionnelles que chaque Election devra porter dans la
» masse du brevet général. C'est par vous ou par les Assem-
» blées inférieures qui vous font soumises, que le prochain
» département sera fait. Nous avons cru que rien ne pou-
» voit vous intéresser davantage, que rien n'étoit aussi ins-
» tant que la recherche des moyens propres à réformer les
» inégalités de la répartition.

» Il y a long-temps que la taille est distribuée sans au-
» cunes regles de proportion entre les Elections & les pa-
» roisses. Les Etats Généraux de cette province disoient
» en 1549 que *l'une des plus grandes exactions qui se fait*
» *sur le peuple, est au département des tailles par les Elec-*
» *tions & les paroisses ;* ils demandoient que *le départe-*
» *ment général fut fait par le corps desdits Etats de ce que*

» *chaque Vicómté & Election en devra porter.* Ces plain-
» tes ont été inutilement répétées par les Etats eux-mêmes,
» & plus récemment par les remontrances des Cours fou-
» veraines. L'injuftice de cette répartition fait que dans un
» pays également affujetti, la prédilection femble avoir éta-
» bli pour quelques cantons favorifés des priviléges d'adou-
» ciffement qui tournent à l'oppreffion des autres.

» Dans l'intérieur de chaque paroiffe, les mêmes injuf-
» tices & l'inftabilité arbitraire des cotes, réduifent les con-
» tribuables à une pufillanimité qui enchaîne leur induf-
» trie, dégrade leurs fentiments, & leur ôte jufqu'au défir
» de l'aifance dont ils s'abftiennent de goûter les jouif-
» fances par la crainte de les montrer. Quelques-uns peu
» différents des anciens ferfs, n'ont ni la noble eftime d'eux-
» mêmes, ni la confcience du prix de leur exiftence com-
» me hommes & comme citoyens. Que l'Etat peut-il at-
» tendre de ces membres découragés, dont l'ame flétrie,
» infenfible pour eux-mêmes, eft incapable d'aucune affec-
» tion généreufe & d'aucun fentiment patriotique ? Ils né-
» gligent l'amélioration de leurs champs, ils repouffent
» les avantages de l'induftrie ; & c'eft en cherchant fans
» relâche à fe dérober à l'arbitraire de l'impôt, qu'ils vieil-
» liffent ainfi dans l'abaiffement de la pauvreté, dont ils s'é-
» tudient à conferver la livrée, le langage, & dont ils con-
» fervent en effet le fentiment avili.

» Un régime tout contraire a produit en Angleterre des
» effets très-différents. Les impôts y font proportionnel-
» lement plus confidérables qu'en France ; ils y font cepen-
» dant, & moins à charge au peuple, & moins funeftes à

» la profpérité publique ; c'eft qu'aucune taxe n'y eft per-
» fonnelle & dépendante de l'opinion fur les facultés des
» contribuables. Les impôts n'y font que de deux efpeces.
» Les uns font affis fur les terres ; pour ceux-là la cote eft
» fixe & invariable fur chaque héritage , & l'avantage de ce
» régime excluant tout arbitraire, eft tel que malgré les in-
» convénients de la difproportion de l'ancienne répartition ,
» (peut-être fous quelques rapports trop refpectée) il pré-
» fente encore à nos yeux les plus heureux réfultats. Les autres
» fe levent fur les objets de confommation & de luxe, & pour
» ceux-ci la quotité de contribution dépend de la volonté de
» chaque citoyen. Ainfi perfonne ne paie au gré des pré-
» jugés ou de l'inimitié d'un afféeur ; perfonne ne craint
» que les fuccès de fa culture ou de fon induftrie ne foient
» punis par une augmentation de taxe ; perfonne n'a inté-
» rêt de rétrécir fes moyens, de diffimuler fes facultés, ni
» de contraindre fon énergie. L'Angleterre compte de
» vrais , d'utiles citoyens jufques dans la derniere claffe de
» fes habitants. L'agriculture y a quadruplé la valeur du
» fol, & l'induftrie y a pris un effor qui étonne & domine
» la nôtre.

   » Nous avons confidéré le régime de l'impôt fous ce
» rapport qui intéreffe l'exiftence morale & civile du peu-
» ple des campagnes. Cette claffe primitive dont toutes les
» autres émanent, & qui fournit à leur réproduction , eft
» le germe dont la vigueur ou la foibleffe déterminent
» celle de la conftitution politique. L'état qui laiffe dans
» l'affaiffement cette portion précieufe de fes forces, fe pri-
» ve de la moitié de fon énergie ; & c'eft ce que l'arbi-
» traire de la taille nous a paru produire en France.

» L'étendue & la qualité des terres qu'un cultivateur
» exploite, ne fixent pas sa contribution; la présomption
» de son aisance mobiliaire, & de ses profits industriels
» peut faire augmenter sa cote. L'asséeur excuse ses injusti-
» ces en alleguant qu'il a taxé *à son ame & conscience*. Le
» recours aux tribunaux est illusoire, parce que les juges
» n'ont aucune regle certaine pour vérifier les motifs de
» l'imposition; parce que les experts qu'ils emploient n'en
» ont pas davantage pour diriger leurs estimations; &
» parce que le gain même de ces procès minutieux est dé-
» truit par la perte des faux frais de la procédure. Ainsi
» l'homme sage reste victime de l'erreur ou de l'injustice;
» il voit bien qu'il ne gagneroit rien à plaider. L'homme
» plus susceptible plaide par aigreur; mais il néglige ses
» champs & ses affaires pour suivre le procès auquel son
» ressentiment seul l'intéresse; s'il le gagne, il ne fait au-
» cun profit réel, & il reste ruiné ou mal-aisé s'il le perd.
» Cet événement d'une année peut se renouveller les an-
» nées suivantes; celui qui en a été exempt jusqu'ici peut
» l'éprouver à la prochaine assiète; & cet arbitraire tient
» dans une anxiété cruelle tous ceux qu'il peut opprimer
» avec impunité, parce qu'ils n'ont ni temps ni argent à
» perdre pour demander justice.

» La principale source de cet arbitraire vient de ce que
» la taille peut être imposée sur les valeurs mobiliaires &
» sur les facultés de l'industrie. C'est par là que l'adminis-
» trateur manque de regles de proportion pour distribuer
» l'impôt entre les communautés, l'asséeur pour le répar-
» tir entre les individus, & le juge pour vérifier les plain-
» tes qui lui sont portées sur l'injustice des cotes.

» Permettez-nous , Meſſieurs , de ſuppoſer que l'époque
» du département de la taille fût maintenant arrivée ; que
» vous euſſiez à éclairer la juſtice de Sa Majesté ſur la
» diſtribution des deux brevets de cet impôt entre les Elec-
» tions de votre reſſort , & que vous duſſiez encore faire ou
» diriger la répartition entre les paroiſſes ; nous oſons vous
» le demander , ſi vous aviez à balancer les valeurs mobi-
» liaires & induſtrielles de chaque Election & de chaque
» paroiſſe , quelles baſes d'eſtimation , & quels termes de
» comparaiſon pourriez-vous ſaiſir ? Et quand la mobilité de
» l'induſtrie changera pour chaque Election & pour chaque
» paroiſſe l'état actuel de leurs valeurs relatives , nous
» oſons vous le demander encore , par quel ſyſtême eſpé-
» rez-vous parvenir à reconnoître & à ſuivre le cours de
» ces variations ? Nous ne balançons pas à prononcer ,
» comme nous le ſentons , que l'honneur , la probité , la
» conſcience vous obligent à éclairer cet important objet
» de vos fonctions. Chaque citoyen prend ſur ſa propriété
» ce qu'il paie à l'État ; & toute contribution injuſte eſt
» un attentat commis à ſa propriété. C'eſt donc autant par
» devoir de juſtice que par ſentiment de bienfaiſance , au-
» tant par ce que nous nous devons à nous-mêmes que par
» ce que nous devons à nos concitoyens , que rien ne doit
» nous détourner de ce qui peut tendre à l'égalité de la ré-
» partition.

» Le Bureau s'eſt réuni à votre Commiſſion intermé-
» diaire , pour penſer que l'impoſition des valeurs mobi-
» liaires & induſtrielles à la taille empêchera toujours d'ac-
» quérir des baſes certaines & durables de proportion. On
» ſe trouveroit réduit , ou à reſpecter les grandes injuſtices
» qui

» qui fubfiftent, ou à les aggraver peut-être en cherchant
» aveuglément à les réformer, ou à violer par le fait les
» loix non abrogées, en fouftraïant les meubles & l'in-
» duftrie à la taille, comme il fe pratique dans la plûpart
» de vos Départements. Mais pourquoi faire illégalement
» & par abus ce qui eft bon en foi, & ce qu'un ufage
» devenu plus fort que les loix anciennes follicite incef-
» famment de faire paffer en loi nouvelle? Cette réflexion
» démontre la néceffité de l'abrogation de la taille induf-
» trielle : & quand nous n'aurions pas fur ce point le fuf-
» frage des adminiftrateurs les plus recommandables dont
» la France puiffe fe glorifier, l'expérience, la raifon, &
» plus que tout, l'impoffibilité d'être juftes autrement, fuffi-
» roient bien pour conftater cette néceffité.

» Cette abrogation ne peut être pleinement avantageufe
» qu'en obtenant en même-temps que la taille ne foit plus
» impofée dans les campagnes que fur les feules valeurs
» d'exploitation. Il faudroit corriger auffi l'abus introduit
» dans quelques lieux de diftinguer une taille appellée *de*
» *propriété*, qui a pour objet le revenu que les propriétaires
» tirent en loyers des biens qu'ils ont affermés. Cette taxe
» eft injufte, puifqu'il eft vrai que c'eft le propriétaire qui
» paie par fon fermier la taille de la ferme qu'il loue. Il
» n'y a pas de fermier qui ne calcule, en déduction du
» prix qu'il offre, la taille à laquelle il fera impofé ; & fi
» cet impôt venoit à être fupprimé, il n'y en a pas un qui
» fît difficulté de donner au propriétaire en augmentation
» de loyers ce qu'il paie maintenant au collecteur. C'eft
» donc un double emploi d'impofer le propriétaire pour les

» fermages , quand il a déja payé pour l'exploitation.

» La taille ainfi fixée fur les feuls produits des terres fe
» trouveroit ramenée à fon objet le plus naturel dans les
» campagnes : car quelle matiere plus directe & plus abon-
» dante les champs peuvent-ils offrir à l'impôt ? Et où
» trouver ailleurs une bafe de répartition certaine & per-
» manente ! Ne nous étonnons pas que dans ces temps
» très-reculés où la taille paffagere & modérée devoit pa-
» roître peu importante , & dans ces temps plus voifins ,
» où devenue perpétuelle, elle étoit encore le feul impôt
» affis fur l'eftimation des facultés perfonnelles , on ait
» trouvé bon de l'étendre fur les valeurs mobiliaires &
» d'induftrie. On n'avoit pas alors d'autre moyen de fou-
» mettre cette fource de richeffes à la contribution géné-
» rale. Mais à préfent que les accroiffements de la taille
» l'ont rendue le principal impôt des campagnes , quand
» celles-ci n'offrent en général aucune induftrie impofable,
» quand dans les cantons où elle a fait les plus grands pro-
» grès , fes valeurs font encore très-inférieures à celles des
» produits fonciers ; quand enfin l'induftrie ne refteroit pas
» franche de toute contribution pour être exempte de la taille,
» le Bureau ne trouve plus de motifs fuffifants pour confer-
» ver l'antique régime , devenu nuifible par les obftacles qu'il
» apporte à la fûreté & à l'exactitude de la répartition.

» Ce qui affermit l'opinion du Bureau , eft que la loi
» nouvelle qu'il propofe ne feroit que confirmer , en la
» légitimant , la pratique prefque univerfelle dans cette
» Généralité. L'avantage qu'il trouve à la faire revêtir d'une
» fanction légale , eft d'y puifer pour la répartition entre

» les Elections & les paroiffes des moyens d'égalité qu'on
» n'acquérera jamais avec le régime actuel.

» La taille étant une fois fixée fur l'exploitation des
» terres, la proportion certaine confifteroit à mettre dans
» toutes les paroiffes l'impôt en équilibre égal avec le re-
» venu ; & pour y parvenir on ne peut opter qu'entre deux
» méthodes.

» La premiere feroit de vérifier dans toutes les paroiffes
» en détail quelle eft la valeur réelle de leurs produits, pour
» la comparer au taux de taille qu'elles paient. Cette mé-
» thode a contr'elle trois inconvénients abfolus ; celui de
» la dépenfe énorme, celui de la lenteur prefque intermi-
» nable, & celui d'être forcé à renouveller les vérifica-
» tions déjà faites. L'effai qui en a été tenté dans quel-
» ques Généralités a prouvé que vingt années ne fuffifent
» pas pour confommer l'opération, & que pendant cet
» intervalle les valeurs font déjà changées dans les pre-
» mieres paroiffes vérifiées, avant qu'on foit arrivé au tour
» des dernieres.

» La feconde méthode a réuni les fuffrages du Bureau,
» comme elle avoit fait ceux de la Commiffion intermédiai-
» re. Elle confifte à établir un taux d'impofition commun
» à toutes les Elections & à toutes les paroiffes de la Généra-
» lité, de la maniere indiquée dans le rapport de MM. les
» Procureurs-Syndics, & détaillée plus amplement dans les
» procès-verbaux du Berry.

» Ne penfez-vous pas, Meffieurs, que la comparaifon
» des produits & de l'impofition actuelle de quarante pa-

» roiffes prifes dans toutes les parties de la Généralité, dans
» des cantons de cultures diverfes, & de différentes qua-
» lités de fol, & parmi celles qui feroient connues pour
» être les unes fortement & les autres modérément impo-
» fées, vous donneroient par la moyenne proportionnelle
» entre leurs divers taux d'impofition, un tarif commun
» très-approchant de la vérité ?

» Ne croyez-vous pas que fi les modérations dues aux
» paroiffes qui excéderoient ce taux commun, fe trouvoient
» élevées pour la premiere fois à 500,000 l. ou 600,000 l.
» la répartition de ce premier excédent fur toutes les pa-
» roiffes de la Généralité non vérifiées, vous feroit appro-
» cher davantage de l'exacte égalité ?

» Ne penfez-vous pas encore que fi, après cette premiere
» opération, de nouvelles plaintes juftifiées vous préfen-
» toient la néceffité d'un fecond reverfement, il fe trou-
» veroit infiniment moindre que le premier?

» Pouvez-vous douter enfin que cette méthode ne vous
» conduisît en peu d'années, & fans de grands frais, à l'éta-
» bliffement de l'équilibre général, fi intéreffant pour les
» contribuables, & fi néceffaire à la juftice de vos fonc-
» tions?

» Il eft inutile d'obferver que tout le mérite de cette
» opération dépendroit de l'exactitude fcrupuleufe des vé-
» rifications deftinées à indiquer le taux commun. Auffi le
» Bureau a-t-il penfé qu'il ne faudroit épargner ni le temps,
» ni les foins, ni les précautions féveres pour affurer cette
» exactitude. Elle feroit la bafe d'une réforme défirée de-

» puis plus de deux fiecles ; il faudroit cumuler les moyens
» de la rendre impartiale & authentique. Le Bureau propofe
» que les vérifications fuffent faites dans chacune des qua-
» rante paroiffes, en préfence d'un Commiffaire choifi parmi
» vous, par des appréciateurs diftingués parmi les cultivateurs
» d'une réputation intacte & d'une expérience confommée ;
» que chacune de ces paroiffes y fût repréfentée par fon
» Syndic & par deux Notables députés , & que rien ne
» fût omis pour que l'exécution atteftât la pureté des vues
» de juftice , d'ordre & de bienfaifance publique qui vous
» dirigent.

» Ce n'eft pas d'une Affemblée de citoyens qui ne pri-
» fent de leurs fonctions actuelles que leur utilité patrio-
» tique , qui font intéreffés pour eux , pour leurs familles ,
» & pour tout ce qui les entoure à ne pas aggraver l'impôt,
» qui rentreront bientôt dans la claffe des fimples particu-
» liers pour refter eux-mêmes fujets au régime qu'ils mé-
» ditent aujourd'hui : non , ce n'eft pas d'une telle Affem-
» blée que la nation doit craindre des vues malfaifantes ,
» & des entreprifes fifcales. Si l'ignorance ou l'indifpofi-
» tion fe permettoit de confondre l'opération propofée
» avec le cadaftre , ne répondrions-nous pas que le cadaf-
» tre n'exifte qu'où l'impôt eft abfolument réel , afin d'en
» fuivre la taxe fonciere en quelques mains que l'héritage
» paffe ; que le cadaftre affecte toutes les poffeffions en
» détail , afin de régler les contributions entre les particu-
» liers , au lieu qu'il ne s'agit ici que de régler les contri-
» butions par grandes maffes de paroiffe à paroiffe ; qu'en-
» fin le cadaftre frappe fur toute la furface d'une Géné-

» ralité fans en excepter un feul point , & qu'il ne s'agit ici
» que de quarante paroiffes fur dix-huit cens , pour acqué-
» rir feulement une approximation que les reverfements ul-
» térieurs perfectionneront ? Ne pourrions-nous pas dire en-
» core que les vérifications , même générales, ne font odieu-
» fes que lorfqu'elles tendent à groffir les produits du fifc
» fans foulager aucuns des contribuables ; mais que quand
» le montant de l'impôt eft fixe & invariable, comme celui
» de la taille l'eft devenu par la Déclaration du 13 Février
» 1780 , elles font le moyen le plus certain de répartir avec
» égalité ?

    » Le Bureau ne vous diffimulera pas , Meffieurs , que
» cette égalité même indifpofera fans doute les paroiffes
» qui ne font pas taxées à proportion de leurs valeurs
» réelles ; mais leurs plaintes , fi la voix intérieure de la
» confcience , fi la pudeur publique ne les contiennent pas ,
» honoreront votre adminiftration & conftateront vos fuc-
» cès. Vous aurez fait juftice quand ceux qui profitent
» injuftement auront perdu cet avantage ruineux pour les
» autres. Où s'expoferont-ils à porter leurs clameurs , quand
» tous leurs concitoyens leur répondront unanimement :
» *Vous ne payez pas plus que nous qui ne devons pas payer*
» *plus que vous ?*

    » Il ne refte , Meffieurs , contre le plan qui vous eft of-
» fert , que la confidération des craintes populaires , dont
» la découverte des valeurs réelles fera le prétexte.

    » Le Bureau a penfé que cette inquiétude né pouvoit pas
» balancer les avantages de l'opération propofée. L'impôt

» de la taille n'eſt point un impôt de quotité correſpon-
» dante à une ſomme de revenu, comme les vingtiemes
» actuels ; il eſt l'impôt d'une ſomme fixe, tels que ſeroient
» les vingtiemes abonnés. La recherche des valeurs n'inté-
» reſſe donc plus le Gouvernement pour l'accroiſſement
» du produit ; elle n'importe qu'aux contribuables pour
» la ſûreté de la répartition. Une ſurtaxe ſur notre Géné-
» ralité ne pourroit avoir pour objet que de diminuer la
» contribution d'une autre ; & il faudroit pour motiver
» ce changement, que la vérification des vraies valeurs
» eût été faite également dans les autres Généralités. Peut-
» on penſer que celles qui perſiſteront à céler leurs facul-
» tés, obtiendroient des faveurs aggravantes pour celle qui
» aura donné l'exemple d'une conduite plus loyale & plus
» franche ? Enfin, ſi la ſurpriſe tentoit d'égarer ſur ce point
» la droiture de SA MAJESTÉ, Elle approuveroit, n'en
» doutons pas, que les repréſentations réunies de l'Aſſem-
» blée &. des deux Cours de la province ſe multipliaſſent
» pour éclairer ſa juſtice.

» Vous pouvez au ſurplus anéantir ces inquiétudes par
» un moyen plus déciſif, en ſollicitant de la bonté pater-
» nelle de SA MAJESTÉ qu'elle veuille bien abonner la
» taille dans cette Généralité, pour la même ſomme à la-
» quelle le montant des deux brevets s'éleve. Une ſécurité
» parfaite naîtroit de cet abonnement ; & il ſeroit le ger-
» me des améliorations ultérieures que vous pourriez opé-
» rer par lui, tant en ſimplifiant la perception, qu'en di-
» minuant la dépenſe des recettes. Tout ſe réunit pour vous
» faire eſpérer que cette faveur ne vous ſera pas refuſée.

„ Demandons-là comme un gage de la protection bien-
„ veillante dont Sa Majesté honore notre établiffement,
„ comme un moyen précieux d'affermir la confiance na-
„ tionale fi néceffaire à nos fuccès, & comme le dédom-
„ magement des peines attachées à l'entreprife laborieufe
„ d'établir dans la répartition l'égalité qui n'y exifta ja-
„ mais.

„ Vous allez délibérer, Meffieurs, fur cet important ob-
„ jet; mais nous nous réfumons, en répétant que votre
„ propre délicateffe vous impofe la loi de bannir l'arbi-
„ traire de la taille; qu'on n'y peut parvenir dans les cam-
„ pagnes, qu'en la fixant fur l'exploitation des terres; &
„ que de toutes les méthodes, celle du taux commun pa-
„ roît au Bureau la plus fûre, la plus prompte & la moins
„ difpendieufe.

„ Nous paffons maintenant à la capitation taillable des
„ campagnes.

„ La divifion de fa répartition de celle de la taille, pa-
„ roît au Bureau une conféquence néceffaire du plan qui
„ précede. Il eft vrai qu'en continuant d'impofer la capi-
„ tation au marc la livre de la taille, elles fubiroient tou-
„ tes deux la même réforme; mais la capitation ne por-
„ teroit ainfi que fur les valeurs des terres, & par-là les
„ poffeffeurs des richeffes mobiliaires & induftrielles échap-
„ peroient dans les campagnes à toute efpece de contri-
„ bution. Le Bureau vous propofe d'impofer la capitation
„ féparément fur la maffe totale des facultés de chaque
„ contribuable, tant en produits fonciers, qu'en meubles
„ &

„ & en induſtrie. Cet impôt eſt en effet celui qui paroît
„ le plus naturellement deſtiné à ſuivre l'eſtimation préſu-
„ mée des facultés perſonnelles.

„ Objectera-t-on que la répartition de la capitation au
„ marc la livre de la taille a été introduite pour en ſau-
„ ver l'abitraire ? Nous répondrons que la capitation par-
„ ticipe à l'arbitraire de la taille, & qu'il eſt indeſtructi-
„ ble, ſi la taille reſte affectée ſur les valeurs mobiliaires
„ & induſtrielles. Nous ajouterons que ſi, pour détruire
» l'arbitraire de la taille, on y ſouſtrait les meubles &
» l'induſtrie, il faut un autre impôt pour affecter ces va-
» leurs qu'on ne peut pas affranchir entierement. Or la
» capitation eſt cet impôt ; & il ne rempliroit plus ſon ob-
» jet, s'il ſuivoit le marc la livre de la taille fixée ſur la
» ſeule exploitation des terres.

» Dira-t-on que, puiſque l'arbitraire de la capitation ſub-
» ſiſtera, il devient indifférent de ſe délivrer de celui de la
» taille ? Deux maux ſont pires qu'un ſeul ; & quand c'eſt
» le moindre des deux qui paroît incurable, on doit ſe
» ſentir encouragé à la guériſon du plus grave. Mais ſi
» l'on ne peut pas ſe flatter d'anéantir abſolument l'arbi-
» traire de la capitation, il y a des moyens de le circonſ-
» crire & de le tempérer. C'eſt en liſant dans les procès-
» verbaux de la Haute-Guienne ce qu'ils contiennent ſur
» les avantages des rôles à colonnes, que nous vous met-
» trons à portée de bien juger cette méthode.

(*Voyez dans le premier volume des procès-verbaux*

G g

de la Haute-Guienne, le rapport du Bureau de la Capitation, du 4 Octobre 1779, & l'arrêté de l'Assemblée du même jour).

» Il est difficile, Messieurs, de se défendre de la convic-
» tion que la lecture que vous venez d'entendre produit
» sur l'objet que nous traitons. Nous y ajouterons une
» simple réflexion. Il est possible sans doute qu'un contri-
» buable se trouve classé dans la colonne immédiatement
» plus forte ou plus foible que celle où il devroit être exac-
» tement ; & ce déplacement d'une seule colonne ne pro-
» duiroit qu'une différence de contribution très-peu con-
» sidérable : mais il ne pourroit pas être porté à trois ou
» quatre colonnes au dessus ou au-dessous de son taux con-
» venable, sans que la disproportion n'en devint évidente
» par la comparaison de l'état & de l'aisance de ceux qui
» occuperoient les colonnes intermédiaires.

» Le Bureau se réunit à votre Commission intermédiaire
» pour vous proposer d'adopter ces rôles à colonnes pour
» la capitation. Ils nous sont indiqués par ceux qui nous
» ont précédés dans la carriere où nous entrons; mais nous
» ne disputons pas ici d'imagination ou de vanité dans la
» primauté des découvertes : notre unique objet est le
» progrès du bien public. L'administrateur s'en éloigne
» également, si la témérité le porte sans retenue à des inno-
» vations dangereuses, & si la pusillanimité lui fait trop
» respecter les antiques imperfections.

» Le Bureau a porté ensuite son attention sur le taux d'im-
» position qu'il conviendroit de faire supporter à l'indus-

» trie ; le rapport de MM. les Procureurs-Syndics vous a
» offert trois plans.

» Le premier, eſt de réduire l'impoſition de l'induſtrie
» à la contribution ſimple qu'elle ſupportera par la capi-
» tation.

» Le ſecond, eſt de lui faire payer en capitation une
» addition de taxe repréſentative de ce qu'elle auroit dû
» payer de taille, ſi on l'eût cotiſée pour cet impôt à
» un taux égal à celui de l'exploitation des terres.

» Le troiſieme, eſt encore d'impoſer à l'induſtrie cette
» addition de capitation repréſentative de la taille, mais
» de la rabaiſſer à un taux plus modéré que celui de l'ex-
» ploitation des terres.

» Après avoir balancé les raiſons favorables à chacun
» de ces trois projets, le Bureau s'eſt unanimement dé-
» cidé pour le premier.

» En examinant les projets des rôles nouveaux qu'il fau-
» droit introduire pour exécuter le plan des cotes de ca-
» pitation additionelles ſur l'induſtrie, & enſuite la répar-
» tition de leurs produits ſur toutes les lignes de la claſſe
» agricole, le Bureau s'eſt convaincu que cette méthode
» entraîne des opérations trop compliquées pour être enten-
» dues facilement, & pratiquées ſûrement par les aſſéeurs.

» En paſſant enſuite de la forme aux conſidérations du
» fond, les motifs du Bureau ont été :

» 1°. Que les facultés mobiliaires & induſtrielles étant
» incertaines, & ſouvent très-différentes en réalité de ce

» qu'elles paroiſſent extérieurement, cette incertitude de
» valeur exige de modérer le taux de leur impoſition qui
» eſt toujours livrée au préjugé.

» 2°. Que cette eſpece de richeſſe étant expoſée à une
» infinité de haſards qui peuvent l'anéantir en un inſtant,
» il ſeroit injuſte de la mettre de niveau avec la ſtabilité
» permanente des valeurs territoriales pour les aſſimiler
» en contribution.

» 3°. Que l'induſtrie augmente conſidérablement, dans les
» pays où elle fleurit, les moyens de ſubſiſtance, la cir-
» culation du numéraire, la valeur des denrées & par
» conſéquent celle des propriétés & des productions fon-
» cieres ; enſorte que l'encouragement de l'induſtrie im-
» porte eſſentiellement à la proſpérité de l'agriculture dont
» dépend la richeſſe des propriétaires.

» Le Bureau a conclu de ces motifs réunis, qu'il doit
» ſuffire que l'induſtrie participe à une ſeule eſpece de con-
» tribution, parce qu'elle ne peut pas être entierement
» affranchie ; mais qu'il eſt juſte que ſon impoſition ſoit
» inférieure à celle de l'exploitation des terres.

» Ce qui a ſemblé plus déciſif encore au Bureau eſt
» que l'induſtrie a acquis la poſſeſſion dans preſque toutes
» les parties de la Généralité, de n'être point impoſée à la
» taille, & par conſéquent de ne l'être pas même à la
» capitation. En la ſoumettant à ce dernier impôt dans
» l'exacte proportion de ſes valeurs avec celle du produit
» des terres, vous mettez ſa contribution dans un équi-

» libre plus exact avec celle de l'agriculture. Mais n'ou-
» blions pas que le ménagement dont elle jouit , loin d'ê-
» tre commandé par la loi , s'est plutôt établi contre la
» loi par le consentement libre & spontané de la nation.
» C'est en cette matiere plus qu'en aucune autre , que
» l'administrateur peut adopter pour regle le jugement du
» peuple dans sa propre cause.

» Le Bureau a pensé que ces objets essentiels méri-
» toient d'être offerts à votre délibération , dégagés de
» tous détails accessoires. Il en a cependant recueilli plu-
» sieurs qui mériteront aussi votre attention : ils feront la
» matiere d'un second Rapport. »

L'assemblée, vu l'importance de la matiere, a arrêté de
faire remettre à chacun des Bureaux une copie de ce Rapport, pour en être ensuite délibéré après un mûr examen.

MM. l'Abbé de S. Gervais, le Marquis d'Estampes, de
Fontenay, & Desmarquets, nommés le Lundi 3 de ce mois
pour la Députation à la Chambre des Comptes, s'y sont
rendus, précédés des Huissiers.

A leur retour, ils ont rendu le compte suivant à l'Assemblée :

En descendant de leur voiture , ils ont été reçus par
deux Huissiers , qui les ont conduits jusqu'à la salle d'audience, où la Chambre des Comptes & la Cour des Aides
étoient réunies. Les deux battants ouverts , MM. les Députés ont été introduits ; & assis sur le banc de MM. les Rap-

porteurs, M. le Marquis d'Eſtampes a pris la parole, & dit :

MESSIEURS,

» L'ASSEMBLÉE provinciale convaincue de l'intérêt pa-
» triotique avec lequel vous voyez ſon établiſſement, nous
» a députés pour vous exprimer ſon deſir de ſe concerter
» avec vous ſur tout ce qui peut tendre au bien public.

» Vous avez vu dans cette création tout l'avantage que
» doit produire la réunion des différents Ordres de la pro-
» vince, & l'heureux ſacrifice de l'intérêt particulier à l'in-
» térêt général.

» Combien de fois, Meſſieurs, n'en donnez-vous pas des
» témoignages éclatants ſous ces voûtes ſacrées, où vous
» veillez ſans ceſſe à l'honneur, aux titres & à la propriété
» de chaque citoyen.

» Guidés par un ſi noble exemple, & pénétrés de l'im-
» portance des fonctions délicates qui nous ſont confiées,
» nous connoiſſons toute l'étendue de nos devoirs.

» Recevoir avec la plus vive reconnoiſſance tout ce qui
» peut nous éclairer, raſſembler les traits épars de l'expé-
» rience pour les porter aux pieds du Trône, en un mot,
» joindre au vœu de la province nos reſpectueuſes recom-
» mandations ;

» Oui, Meſſieurs, voilà nos devoirs : heureux ſi les fruits
» d'un travail dont les motifs ſont purs & la baſe ſacrée,
» répondent aux vues du Souverain, obtiennent la ſanction
» des loix, & méritent le ſuffrage de la patrie. Nous déſi-
» rons, Meſſieurs, particulierement le vôtre, & celui de

„ votre refpectable chef, comme un des plus précieux au-
„ gures de nos fuccès. „

M. le Premier Préfident a répondu ainfi :

MESSIEURS,

» LA Cour inftituée pour rendre aux contribuables de
» la province, la juftice que leur doit le Souverain, gé-
» miffoit depuis long-temps de l'inégalité de la répartition
» des charges publiques ; elle n'a pu voir fans le plus vif
» intérêt s'introduire un régime dont elle a lieu d'attendre
» les réfultats les plus heureux.

» Notre vœu fut toujours de voir ceffer l'arbitraire ; tous
» vos foins, tous vos efforts vont tendre à en effacer juf-
» qu'au foupçon.

» Déjà la pureté connue de vos intentions, déjà cette
» noble émulation qui vous enflanime, ont juftifié la con-
» fiance qui nous a portés à reconnoître la miffion dont
» SA MAJESTÉ vous a honorés.

» Nous euffions défiré, fans doute, que votre compo-
» fition eût acquis, dès les premiers moments, toute la per-
» fection dont elle eft fufceptible ;

» Que conformément au plan agréé par SA MAJESTÉ,
» & préfenté à l'Affemblée des Notables, vous euffiez pu
» être appellés par le choix libre de vos concitoyens,
» dont vous ne pouvez encore recueillir que l'approbation.

» Mais nous avons vu qu'un choix parfaitement libre

»n'eût pu réunir plus de talents, ni plus d'amour de la
»chofe publique;

» Que le vœu général n'eût pu s'arrêter fur des fujets, ni
»plus dignes, ni plus capables d'opérer le bien.

»Nous avions la promeffe du Roi, que la régénération
»fucceffive des Affemblées s'effectueroit par le fuffrage de
»l'univerfalité des propriétaires; nous avons penfé que nous
»pouvions nous repofer fur vous du foin de propager l'ef-
»prit qui vous anime.

»Nous avons rejetté loin de nous la crainte que l'inté-
»rêt particulier, ou l'efprit de corps plus dangereux mille
»fois, puffent vous égarer; & nous n'avons point attendu
»pour mettre le fceau de l'enregiftrement à la loi qui vous
»a établis, que Sa Majesté eut prononcé fur les obfer-
»vations que notre devoir nous a prefcrit de lui foumettre.

»La Cour, fenfible au defir que vous venez de lui ex-
»primer, vous affure, Meffieurs, qu'elle verra toujours
»avec la plus grande fatisfaction, le zèle que vous met-
»trez à atteindre le but qui vous eft propofé.

»Elle ne vous exhorte point à chercher avant tout les
»moyens les plus fûrs de foulager le peuple, cette por-
»tion fi utile & fi intéreffante de nos concitoyens, fur la-
»quelle pefe principalement le fardeau des impôts.

»Elle fait que cette recherche eft le premier motif de
»votre inftitution & l'objet de votre plus tendre follici-
»tude.

»Elle avoit compté fur les dévouements du patriotifme
»le

»le plus pur ; fon efpérance ne pouvoit être trompée. Elle
»concourera de tout fon pouvoir à l'accompliffement de
»vos utiles projets.

» C'eft avec un pareil dévouement que la Cour con-
» certera avec l'Affemblée provinciale fur tout ce qui peut
» tendre au bien public , & qu'elle concourera de tout fon
» pouvoir & de fon autorité à l'accompliffement de fes
» utiles projets.

» La Cour va délibérer fur les moyens d'exprimer à l'Affem-
» blée provinciale, combien elle eft fenfible à fa députation.

, Après quoi MM. les Députés, reconduits par deux de
Meffieurs jufqu'à la derniere porte , l'ont été, delà à leur
voiture, par les deux Huiffiers qui les y avoient reçus.

L'Affemblée ayant entendu ce rapport, a arrêté qu'il feroit
configné fur fes regiftres, ainfi que le compliment adreffé à
la Cour des Comptes, Aides & Finances, par M. le Marquis
d'Eftampes, & la réponfe de M. le Premier Préfident de
cette Cour, dont il a remis copie à MM. les Députés.

Enfuite la Commiffion des Impofitions a pris de nouveau le Bureau , & a foumis à l'Affemblée des Obfervations
relatives à l'article III de la Déclaration du 27 Juin dernier , pour le rachat de la corvée, fur lefquelles eft intervenu l'arrêté fuivant :

1°. Que SA MAJESTÉ fera fuppliée d'agréer, & d'ordonner
que les Gentilshommes faifant valoir par leurs mains quelques-unes de leurs propriétés, participeront à la contribution
en rachat de corvée, fur le même pied que ces propriétés
pourroient être légitimement impofées dans les mains d'un
fermier.   H h

2°. Que les Eccléfiaftiques faifant valoir par leurs mains les biens de leurs bénéfices, participeront auffi à la même impofition, fur le même pied que ces héritages pourroient y'être légitimement cotifés dans les mains d'un fermier.

3°. Qu'il ne pourra pas être induit de là que les Eccléfiaftiques, ou les Gentilshommes puiffent être affujettis perfonnellement à cet impôt, lorfqu'ils ne feront valoir par leurs mains aucunes parties de leurs domaines ; puifqu'en ce cas, la contribution de leurs biens fera acquittée par l'impofition affife fur leurs fermiers.

4°. Que les Eccléfiaftiques & les Gentilshommes demeureront exempts de toute contribution à l'impôt en rachat de corvée, lorfqu'ils ne feront valoir & ne pofféderont d'ailleurs que 1200 l., de revenu ; fomme dont l'évaluation ne fera point faite, eu égard à la valeur numérique de l'argent, mais eu égard au produit de leurs terres évalué fuivant la valeur progreffive des denrées.

5°. Que l'Affemblée n'entend rien induire de l'arrêté actuel qui puiffe conduire, dans aucun temps, ni fous aucun prétexte à comparer l'impôt en rachat de corvée, au montant du fecond brevet de la taille.

On eft allé enfuite travailler aux Bureaux.

La prochaine féance indiquée à Lundi 10 Décembre, heure ordinaire.

Signés, † D. Cardinal DE LA ROCHEFOUCAULD.

BAYEUX, *Sécretaire-Greffier.*

Du Lundi 10 Décembre 1787, à l'heure ordinaire.

L'Assemblée ne s'est réunie après la Messe, que pour aller travailler aux Bureaux.

La prochaine séance indiquée à demain, heure ordinaire.

Signés, † D. Cardinal DE LA ROCHEFOUCAULD,

BAYEUX, *Sécretaire-Greffier.*

Du Mardi 11 Décembre 1787, à neuf heures du matin.

L'Assemblée ayant pris séance, comme les jours précédents, après la Messe, l'Académie Royale des Sciences, Belles-Lettres & Arts de Rouen, a fait annoncer qu'elle alloit se présenter pour rendre ses hommages à l'Assemblée; & Monseigneur le Cardinal-Archevêque, Président, a invité MM. l'Abbé Fresnay, le Marquis de Cairon, Ferey & le Camus, à aller recevoir cette Compagnie.

MM. les Députés de l'Académie ont été introduits, & se sont placés sur des sieges disposés au bas de la salle, vis-à-vis Monseigneur le Président.

M. Bayeux, Directeur, a pris la parole, & dit :

Messieurs,

» L'Académie des Sciences, Belles-Lettres & Arts de » Rouen, a l'honneur de vous offrir ses hommages.

Hh 2

»Chacun de fes membres appartenoit à la patrie avant
»d'être attaché à un corps littéraire ; & leur nouveau titre
»n'a fait que leur rendre plus cher encore celui de citoyen,
»en leur fourniffant quelques moyens de plus d'en remplir
»les devoirs.

»C'eft à ce titre inaltérable que l'Académie s'empreffa
»toujours de prendre part aux événements dont la pro-
»vince pouvoit s'applaudir. Et quel événement plus heu-
»reux, que celui qui rend la nation dépofitaire de fes pro-
»pres intérêts, développe des talents & des vertus que
»l'impulfion du patriotifme & de la liberté peut feule faire
»éclorre, & apprend ainfi au Monarque quelles reffources
»il peut trouver dans l'efprit & dans le cœur de fes fujets,
»lorfqu'il leur rend leur énergie, & leur confie le foin de
»fa gloire, qui ne peut & ne doit être que celui de leur
»propre bonheur ? Un zèle pur & généreux, des vues
»grandes & profondes, une tendre follicitude de tout ce
»qui peut améliorer la chofe publique, voilà, Meffieurs,
»ce qu'il doit en recueillir, & ce que vous lui offrez !

»L'Académie ne fe borne cependant pas à partager ici
»la félicitation nationale. Elle ofe, Meffieurs, s'honorer
»de quelque concurrence avec vous pour le bien de la
»province. Elle cultive les fciences & les arts ; & vous les
»dirigez vers leur véritable but. Elle cultive les lettres ;
»& vous en enfeignez le plus digne ufage, en parant, de
»leurs charmes, d'arides mais utiles difcuffions. Eclairée
»par vos travaux, l'Académie pourra donc vous offrir
»avec confiance le fruit de fes veilles : trop heureufe alors

» que fon offrande foit mêlée à la vôtre fur l'autel de la
» Patrie !

» Elle avoit bien prévu cet honorable concours , lorf-
» qu'en 1781 , elle propofa pour fujet d'un de fes prix , de
» *déterminer les avantages qui devoient réfulter, pour la*
» *Normandie , de l'établiffement d'une Adminiftration pro-*
» *vinciale.* Ses vœux vous appelloient donc déjà , Meffieurs,
» pour le bonheur de la nation ! Qu'il lui eft doux de voir
» enfin s'élever ce monument impofant , dont la feule
» image lui avoit paru digne d'une couronne , que le génie
» ne mérite jamais fi bien que lorfqu'il fe porte vers des
» objets d'utilité publique !

» Puiffe le vœu que l'Académie manifefta dès lors, vous
» être , Meffieurs, le gage affuré du refpect & du dévoue-
» ment qu'elle vous offre ! Puiffe auffi le grand Prélat,
» dont la préfidence vous eft fi chere , donner quelque prix
» à cet hommage qu'il partage avec vous , en daignant
» être lui-même l'interprete d'une Compagnie qui , comme
» la vôtre , s'honore de fon illuftration & s'édifie de fes
» vertus !

Monfeigneur le Préfident a répondu :.

MESSIEURS,

» L'Affemblée provinciale reçoit avec d'autant plus de
» plaifir les marques de l'intérêt que l'Académie prend à fon
» établiffement , qu'elle eft perfuadée de toute l'efficacité des
» fervices qu'elle rend à fes concitoyens. Vous avez formé

» depuis long-temps , Meffieurs , des vœux pour que le
» bonheur dont jouiffoient plufieurs provinces réjaillît fur
» la nôtre ; ils font exaucés. C'eft ainfi que les Compa-
» gnies favantes préparent les événements utiles.

» Il eft bien flatteur pour moi, Meffieurs , de pouvoir
» joindre ici le fentiment particulier de ma reconnoiffance à
» ceux de la Compagnie refpectable dont je fuis l'interprete !

L'Académie a falué l'Affemblée , s'eft retirée , & a été
reconduite avec les mêmes honneurs & par les mêmes Députés qui étoient allés la recevoir.

M. Bayeux eft rentré dans l'Affemblée , & y a repris
fa place, que M. Coufin des Préaux avoit bien voulu remplir pendant fon abfence.

L'Huiffier a annoncé enfuite un des Notaires - Sécretaires de la Cour des Comptes , Aides & Finances , qui a
été introduit dans la falle d'Affemblée , s'eft avancé
jufqu'au Bureau de Monfeigneur le Préfident ; & là ,
debout , a donné lecture de la réponfe que la Cour des
Comptes , Aides & Finances avoit arrêté de faire à la Députation de l'Affemblée , & a dépofé fur le Bureau cette
réponfe ainfi conçue :

MESSIEURS ,

» La Cour des Comptes , Aides & Finances de Nor-
» mandie , ne peut que fe féliciter de ce que la nature
» des affaires dont nos Rois lui ont confié la connoiffance,
» tend à lui procurer les relations les plus particulières

» avec l'Affemblée provinciale. D'anciens ufages & des
» motifs infurmontables ont prefcrit la maniere de vous
» faire parvenir l'expreffion de fes fentiments ; mais fans
» en reftraindre l'étendue , fans en affoiblir la vivacité ,
» fans en déparer le témoignage folemnel.

» Cette Affemblée, Meffieurs , offre le fpectacle atta-
» chant de ce que la religion a de plus vénérable , de ce
» que le royaume a de plus précieux, de ce que la patrie
» a de plus utile parmi les principaux membres de chaque
» Ordre. C'eft à raifon des lumieres , des talents, & fur-
» tout des mœurs, que chacun de vous fe trouve aujour-
» d'hui chargé du devoir honorable , mais pénible , de
» parvenir à réformer des abus trop invétérés.

» Le foulagement de la claffe indigente & laborieufe
» exigera fans doute que tout le fuperflu , indûment
» fouftrait aux impôts , foit enfin mis à contribution , &
» qu'il ferve à alléger le fardeau que des facultés modi-
» ques ont tant de peine à fupporter. Votre courageufe
» impartialité fermera l'oreille aux critiques indifcrettes ,
» que fufciteront autour de vous des mécontents prêts à
» fubir la jufte rigueur d'une répartition nouvelle. Votre
» attention, Meffieurs , fe fixera toute entiere fur un avenir
» plus fatisfaifant. Il eft hors de doute que dans peu d'an-
» nées ces hommes fi concentrés en eux-mêmes, fe dé-
» fabuferont, d'après leur propre expérience , de l'intérêt
» anti-focial qui les préoccupe. Ils s'étonneront de n'avoir
» pas preffenti d'abord l'ample dédommagement qui devoit
» réfulter pour eux-mêmes d'un accroiffement d'aifance
» femé fur le peuple , & reproduit au centuple par fon
» induftrie.

» Quelle heureufe époque, Meffieurs, que celle où la
» patrie recueillera ce fruit de votre vertu, & où vous fe-
» rez comblés de la reconnoiffance générale !

» La Cour n'a rien plus à cœur que de coopérer, fui-
» vant le vœu de fon inftitution, à vos prudents efforts &
» aux fuccès dont elle efpere qu'ils feront couronnés.

Le Notaire-Sécretaire retiré, l'Affemblée a arrêté de
porter fur fes regiftres & de configner dans fon procès-
verbal la réponfe de la Cour des Comptes, Aides & Finances, pour attefter l'utile harmonie que l'amour du bien
public établit entre cette Cour & l'Adminiftration provinciale.

La Commiffion de l'agriculture, du commerce & du bien
public, ayant pris le Bureau, a fait le Rapport fuivant :

MESSIEURS,

» QUOIQUE l'agriculture n'ait pas encore acquis fa per-
» fection dans la Généralité de Rouen, on peut fe flatter
» que la Flandre exceptée, elle foutient la comparaifon
» avec celle des autres provinces. Le nouveau régime que
» vous vous propofez, levera plufieurs des obftacles qui
» s'oppofent encore à fon amélioration ; favoir,

» 1°. L'inégalité, l'arbitraire dans la répartition, & l'inf-
» tabilité des cotes de chaque particulier, tant pour la taille
» d'exploitation, que pour la capitation & l'induftrie.

» 2°. La même incertitude, quant à la répartition de la
» corvée en argent.

» 3°. La quote quadruple impofée à tout propriétaire
» roturier

»roturier qui venoit réfider fur fes fonds pour les faire
»valoir.

»4°. La rareté ou le mauvais état des chemins vicinaux
»& de communication avec les grandes routes.

»5°. L'importunité, l'inquiétude, quelquefois même les
»défordres qu'occafionne le parcours des mendiants.

»On fe plaint avec raifon de l'afferviffement de nos cul-
»tivateurs à la routine; mais on ne peut en reftraindre
»l'empire, que par l'exemple & par l'inftruction.

»L'exemple fera donné par les propriétaires, qui, ne
»trouvant plus de défagréments dans leur réfidence à la
»campagne, tenteront la pratique des nouveaux procédés
»ufités en Angleterre & en Flandre. Ils doivent s'atten-
»dre d'abord à l'indifférence, peut-être même à la déri-
»fion des cultivateurs vulgaires; mais leurs fuccès répétés
»provoqueront l'imitation, que les invitations les plus pref-
»fantes, l'offre même de partager les hazards, ne pour-
»roient exciter.

»L'inftruction naîtra de la communication plus intime
»entre les Seigneurs, les Curés & les habitants réunis dans
»les Affemblées municipales. Il exiftera moins de diftan-
»ce entre les intérêts refpectifs, peut-être même entre les
»perfonnes; & peu à peu la confiance & le doux empire
»de la perfuafion s'établiront progreffivement.

»Il eft inconteftable que depuis l'inftitution des fociétés
»d'agriculture, la théorie de cet art par excellence eft lu-
»mineufe & fouvent démontrée par la pratique. Mais leurs
»réflexions & leurs expériences font confignées dans des

I i

» volumes, & la plus nombreufe portion des cultivateurs
» ne peut fe les procurer. La chaîne non interrompue de
» leurs travaux, ne leur laiffe point le loifir de les lire. Le
» Gouvernement nous fournit l'exemple utile d'en extraire
» & faire imprimer, par cahiers féparés & gratuitement
» répandus, chacun des procédés dont le fuccès eft conf-
» taté. Ces cahiers feroient confiés aux Seigneurs, aux Cu-
» rés qui les diftribueroient à ceux des habitants qu'ils
» eftimeroient en état & en intention de les imiter. S'il y
» étoit queftion de graines peu communes dans le canton,
» il conviendroit de leur en faire les avances, à charge de
» reftitution après une heureufe récolte.

» Des prix d'honneur, décernés d'après le jugement de
» la communauté aux cultivateurs les plus attentifs à ré-
» péter ces expériences, produiroient un grand effet, no-
» tamment fi ces prix concouroient pour l'avenir avec leur
» mérite perfonnel, à leur concilier les fuffrages dans l'E-
» lection des Députés à l'Affemblée municipale.

» Quant aux mœurs des jeunes gens, on ne peut en ef-
» pérer l'amélioration fi défirable, que de l'exemple & des
» charitables invitations des Pafteurs.

» Entre les objets fur lefquels l'agriculture de la Géné-
» ralité refte en arriere, on doit particulierement citer l'a-
» viliffement & la dégradation des moutons. On ne les y
» confidere qu'en rapport des engrais qu'ils produifent;
» & pourvu que les toifons & la différence entre le prix
» de l'achat & celui de la vente au boucher, balancent
» les frais de la nourriture & ceux de l'entretien du bes-

» ger, l'on n'en demande pas davantage. Cela pouvoit,
» dans l'ancien état des choses, suffire aux vœux du cul-
» tivateur ; mais l'intérêt général exige qu'il ait des préten-
» tions plus considérables. Nos manufactures de lainages
» ne le cedent à celles de nos rivaux, qu'à cause de l'infé-
» riorité de la matiere premiere procédante de notre crû.
» Il faut donc améliorer l'espece des animaux destinés à
» nous la procurer. Les circonstances locales, les variétés
» du sol & des pâturages, doivent décider le choix des ra-
» ces à propager dans chaque canton. Mais la plus néces-
» saire à nos besoins actuels est celle qui produit la laine
» longue & fine. Il est d'expérience que le bélier influe es-
» sentiellement sur sa postérité, qui participe presqu'uni-
» quement à ses bonnes ou mauvaises qualités. Il convient
» donc de ne rien épargner pour en obtenir qui soient sans
» reproches. Il faut leur donner celles de nos brebis in-
» digênes les plus analogues à leur taille, & conserver pré-
» cieusement les agneaux qui en proviendront pendant les
» deux premieres années. Il en résultera un dégré d'amé-
» lioration très-sensible, qui encouragera les voisins à se
» procurer les mêmes avantages. On perfectionnera cette
» génération, en transportant le premier bélier dans un
» canton un peu éloigné, & le remplaçant par un nouveau
» de même origine, qui, donné aux femelles de la pre-
» miere famille, effacera bientôt les défauts qui pouvoient
» leur rester du côté de leurs meres. Enfin, cette race per-
» fectionnée conservera long-temps sa supériorité, pourvu
» qu'on la maintienne sans mélange ; que l'on supplée à la
» maigreur ou à la grossiereté des herbages, par des prai-
» ries artificielles convenables à leur corsage & à leur tem-

» pérament, en les tenant à l'air pendant neuf mois de
» l'année, & ne leur accordant, lors de la saison rigou-
» reuse, qu'un toît ouvert de tous les côtés. Ces sages pré-
» cautions vous ont, Messieurs, été exposées dans un mé-
» moire particulier qui a mérité votre approbation. Les
» détails en sont d'ailleurs consignés dans les Ouvrages de
» M. l'Abbé *Carlier*, de M. *d'Aubenton*, de M. *Heurtaut*
» *de Lamerville*, notre concitoyen ; dans les Mémoires de
» MM. *Rolland de la Platiere*, *Quatremere d'Ijonval*, &
» dans ceux de la Société royale d'agriculture de Rouen,
» dont il sera facile de les extraire pour les publier, si vous
» l'estimez à propos. Le même moyen existe pour relever
» l'espece des bêtes à cornes, sur laquelle l'influence du
» taureau ne produit pas de moindres effets.

    » Quoiqu'en moins de quatre années on fût bien dédom-
» magé des avances que nécessiteroit l'achat de ces premiers
» chefs de races ; vous avez prévu, Messieurs, que peu de
» cultivateurs oseront en courir les risques, & que la mu-
» nificence du Roi pouvoit être sollicitée de procurer inces-
» samment les fonds nécessaires à ce sujet. Votre sagesse se
» réserve de confier ses bienfaits à ceux de nos laboureurs
» distingués par leur attention à l'entretien de leur gros &
» menu bétail.

    » La transplantation de ces belles races dans la Généra-
» lité, ajouteroit sans doute à l'intérêt existant déjà, de pré-
» venir les désastreux ravages des épizooties. Les secours
» qu'en pareil cas ont procuré les éleves de l'école vétérinaire
» dans tous les lieux où ils ont pu se transporter, réclament
» la bienveillance de l'Administration pour augmenter dans

»la Généralité de Rouen le nombre de ces hommes utiles,
»en entretenant quelques jeunes gens dans l'inftitution
»d'*Alsfort* près de Paris.

»Quoiqu'il exifte peu de *Communes* dans la Haute-Nor-
»mandie, il eft prefque démontré que dans leur état ac-
»tuel elles font nuifibles au progrès de l'agriculture. Mais
»on n'eft point également d'accord fur les moyens de les
»dénaturer, de maniere à concilier la propriété, la cha-
»rité avec le bien public. Un mémoire fur cet objet im-
»portant a déjà paffé fous les yeux de l'Affemblée, dont la
»délibération démontre la prudence & la fageffe.

»Un fléau dont le Gouvernement ne ceffe d'indiquer les
»préfervatifs, eft le *noir* ou la carie des bleds. Les fa-
»vantes & heureufes expériences de M. *Tillet* fur cet objet
»de premier intérêt, furent ordonnées en 1755, par Sa
»Majefté Louis XV ; & depuis elles ont été continuées
»annuellement avec le même fuccès. Notre augufte Mo-
»narque a défiré qu'en 1785 elles fuffent répétées à *Tria-*
»*non*, pour qu'il pût en fuivre journellement le cours.
»Après y avoir applaudi, il a voulu que cette pratique
»précieufe fe répandît chez les cultivateurs de fon royaume.
»Il a donc fait rédiger & diftribuer un extrait de cette
»méthode, à la fois préfervative pour les femences faines,
»& curative pour celles déjà viciées, dans le cas d'impof-
»fibilité de s'en procurer d'autres. Ces dernieres n'exigent
»de plus qu'une lotion préalable dans l'eau commune,
»jufqu'à ce qu'elle en forte abfolument claire. Alors les unes
»& les autres font diftribuées dans des paniers d'un tiffu
»ferré, contenant environ quarante livres de bled, &

»plongées à diverfes reprifes dans une leffive extraite de cent
»livres de cendres de bois neuf par deux cens pintes d'eau
»chaude. L'on n'obtient de la colature que les trois cin-
»quiemes, ou cent-vingt pintes de liquide, dans lefquelles
»on fait diffoudre quinze livres de chaux vive, à raifon
»de deux onces par pinte. Le tout revient à quarante fols,
»& fuffit pour la préparation de foixante boiffeaux de Pa-
»ris, ou douze cens livres pefant de bled. On laiffe égout-
»ter chaque panier fur la cuve qui contient la leffive,
»puis on le renverfe fur le plancher, où l'on étend le bled
»pour le faire fécher, jufqu'à ce qu'il foit facile de le fe-
»mér. On peut ainfi le préparer d'avance, & lorfqu'il eft
»bien fec, le garder même deux mois avant de l'employer,
»ce qui dans plufieurs circonftances peut faciliter le tra-
»vail. Si l'on manquoit de cendres, on y fubftitueroit la
»potaffe ou la foude, leffivées dans huit pintes d'eau chaude
»par chaque livre. L'urine putréfiée eft encore un bon dé-
»terfif qui ajoute beaucoup à l'efficacité du chaulage or-
»dinaire.

»Par ces moyens exaĉtemnt employés, on parvient à
»purger totalement le bled de cette funefte poudre graffe
»& noire, dont un feul atôme fuffit pour infeĉter les épis
»que doit produire le grain fur lequel il feroit refté : on
»fent donc l'importance des remedes propofés. Une mé-
»diocre addition de fel marin leur communiqueroit encore
»plus d'énergie, & elle eft recommandée par l'inftruĉtion
»du Gouvernement. Mais il faut y renoncer jufqu'à ce
»que SA MAJESTÉ ait trouvé dans les tréfors de fa fageffe
»l'inftant propice à faire jouir fes peuples de fa promeffe

» de fupprimer la gabelle. En attendant, il fe préfente une
» reffource, que les cultivateurs riverains ou peu éloignés
» de l'océan ofent efpérer des follicitations de l'Affemblée :
» c'eft la permiffion d'ufer, pour ces lotions, de l'eau de la
» mer, en fe foumettant aux précautions que la Fer-
» me pourroit raifonnablement exiger pour en prévenir
» tout autre ufage au préjudice de fes droits exiftants. Le
» *fiel de verre* offriroit à peu près le même fecours aux la-
» boureurs de l'intérieur de la Généralité. Sa diffolution
» dans l'eau du chaulage opéreroit en partie ces falutaires
» effets. La réclamation de nos tanneurs indique combien
» cet ingrédient facilitoit certains apprêts des cuirs, avant
» que l'intérêt de leur vendre les fels détériorés eût porté
» la Ferme des gabelles à leur en faire interdire l'ufage.
» Elle oblige de même à fubmerger tout le fel marin qui
» réfulte du raffinage du falpêtre, & en conféquence elle
» le paie à la Compagnie des poudres, à raifon de deux fols
» de la livre. La feule nitriere établie à Rouen en produit an-
» nuellement de quinze à feize milliers, c'eft-à-dire, à peu
» près un cinquieme du nitre qu'elle raffine. Ce fel n'eft alté-
» ré que d'environ une once par livre de fel *fébrifuge* (1)
» & de fel d'*epfom* (2). Il feroit donc très-propre à préfer-
» ver les grains de la *carie*, & les troupeaux de la pourri-
» ture. Il offriroit à nos atéliers le feul moyen d'imiter
» les faïences défignées fous la dénomination de *grès fin*

(1) Ce fel eft formé d'acide marin faturé d'alkali fixe végétal.

(2) Ce fel eft une forte de fel de glauber, dont la cryftallifation
a été troublée.

« d'Angleterre, & les *barbues* de Flandre. Leur émail, le
» plus sain de tous, n'est point une décomposition de mé-
» taux, mais une simple *couverte*, procédante de la fumi-
» gation & expansion des vapeurs du sel marin, projetté
» dans le four ardent, lorsque les pieces ont atteint le
» dégré de cuisson requis. On feroit encore avec ce sel
» *l'acide muriatique* ou *marin*, qui coûte cinquante sols la
» livre, & pour la consommation considérable duquel nous
» sommes tributaires des étrangers, qui peuvent l'obtenir
» du sel vendu chez eux au prix marchand. La quantité que
» la seule nitriere de Rouen est obligée d'en submerger,
» démontre l'avantage que l'agriculture, les arts & le
» commerce pourroient obtenir des produits en ce genre
» de toutes celles du royaume.

« L'heureuse liaison qui unit l'agriculture aux moyens de
» faire jouir l'humanité de la plénitude de ses présents, ne
» permet pas, Messieurs, de traiter de l'art créateur des
» matieres premieres, sans y mêler des réflexions sur les
» intérêts du commerce & de l'industrie. Le lin par exem-
» ple subit diverses opérations avant d'entrer dans la con-
» texture des toiles & des *cotonades*. On l'emploie le
» plus communément en fil simplement décrué, sauf à blan-
» chir ensuite le tissu entier par le travail de la curanderie.
» Mais dans des circonstances particulieres il a paru utile
» de préférer le fil déjà parfaitement blanchi. La difficul-
» té d'en trouver de notre crû, en qualités & en dégrés de
» blancheur suffisante, fit contracter l'habitude de le tirer
» de *Cologne* & autres cantons de l'Allemagne, d'autant
» plus qu'il n'étoit alors assujetti qu'au modique droit
» d'entrée

» d'entrée de 3 liv. 10 f. du cent. Cependant le Gouverne-
» ment confidérant que cette importation nuifoit également
» à l'agriculture & à la filature françoifes, a jugé conve-
» nable de porter ce droit d'entrée jufqu'à vingt & une
» livres du cent pefant, poids de marc. Ce devroit être à
» la fois un puiffant moyen de provoquer l'induftrie na-
» tionale à s'exercer fur ce blanchîment , & de procurer
» à nos tiffus un fil uni & nerveux , tandis que ce fil étran-
» ger eft généralement inégal & fans nerf, foit par la nature
» propre du lin , foit que les apprêts l'aient détérioré.
» Ces vues politiques & bienfaifantes n'ont point encore
» été fecondées : mais l'inftant paroît venu d'exciter l'at-
» tention des Chymiftes fur cet objet. Un prix propofé
» donne fouvent l'éveil aux Artiftes, qui confidérent beau-
» coup moins la valeur d'une rétribution pécuniaire, que
» l'honneur de remporter la palme dans une lice ouverte
» à tous les prétendants zèlés pour le bien public. Si donc ,
» Meffieurs, vous eftimiez à propos de décerner lors de
» votre rentrée l'année prochaine , une médaille d'or d'une
» valeur quelconque à celui qui vous offriroit avec le pro-
» cédé d'opération, le fil de lin excru dans la Généralité ,
» le plus uni , le moins ufé & le plus blanc , nous ofons
» efpérer que vous ne feriez embarraffés que dans le choix
» du plus digne entre les concurrents. Les précautions
» requifes tant pour leur partager également la carriere ,
» que pour prévenir toute fubftitution d'un fil blanchi à
» l'étranger , font très-faciles , & nous vous offrons nos
» foins à cet égard. L'emploi de notre fil blanc contribue-
» roit aux progrès des manufactures de *coutils* établies à

»Evreux & à Lieuray, qui fe plaignent de la néceffité
»actuelle de les tirer du Brabant. Enfin la culture & la
»filature du lin, peuvent reprendre toute leur activité,
»fi nos vœux & vos encouragements parviennent à faire
»renaître la fabrication des toiles de S. Georges, ou *blan-*
»*cards*, fources anciennes de profpérité dans la vallée de
»Rîle & fes environs.

» Les cuirs, & les végétaux néceffaires à leur préparation,
» font également dûs à l'agriculture. Quelques tanneurs fe
» font plaints du haut prix de l'écorce de chêne, & ont
» peut-être trop légerement propofé d'obliger les pof-
» feffeurs des bois à en fournir une quantité plus confi-
» dérable. Mais outre que ce feroit violer les droits de la
» propriété, il faudroit toujours que le vendeur chargeât
» le prix du *tan* des frais d'exploitation, & du préjudice
» qu'il éprouveroit dans le recrû, dans la vente de fon
» bois écorcé diminué de volume & de qualité pour l'u-
» fage de nos foyers; d'autant plus que fes cendres ont
» beaucoup moins d'énergie, que celles qui proviennent
» du bois brûlé avec fon écorce.

» Les Anglois ont fuppléé chez eux à la rareté de l'é-
» corce de chêne, en lui fubftituant dans leurs tanneries la
» bruyere hachée, le foin & l'orge. Combien d'arbres &
» d'arbriffeaux communs chez nous, annoncent par leur fa-
» veur ftiptique & auftere, leurs propriétés pour le même
» ufage? Ce feroit encore, Meffieurs, le fujet intéreffant
» d'un prix à propofer par votre bienfaifance.

» Les éloges prodigués dans plufieurs ouvrages, aux

» grandes exploitations agraires, confacrent fans replique
» l'avantage particulier de ceux qui les font valoir; mais
» il eft au moins problématique, fi le bien public en
» réfulte également. Il paroît conftant au contraire, que
» quatre fermes de 2500 l. chacune, entretiennent deux
» fois plus d'hommes, de beftiaux & de volailles; qu'elles
» font plus attentivement cultivées & mieux fumées, qu'une
» ferme de 10,000 l. fituée dans le même canton. Les foins
» d'un gros fermier ne peuvent fuffire aux détails minutieux
» mais utiles, de l'étable, de la laiterie, de la baffe-cour, &
» notamment de l'induftrie de la fabrication qui occupent
» continuellement les autres. Ses richeffes l'ifolent de fes col-
» laborateurs, qui s'accoutument à ne plus voir en lui qu'un
» maître; & rarement le devoir fupplée au zèle, à la com-
» menfalité, à l'amitié qui s'établit naturellement entre les
» ouvriers & le chef d'une petite exploitation. Les proprié-
» taires, qui dans le pays de Caux fe font déterminés à
» morceler leurs poffeffions, ont augmenté leur revenu, la
» population, l'induftrie & l'aifance dans leurs paroiffes.
» C'eft à ceux dont les biens font fitués ailleurs, à juger
» par des effais, s'il conviendra de provoquer un jour le dé-
» fir de l'Affemblée, pour que cette méthode s'accrédite vo-
» lontairement dans le furplus de la Généralité.

» Les principales objections contre ce régime, fe rédui-
» fent à dire,

» 1°. Qu'il néceffite plus de batiments;

» 2°. Que l'exploitation en eft plus difpendieufe;

» 3°. Qu'un plus grand nombre de confommateurs à la

» campagne, laiffera moins de denrées à vendre pour l'u-
» fage des habitants des villes.

» Mais on doit obferver qu'en adoptant les fages prin-
» cipes de la culture Angloife, les bâtiments peuvent être
» réduits au logement du fermier, à des étables pour les
» vaches, à des écuries pour les chevaux, à un parc pour
» les moutons, à une aire ou batterie clofe & couverte
» pour féparer les grains de la paille. Tous les foins & les
» fourrages font taffés dans la cour ; les grains feuls y font
» rangés en meules de quatre à cinq mille gerbes, élevées
» de trois pieds au-deffus du terrain, pour prévenir la pour-
» riture & les ravages des fouris. Ainfi l'on économife les
» granges, les greniers à foin & les bergeries, bâtiments
» les plus difpendieux à édifier & à entretenir. Les détails
» de ces procédés font décrits dans le troifieme volume
» de la Société d'Agriculture de Rouen, & en partie vé-
» rifiés par une heureufe expérience de quinze années, dans
» une petite ferme à deux lieues de cette ville (1).

» La réponfe à la feconde objeétion, eft que fi les ex-
» ploitations médiocres exigent plus d'hommes, ils y font
» entretenus & nourris, occupés & laborieux. Sans cette
» reffource ils refluent dans les villes, où ils reftent dans
» le célibat, & fouvent il faut les y nourrir oififs ou men-
» diants. Ne convient-il pas mieux de les arracher au liber-
» tinage des cités en les fixant à la campagne, où des mœurs
» plus fimples & des mariages heureux, les rendront pe-

(1) Chez M. Dambournay, à Oiffel.

» res d'une poftérité faine & vigoureufe , capable de recru-
» ter au befoin nos flottes & nos armées ?.

» Doit-on enfin redouter que ce moyen de forcer la
» terre à produire plus d'objets de premiere néceffité, di-
» minue la maffe des denrées vénales dans les marchés des
» villes, déjà foulagées d'autant d'individus inutiles & para-
» fites ?

» L'extraction des tourbes de marais dans la Généralité,
» mérite qu'on facilite & qu'on y entretienne la plus active
» concurrence. La rareté du bois, le haut prix du char-
» bon foffile , rendent précieux ce combuftible dont la
» confommation dans la ville & banlieue de Rouen excede,
» année commune, vingt-quatre mille charretées, à raifon
» de 11 à 12 l. chaque. Son ufage dégrade moins les four-
» neaux, les chaudieres, & par-tout où l'on n'a point be-
» foin d'une extrême intenfité de chaleur, l'ouvrier eft plus
» maître de la graduer. Les cendres de tourbes font d'ail-
» leurs un utile engrais pour les terres fortes & pour les
» prairies, tant naturelles qu'artificielles.

» Mais tous ces encouragements de fait ou d'opinion
» que vous pourrez, Meffieurs, accorder à l'agriculture,
» cefferont bientôt de lui fuffire, fi le commerce & l'in-
» duftrie qui achetent, façonnent & échangent fes pro-
» ductions, fe trouvent hors d'état d'en maintenir la va-
» leur vénale au prix à peu près actuel. C'eft donc vers ces
» deux agents de circulation des richeffes publiques, que
» doivent fe diriger les efforts de votre bienfaifance, puif-
» que tant que le commerce eft actif, il falarie les ouvriers,

» & les garantit de la mifere, de la mendicité ou du dé-
» fefpoir.

L'Affemblée ayant pris en confidération le Rapport ci-
deffus, a délibéré & arrêté :

1°. Que les extraits des procédés les plus analogues au
fol , au genre de culture & aux productions fpontanées de
chaque canton de la Généralité, feront rédigés, imprimés
& diftribués gratuitement.

2°. Que ces inftructions auront encore pour objet l'efpece de béliers & de brebis , les taureaux & les vaches
deftinés à devenir chefs de races, foit pures , foit croifées;
les foins néceffaires à leur entretien & à les préferver de
toutes adultérations.

3°. Que des éleves choifis en plus grand nombre poffible, d'après les informations de la Commiffion & des
Bureaux intermédiaires, feront envoyés & entretenus dans
l'école vétérinaire d'*Alsfort* , pour enfuite être placés dans
le point de chaque département qui réunira l'intérêt local
à la facilité des communications avec les lieux où les
circonftances pourroient rendre leur préfence néceffaire.

4°. Que deux prix, chacun d'une médaille d'or , de la
valeur de 300 liv. feront propofés, l'un pour le blanchîment le plus parfait du fil de lin excru dans la Généralité ;
l'autre pour la recherche des végétaux indigênes propres
à fuppléer l'écorce de chêne dans l'apprêt des cuirs tan-
nés : le tout aux conditions énoncées dans les program-
mes qui en feront publiés par la Commiffion intermédiaire.

5°. Que l'Assemblée charge sa Commission de chercher les moyens d'augmenter l'extraction des tourbes de marais , en conciliant les droits de la propriété avec ceux du bien public.

6°. Qu'en attendant les temps heureux où le Roi pourra suivre toutes les inspirations de sa bienfaisance , l'Assemblée supplie SA MAJESTÉ d'accorder aux cultivateurs de l'intérieur de cette province l'usage & l'emploi du fiel de verre ; & aux riverains de la mer , celui de l'eau de mer pour la préparation des semences ; qu'ils pourront la prendre à cet effet en présence des Commis de la Ferme dans tous les points de la côte de la Généralité où ceux-ci ont des postes fixes , à la charge, 1°. de mixtionner cette eau devant eux d'ingrédients propres à prévenir les abus qui jusqu'à présent ont servi de prétexte aux refus de la Ferme : 2°. de payer un salaire quelconque à ces Commis si la Ferme l'exigeoit, en objectant que cette distraction momentannée lui seroit onéreuse.

7°. Que SA MAJESTÉ est également suppliée d'accélérer l'instant où elle pourra rendre à l'agriculture , aux besoins des bestiaux, & aux arts le sel impur résultant du raffinage du salpêtre , & que la Ferme n'achete que pour le jetter à la riviere.

M. le Marquis de Conflans a été invité de vouloir bien solliciter ces permissions dont l'utilité est si généralement sentie.

M. de Vadicour, que le mauvais état de fa fanté avoit empêché jufqu'à ce jour de participer aux travaux de l'Affemblée, eft venu y prendre féance.

On eft enfuite allé travailler aux Bureaux.

La prochaine féance indiquée à ce foir cinq heures.

Signés, †D. Cardinal DE LA ROCHEFOUCAULD.

BAYEUX, *Sécretaire-Greffier.*

Du même jour 11 *Décembre* 1787, *à cinq heures du foir.*

L'ASSEMBLÉE en féance, la Commiffion des travaux publics ayant pris le Bureau, a préfenté le projet de Réglement fuivant, pour fixer la forme & le régime des adjudications, des opérations qui les préparent, & des paiements qui les fuivent, ainfi que des atéliers de charité.

RÉGLEMENT PROPOSÉ

POUR LES TRAVAUX PUBLICS.

TITRE PREMIER.

Des opérations préparatoires aux adjudications.

ARTICLE I.

L'ASSEMBLÉE provinciale délibérera tous les ans fur les travaux qui devront être exécutés pendant l'année fuivante,

te, & réglera le nombre, la diftribution & l'emplacement des atéliers.

I I.

Pour éclairer l'Affemblée provinciale dans le choix des routes où il convient de porter les travaux, & dans toutes fes opérations, les Bureaux intermédiaires feront paffer tous les ans à la Commiffion intermédiaire, avant la tenue de l'Affemblée provinciale, leurs obfervations fur l'état des routes de leur Département, fur les motifs d'utilité publique qui doivent faire préférer une route pour y preffer les travaux avec plus de vivacité que fur les autres, & enfin, fur toutes les améliorations dont elles auront reconnu la poffibilité. Elles font invitées à traiter ces matieres dans des mémoires particuliers, & fans les confondre avec les autres objets fur lefquels elles auroient à communiquer des obfervations.

I I I.

L'Ingénieur en chef préfentera tous les ans à l'Affemblée provinciale un état détaillé des ouvrages exécutés fur chaque partie de route depuis la derniere féance, & le tableau de ceux qui refteront à faire, avec la défignation des atéliers qui y font établis, ou qu'il convient d'y établir; enforte qu'elle fache diftinctement comment ont été conftruits & entretenus les chemins & autres ouvrages publics déjà faits, & qu'elle puiffe délibérer, en pleine connoiffance de caufe, fur les travaux qu'elle jugera les plus importants à entreprendre pendant l'année.

L 1

I V.

Lorsque l'Affemblée provinciale fe fera déterminée fur le choix des travaux à exécuter, l'Ingénieur en chef fera faire les projets & devis eftimatifs, contenant toutes les indications néceffaires fur la nature des terrains de chaque atélier, fur la fituation des carrieres & leur diftance, fur l'efpece & la qualité des matériaux, fur leur prix tant pour l'extraction que pour le tranfport & celui de la main d'œuvre relative aux différents ouvrages; enforte que cette appréciation détaillée approche le plus qu'il fera poffible de la dépenfe qu'il y aura à faire; & il la remettra à l'Affemblée provinciale, ou à la Commiffion intermédiaire.

V.

Comme il eft de l'intérêt public que les entreprifes foient à la portée d'un grand nombre d'enchériffeurs, chaque partie de route neuve ou à l'entretien fera divifée en autant d'atéliers qu'il fera poffible; & lorfque les Bureaux intermédiaires auront remarqué qu'une divifion en plus petites parties auroit été convenable, ils devront en faire l'obfervation à la Commiffion intermédiaire.

V I.

Les baux d'entretien des parties de route pavée feront divifés par Département, & dans chaque Département il fera fait autant d'adjudications que l'Affemblée provinciale le jugera convenable.

V I I.

Il fera employé dans tous les devis une contrainte pécuniaire contre l'entrepreneur qui laisseroit son ouvrage imparfait, & contre sa caution ; & cette contrainte sera le quart du prix de son adjudication.

VIII.

Il sera interdit par le devis aux entrepreneurs de faire plus d'ouvrage qu'il ne leur en a été adjugé ; & lorsqu'ils auront amassé sur les berges des chemins plus de matériaux qu'ils n'y étoient tenus, ils ne pourront rien répéter pour cet excédent de matériaux qui restera au bénéfice de la route.

IX.

Lorsque les projets, plans & devis auront été approuvés par l'Assemblée provinciale, elle les arrêtera définitivement, & ils seront visés par elle ou par la Commission intermédiaire, & adressés au Ministre pour obtenir l'approbation du Roi.

TITRE DEUXIEME.

Des Adjudications.

ARTICLE I.

Lorsque la Commission intermédiaire aura connu l'intention du Roi, elle fera passer aux Bureaux intermédiaires les plans, projets, devis & autres documents nécessaires pour procéder à l'adjudication.

II.

Les adjudications des travaux qui ci-devant se faisoient avec les fonds de la corvée seront annoncées au

moins quinze jours à l'avance , & affichées dans les paroiffes de l'arrondiffement , & dans tous les marchés du
Département; afin qu'elles aient la plus grande publicité, &
que les Syndics des Affemblées municipales aient le temps
de prendre connoiffance des travaux des atéliers, & de
les indiquer aux entrepreneurs & adjudicataires de chaque
canton, & fourniffent pour l'intérêt commun les moyens
d'obtenir les foumiffions les plus avantageufes. Les mêmes affiches indiqueront dans quel lieu les adjudicataires
pourront prendre connoiffance , au moins huit jours à l'a-
vance, des devis & claufes de l'adjudication. Les adjudications feront faites au jour indiqué.

I I I.

Les adjudications des pavages des routes , & autres travaux d'art, feront annoncées au moins fix femaines à l'a-
vance, & affichées dans les marchés du Département, dans
toutes les villes de la Généralité, & même dans les Généralités voifines.

I V.

Les adjudications des travaux de chaque atélier feront
faites tous les ans par le Bureau intermédiaire , dans le
chef-lieu de chaque Département, ou dans tel autre que
l'Affemblée de Département jugera plus convenable.

V.

Les encheres feront reçues & les adjudications faites
au rabais & au dernier enchériffeur, fans gêner la liberté
des offres , ni en limiter la durée par l'extinction des feux,
ni d'aucune autre maniere.

V I.

Les quatre Députés de l'arrondiffement où fera fitué chaque atélier, membres de l'Affemblée de Département, ainfi que les deux Commiffaires des routes dont il fera parlé au titre fuivant, feront invités à fe trouver aux adjudications, & y auront voix délibérative.

V I I.

Les Bureaux intermédiaires pourront, quand ils le jugeront à propos, appeller les Ingénieurs ou fous-Ingénieurs aux adjudications.

V I I I.

Les adjudications des travaux de chaque atélier fe feront en préfence des Syndics des Affemblées municipales où ils font fitués, ou eux appellés, à celui ou ceux qui feront la condition meilleure, à la charge par les adjudicataires d'exécuter exactement les devis, fans s'en écarter fous quelque prétexte que ce foit, de renoncer à toutes fortes d'indemnités pour raifon de cas fortuits ou autre caufe que ce foit, & de ne recevoir aucune fomme par forme d'avance ou à compte avant que les travaux foient commencés.

I X.

Il eft fpécialement recommandé aux Procureurs-Syndics de Département de veiller à ce qu'il ne fe paffe rien de nuifible à l'intérêt public pendant les adjudications; de dénoncer tout ce qui leur paroîtra tel, comme le concert entre ceux qui fe préfenteroient à l'adjudication, la fraude des conducteurs & des piqueurs d'ouvrages, qui fe ren-

droient adjudicataires fous des noms interpofés , & de réquérir tout ce qui leur femblera favorable au fuccès des
adjudications.

X.

Nul ne pourra fe préfenter pour les travaux, ni même
être admis à faire des offres , s'il n'eft reconnu capable &
folvable au jugement du Bureau intermédiaire & des Députés affiftants , & fans donner caution folvable.

X I.

Dans les adjudications des travaux d'art , les Bureaux
intermédiaires font fur-tout invités à s'affurer que ceux qui
fe préfentent aux encheres ont une capacité proportionnée
à l'importance de l'ouvrage qui eft l'objet de l'adjudication.

X I I.

Dans le cas où le rabais des adjudications fur le montant de l'eftimation des devis produiroit des revenants bons,
la Commiffion intermédiaire eft autorifée à appliquer la
fomme defdits rabais en fupplément d'ouvrages dans la même année , en fuivant l'ordre des atéliers qui auront été dé-
fignés par l'Affemblée provinciale pour ce fupplément , &
approuvés par le Roi.

X I I I.

Dans le cas où les ouvrages ne pourroient être adjugés
qu'au-deffus de l'eftimation portée par le devis, il y fera
pourvu par une réduction fur les travaux de l'année; & en
conféquence, on ne procédera à l'adjudication des routes
neuves qu'après que toutes celles des routes à l'entretien

& des routes qu'on aura arrêté de mettre à l'entretien, auront été finies, l'intention de l'Assemblée provinciale étant
que ces derniers ouvrages soient exécutés de préférence.

X I V.

Pour que les objets contenus en chaque adjudication
des parties de route neuve soient authentiquement cons-
tatés, un des membres de l'Assemblée de Département,
& un des Procureurs-Syndics se transporteront avec
l'Ingénieur sur l'emplacement de chaque atélier, pour y
dresser en présence de l'adjudicataire un procès-verbal de
l'assiète des ouvrages adjugés, contenant l'indication des
hauteurs, longueurs, largeurs & profondeurs ; planter des
piquets de renseignement, & apposer tels autres signaux
de reconnoissance qui seront jugés convenables, & dont
il sera fait mention dans le procès-verbal.

X V.

Après que l'excavation sera faite pour former l'encais-
sement qui recevra le cailloutis, l'entrepreneur ne pourra
pas y porter le caillou avant que le terrain excavé ait été
vu & vérifié par les Députés de l'arrondissement, au moins
au nombre de deux, qui dresseront un procès-verbal de
l'état où ils l'auront trouvé, & l'enverront sans délai au
Bureau intermédiaire.

X V I.

Les adjudications ou baux d'entretien simple seront
faites après affiches & publications, suivant les formes déterminées à l'égard des constructions neuves.

XVII.

Les Bureaux intermédiaires adrefferont à la Commiffion intermédiaire les procès-verbaux d'adjudications, auffitôt qu'elles auront été faites.

TITRE TROISIEME.

De l'exécution des marchés.

ARTICLE I.

Les entrepreneurs des routes neuves, ou à mettre à l'entretien fimple, feront tenus d'avoir exécuté les ouvrages qui leur auront été adjugés pour l'année, à la fin du mois d'Octobre au plus tard.

II.

Les conducteurs des ouvrages & les piqueurs feront commis par l'Affemblée provinciale, & deftituables par elle ou par la Commiffion intermédiaire, après avoir entendu les Ingénieurs.

III.

Les entrepreneurs des routes à l'entretien fimple feront tenus d'entretenir les routes en bon état, d'empêcher que les riverains n'empiètent fur les foffés, n'y dépofent des fumiers ou autres matieres qui pourroient gêner le cours des eaux ; de combler avec des pierres ou bon gravier les ornières à mefure qu'il s'en formera ; d'y faire tous les travaux néceffaires pour que le chemin ait toujours la même régularité, uniformité & bombement ; d'ôter & d'écrafer à la maffe les cailloux & pierres mouvantes qui fe

trouveront

trouveront fur les routes , & d'enlever tous les décombres & autres chofes qui pourroient embarraffer la voie.

I V.

Pour affurer d'autant mieux l'exécution de cet entretien journalier, l'entrepreneur fera obligé d'employer le nombre de Cantonniers qui fera jugé néceffaire & défigné dans le devis. Il ne pourra être forcé de les garder lorfqu'il en fera mécontent; mais il fera tenu de les renvoyer lorf-que la Commiffion intermédiaire l'exigera , à raifon d'in-capacité, de négligence ou de mauvaife conduite , après avoir entendu l'Ingénieur

V.

Les travaux des adjudicataires feront infpectés par l'In-génieur en chef de la province, & par les Ingénieurs de chaque Département, lefquels vifiteront les atéliers le plus fouvent qu'il fera poffible.

V I.

Chaque Affemblée de Département nommera deux de fes membres qui feront établis Commiffaires des routes , & qui, conjointement avec les Procureurs-Syndics , feront chargés d'infpecter les ouvrages du Département.

V I I.

Tous les membres de l'Affemblée de Département fe-ront réputés Commiffaires de droit.

V I I I.

Les membres des Affemblées municipales , & géné-

M m

ralement toutes les perſonnes réſidentes dans le voiſinage des routes , ſont invités à dénoncer aux Bureaux intermédiaires les abus qui ſe commettroient dans la conſtruction ou dans l'entretien des routes , & ſur-tout la négligence des Cantonniers.

I X.

LES Bureaux intermédiaires & tous les Députés à l'Aſſemblée provinciale, répandus dans les Départements, feront paſſer à la Commiſſion intermédiaire leurs obſervations ſur ce qui ſe fera tant à l'avantage qu'au détriment du ſervice.

X.

S'IL y avoit néceſſité ou utilité de faire quelques changements dans l'exécution des devis, il en ſera rendu compte à la Commiſſion intermédiaire , & ledit changement ne pourra être fait qu'en vertu de ſes ordres par écrit.

TITRE QUATRIEME.

Du paiement & du jugé parfait.

ARTICLE I.

LES entrepreneurs ſeront payés en trois termes : le premier , dans le courant de Mai , à la charge par eux d'avoir déjà fait la moitié de leur entrepriſe ; le ſecond, dans le mois de Juillet , à la charge d'en avoir fait les trois quarts ; & le troiſieme après la réception des ouvrages.

I I.

LES deux premiers paiements ne feront faits que fur le vu du certificat de l'Ingénieur , & en vertu des mandements d'à compte qui feront délivrés par la Commiffion intermédiaire.

I I I.

LES Ingénieurs , avant de délivrer un certificat à l'entrepreneur , font expreffément chargés de vifiter les ouvrages ; & lorfque ces ouvrages auront été commencés d'une maniere imparfaite , ils devront conftater les défectuofités , & l'entrepreneur fera contraint à les réparer avant d'être payé.

I V.

LA réception des ouvrages fe fera dans la forme fuivante. Un Commiffaire de l'Affemblée de Département & un des Procureurs-Syndics fe tranfporteront avec l'Ingénieur fur les atéliers , pour y procéder en préfence de l'adjudicataire à la reconnoiffance des fignaux appofés lors de l'affiète, & dreffer procès-verbal de l'état des ouvrages , de la réception qui en fera faite par l'Ingénieur, ou de leurs imperfections , & de ce qui reftera à faire pour les mettre en bon état. Les mêmes formalités feront obfervées à la fin de chaque année , pour conftater le bon état des routes mifes à l'entretien.

V.

LORS de ce procès-verbal , le Procureur-Syndic pourra requérir, & le Commiffaire ordonner même d'office, toutes

les fouilles, épreuves & vérifications néceffaires pour conftater la bonne qualité des ouvrages.

V I.

Le Commiffaire & l'Ingénieur rédigeront chacun leur
procès-verbal féparément. Celui de l'Ingénieur fera remis
au Commiffaire, qui le joindra au fien.

V I I.

Lorsque les ouvrages auront été trouvés dans un état
de perfection convenable, il fera délivré par l'Ingénieur à
l'entrepreneur un certificat de parfait, lequel fera vifé par
le Commiffaire ; & fur ces pieces feulement pourra être
délivré le mandat du dernier paiement.

V I I I.

Lorsqu'il réfultera des procès-verbaux que les ouvrages
font imparfaits, l'entrepreneur fera tenu de faire fans retard les travaux néceffaires pour les mettre dans l'état de
perfection.

I X.

L'entrepreneur dont les ouvrages auront été trouvés
imparfaits, & qui feroit négligent de les réparer, fera
pourfuivi pour être condamné à le faire fous un bref délai,
& fous la contrainte ftipulée dans l'adjudication.

X.

Lorsque l'entrepreneur aura mis en état de perfection
les ouvrages qui avoient été trouvés imparfaits lors de la
vifite, l'Ingénieur, après en avoir dreffé fon procès-verbal,

lui donnera un certificat de parfait, & ce certificat fervira à conftater qu'il a rempli fon obligation. Mais l'entrepreneur ne pourra recevoir fon dernier mandat que fur le vifa du Commiffaire du Département , qui vérifiera fans retardement la perfection de l'ouvrage.

X I.

CHAQUE Bureau intermédiaire remettra à la Commiffion intermédiaire les procès-verbaux de fon Commiffaire & de l'Ingénieur.

TITRE CINQUIEME.

Des Atéliers de Charité.

ARTICLE I.

LES atéliers de charité feront accordés de préférence pour la conftruction des chemins vicinaux.

I I.

CEUX qui voudront obtenir de nouveaux atéliers de charité, ou la continuation de ceux qui leur auront été ci-devant accordés , devront adreffer avant le mois de Juillet de chaque année au Bureau intermédiaire du Département un mémoire dans lequel ils expoferont les motifs de leur demande ; & s'il eft queftion d'ouvrir un nouveau chemin vicinal , ils indiqueront la direction qu'ils défireront qui lui foit donnée.

I I I.

LES Bureaux intermédiaires communiqueront ces de-

mandes à la Commiſſion intermédiaire, dans le courant
du mois de Juillet au plus tard, en y joignant leurs obſervations ſur l'importance des travaux demandés, ſur les
convenances qui doivent déterminer à ſuivre la direction
propoſée, ou à s'en écarter, & ſur les motifs de préférer une demande à une autre.

I V.

LA Commiſſion intermédiaire reportera ces différents
mémoires, avec ſes propres obſervations, à l'Aſſemblée
provinciale qui ſeule pourra juger les demandes formées,
& déterminer les atéliers de charité qu'il conviendra d'é-
tablir; à l'exception de la préſente année où cette détermination eſt confiée à la Commiſſion intermédiaire, à laquelle les requêtes & mémoires devront être adreſſés avant
le mois de Février prochain.

V.

S'IL y avoit dans un département des endroits pour leſquels on n'auroit pas fait de demandes d'atéliers de charité, mais où il paroîtroit convenable aux Bureaux intermédiaires d'en établir, ſoit pour ouvrir une communication intéreſſante, ou pour rendre l'ancienne plus facile,
ſoit parce que ce genre de ſecours y ſeroit devenu néceſſaire aux pauvres par la ceſſation des travaux ordinaires,
ils ſont invités à les indiquer, & à ne rien négliger de ce
qui peut éclairer l'Aſſemblée provinciale ſur un objet auſſi
intéreſſant.

V I.

LES atéliers de charité ne ſeront accordés à ceux qui

en feront la demande, qu'autant qu'ils offriront d'y contribuer ; & cette contribution ne pourra pas être moindre
que le tiers de la dépenfe.

V I I.

IL pourra néanmoins être établi des atéliers de charité, fans contribution des particuliers dans les endroits
pour lefquels il n'aura pas été fait de demande, lorfque
les Bureaux intermédiaires auront attefté qu'ils font néceffaires, & que les habitants qui doivent en tirer le principal avantage font hors d'état d'y contribuer.

V I I I.

L'INTENTION de SA MAJESTÉ, en accordant les fonds
deftinés aux atéliers de charité, étant fur-tout de procurer un moyen de fubfiftance aux pauvres, les fonds fournis par le Roi ne pourront dans aucun cas être employés
qu'au falaire des ouvriers, & on ne pourra en deftiner
aucune portion à payer le tranfport des matériaux dans
des voitures traînées par des chevaux ; parce que dans les
cas où l'éloignement des matériaux néceffaires pour la
confection d'un chemin vicinal en rendroit le tranfport
par charroi indifpenfable, on ne pourra employer des fonds
à cet objet que jufqu'à la concurrence des fommes fournies
par ceux à qui les atéliers de charité auront été accordés.

I X.

LES travaux des atéliers de charité ne feront jamais
exécutés à l'entreprife.

X.

Les travaux des atéliers de charité seront exécutés à la tâche, & on devra en fixer le prix de maniere qu'il soit un peu au-dessous du taux ordinaire des salaires du canton. Mais les vieillards au-dessus de soixante ans, les femmes & les enfants au-dessous de quatorze ans, gagneront pour une demi-tâche le prix d'une tâche entiere.

L'Assemblée, ayant approuvé ce réglement, a arrêté que Sa Majesté sera suppliée d'en autoriser l'exécution dans la Généralité.

La prochaine Séance indiquée à demain, heure ordinaire.

Signés, † D. Cardinal DE LA ROCHEFOUCAULD.

BAYEUX, *Sécretaire-Greffier.*

Du Mercredi 12 Décembre 1787, à neuf heures du matin.

L'Assemblée étant en séance, comme les jours précédents, après la Messe, l'Huissier a annoncé que la Société royale d'Agriculture de Rouen se présentoit pour saluer & complimenter l'Assemblée ; & MM. l'Abbé le Rat, le Marquis de Sommery, d'Irville & le Camus ont été choisis pour aller la recevoir.

MM. les Députés de la Société d'Agriculture ayant été introduits, & s'étant placés sur des sieges disposés au bas

de

de la falle, en face de Monfeigneur le Préfident, M. d'Am-
bournay, Sécretaire perpétuel, a pris la parole, & dit :

MESSIEURS,

» La Société d'Agriculture de Rouen vous préfente fes
» hommages & fes vœux pour le fuccès de vos utiles
» travaux. Lorfque le feu Roi Louis XV autorifa nos féan-
» ces agricoles, il fembloit préluder à votre heureufe inf-
» titution. En effet, dans le concours des divers Ordres au
» progrès du premier des arts, nous n'avons vu s'élever
» d'autres prétentions que celle d'ouvrir l'avis le plus im-
» portant au bien public. C'eft ainfi que le Prélat illuftre
» qui vous préfide, Meffieurs, donna le plus généreux
» exemple, en facrifiant un droit qui nuifoit aux récoltes
» de fes vaffaux. Leurs bénédictions en ont été le prix le plus
» cher à fon cœur.

» Notre augufte Monarque, en perfectionnant l'ouvrage
» de fon aïeul, vous accorde, à l'avantage des cultivateurs,
» affez d'influence pour réformer des abus que nous ne
» pouvions qu'indiquer. Permettez-nous, Meffieurs, de vous
» offrir nos fervices pour les détails agraires. En vous épar-
» gnant les recherches, nous ferons glorieux d'accélérer
» l'inftant où la Généralité doit jouir du fruit de vos
» veilles ».

Monfeigneur le Préfident a répondu :

MESSIEURS,

» Rien de plus eftimable qu'une Société agricole. Son

N n

» objet eſt également utile & agréable : enrichir la nation
» de productions inconnues , perfectionner celles qu'elle
» connoiſſoit , telles ſont , Meſſieurs , vos occupations ;
» elles ne reſpirent que la gloire de l'Etat & l'utilité pu-
» blique. Elles occaſionneront de grandes relations avec
» nous. Vous verrez dans nos procès-verbaux le ſuccès de
» vos travaux , & nous en profiterons avec reconnoiſſançe.

» Flatté des ſentiments que la Société d'Agriculture me
» témoigne par votre canal , je vous prie , Meſſieurs , de
» l'aſſurer de ceux qui m'attachent à elle depuis tant d'an-
» nées.

MM. les Députés de la Société d'Agriculture ont ſalué
l'Aſſemblée , & ont été reconduits avec les mêmes honneurs & par les mêmes Députés qui les avoient reçus.

L'Aſſemblée ayant repris l'examen du rapport qui lui a
été fait le 7 de ce mois par le Bureau de l'impôt , après
que ce rapport a été remis les jours précédents dans tous les
Bureaux par copies ſéparées , & après en avoir entendu
aujourd'hui une ſeconde lecture , a arrêté :

1°. Qu'il ſoit très-reſpectueuſement repréſenté au Roi ,
que le zèle de l'Aſſemblée répond à la vivacité des deſirs
de SA MAJESTÉ , & à l'importance du travail dont elle
l'a expreſſément chargée , *pour améliorer la répartition
d'Election à Election , & de Paroiſſe à Paroiſſe* , principalement à l'égard des impoſitions qui portent ſur la claſſe
la moins aiſée : que la taille , ſes acceſſoires , & la capitation taillable étant de tous les impôts ceux qui péſent

le plus durement fur cette claffe moins aifée , ceux qui intéreffent le plus directement la population des campagnes ,
& ceux dont la répartition , foumife depuis long-temps à
des principes défectueux , produit les effets les plus injuftes , l'Affemblée s'eft préférablement appliquée à la recherche des moyens propres à établir une regle de proportion certaine & équitable pour la diftribution de ces
impôts ; qu'après un mûr examen des différentes méthodes
connues , & effayées ailleurs , elle n'en a pas trouvé une
plus fûre , plus prompte & moins coûteufe que celle que
Sa Majesté a déjà autorifée en Berry , fur la demande
de l'Adminiftration de cette province : que le fuccès des
premieres vérifications que cette méthode obligeroit de
faire dans quelques paroiffes , & de celles qui poürroient devenir néceffaires par la fuite pour conftater la juftice des modérations à accorder , quand elles feront contredites , dé-
pendra principalement des facilités qu'on ne peut attendre
que de la confiance publique : que l'interdiction que Sa
Majesté a bien voulu s'impofer de faire aucune augmentation au montant de la taille , autrement que par une loi
enregiftrée par les Cours fouveraines , acquéreroit aux yeux
de fes fujets de la Généralité de Rouen un nouveau prix ,
s'ils pouvoient obtenir de fa bonté qu'Elle voulut bien revêtir cette déclaration légale de l'autorité d'un engagement conventionnel : pourquoi Sa Majesté fera hum-
blement & très-inftamment fuppliée , par ce défir paternel
qui la preffe de voir l'égalité établie dans la répartition ,
par la faveur que peut mériter l'encouragement des tra-

vaux pénibles auxquels l'Assemblée se dévoue pour remplir
cette tâche difficile , & par cette protection bienveillante
dont elle honore le régime naissant qui immortalisera son
regne & régénérera la nation , d'accorder à la Généralité
de Rouen l'abonnement de la taille, de ses accessoires, & de
la capitation taillable , pour la même somme à laquelle
ils se montent actuellement par les brevets qui fixent la
contribution de la Généralité à ces impositions ; & ce
pour le temps que les impôts qui composent le second brevet de la taille doivent durer , ou jusqu'à ce que l'état des
finances de Sa Majesté lui permette de diminuer le montant général de ces trois impositions.

2º. Que Sa Majesté soit en même-temps suppliée
d'approuver que la taille & ses accessoires ne seront plus
imposées dans les paroisses de campagne de la Généralité
de Rouen que sur les seules valeurs de l'exploitation des
terres , soit que cette exploitation soit faite par les propriétaires mêmes , soit qu'elle soit faite par des fermiers ,
sans qu'à l'avenir les valeurs mobiliaires & industrielles ,
ni les revenus que les propriétaires tireront de leurs biens
affermés , puissent entrer en considération pour déterminer
les contributions à la taille.

3º. Que , sous le bon plaisir de Sa Majesté , il sera
procédé à la vérification des biens de quarante paroisses ,
à raison de quatre dans chacun des dix Départements ,
choisies dans des cantons de diverses cultures & de qualités de sol différentes , & parmi celles qui sont les unes

fortement, les autres modérément impofées ; afin que la comparaifon qui fera faite des revenus de ces paroiffes avec le montant de leur contribution actuelle à la taille , conduife à fixer un terme moyen entre les différents taux d'impofition vérifiés ; qui deviendra le tarif ou taux commun de la Généralité entiere , & qui fe perfectionnera par l'effet continué des reverfements fucceffifs qui feront faits fur toutes les paroiffes non vérifiées du montant des modérations dues aux paroiffes qui juftifieront que leur impofition excede le taux commun ; le tout conformément à l'arrêté pris par l'Adminiftration provinciale du Berry le 29 Octobre 1783 , dont la difpofition , autorifée par SA MAJESTÉ , s'exécute maintenant dans cette province.

4°. Que SA MAJESTÉ fera enfin fuppliée d'approuver & d'ordonner , qu'à l'avenir la capitation taillable fera répartie féparément de la taille, & par des rôles particuliers ; que les cotes des contribuables feront fixées à raifon de la valeur notoirement connue de toutes leurs facultés réunies tant en exploitations de terres, qu'en revenus de toute autre efpece, en aifance mobiliaire, & en profits induftriels ; que la premiere répartition confiée à l'Adminiftration & aux Affemblées inférieures qui lui font foumifes, fera faite par des rôles divifés par claffes ou colonnes correfpondantes aux divers dégrés de fortune, dont la premiere fera deftinée à contenir les moins cotifés, & les autres à claffer fucceffivement les contribuables qui devront être taxés à des fommes plus fortes ; & que les projets de rôles ainsi composés seront envoyés aux Assemblées de Département ou à leurs Bureaux intermédiaires , qui les feront passer aux Assemblées municipales avec des instructions claires & détaillées pour diriger l'exécution de la premiere assiète.

5°. Que Son Eminence & MM. les Députés qui seront à Paris , sont priés de faire de concert , auprès des Ministres de SA MAJESTÉ , toutes les démarches convenables pour obtenir l'exécution du plan adopté par le présent arrêté , comme le plus propre à remplir le grand objet que les Instructions de SA MAJESTÉ ont recommandé si spécialement au zèle & aux efforts de l'Assemblée.

Monseigneur le Cardinal a proposé ensuite de députer à l'Académie royale des Sciences , Belles-Lettres & Arts , pour la saluer au nom de l'Assemblée , & il a nommé à cet effet MM. l'Abbé Yvelin & Hébert.

La prochaine séance indiquée à demain , heure ordinaire.

Signés, ✝ D. Cardinal DE LA ROCHEFOUCAULD.

BAYEUX, *Sécretaire-Greffier.*

Du Jeudi 13 *Décembre* 1787 , *à neuf heures du matin.*

L'ASSEMBLÉE étant en séance , après la Messe , comme les jours précédents , Monseigneur le Cardinal-Archevêque de Rouen , Président, a annoncé que M. le Chevalier Mustel, de l'Académie royale des Sciences, Belles-Lettres & Arts de Rouen, & de plusieurs Sociétés d'Agriculture, désiroit faire hommage à l'Assemblée d'un exemplaire de son *Traité de la Végétation*, en 4 vol. *in*-8°.

L'Assemblée a agréé ce présent avec reconnoissance, & a arrêté qu'il en seroit fait des remercîments à M. le Chevalier Muftel, auquel il seroit envoyé un exemplaire du présent procès-verbal.

L'Assemblée a pris ensuite en considération, sur les re-présentations de sa Commission intermédiaire, la nécessité de doubler le nombre des membres de cette Commission, en observant dans ce supplément la proportion de voix prescrite entre les trois Ordres ; & elle a arrêté que ce vœu, rendu indispensable par l'étendue des travaux de la Généralité, seroit communiqué aussi-tôt à M. le Contrô-leur-Général des Finances, & qu'il seroit prié de concou-rir de ses bons offices auprès de SA MAJESTÉ, pour qu'elle daignât agréer le supplément demandé, au moins pour les trois premieres années qui fourniront le plus grand travail.

L'Assemblée a cru pouvoir nommer provisoirement les Membres qui devront composer ce supplément, lorsque SA MAJESTÉ l'aura agréé ; & le scrutin fur le Bureau, les billets vérifiés par MM. l'Abbé de S. Gervais, le Marquis de Cany, Bourdon & le Varlet, il s'est trouvé que MM. l'Abbé de S. Gervais, le Marquis de Conflans, Dambournay & de Fontenay, ont réuni le plus grand nom-bre de suffrages.

Monseigneur le Cardinal-Archevêque, Président, a

propofé enfuite de députer à la Société royale d'Agriculture, pour la faluer au nom de l'Affemblée ; M. l'Abbé
Frefnay & M. Hébert ont été chargés de cette miffion.

La Commiffion chargée de remédier aux inconvénients
de la mendicité, a pris le Bureau , & fait le rapport fuivant :

Messieurs;

« Le Bureau établi pour remédier aux inconvénients de
» la mendicité , pénétré de l'importance du fujet que vous
» lui avez confié , s'eft livré avec le zèle & l'activité na-
» turelle à tout concitoyen fenfible & à toute ame ver-
» tueufe , au travail que cet objet exigeoit de lui.

« Pour fe mettre en état de vous procurer fur cette ma-
» tiere un plan qui puiffe répondre à vos vues & au fenti-
» ment de bienfaifance qui vous anime , il s'eft d'abord
» fait remettre fous les yeux toutes les loix que le Souve-
» rain & les Cours ont rendues en différents temps fur
» le fait de la mendicité ; il s'eft enfuite nourri de la lec-
» ture de différents mémoires qui lui ont été remis ; & il
» s'empreffe de rendre ce témoignage , que ceux qui lui
» ont préfenté les régimes les plus fuivis & d'une plus fa-
» cile exécution ont été fournis par deux des membres de
» cette Affembléc.

« Ce premier fond de connoiffances a produit , Meffieurs ,

» fieurs, dans l'efprit des membres du Bureau ce qui doit
» naturellement arriver à tous ceux qui s'occupent d'un
» grand objet, & qui pour la premiere fois en apperçoivent
» tous les détails ; il leur a fait connoître d'une part
» tous les avantages de la réuffite dans des vues auffi ho-
» norables pour l'humanité, qu'utiles pour le bien public ;
» mais d'autre part il leur a dévoilé tous les obftacles
» dont ces mêmes vues pourroient être traverfées.

» Animé cependant plutôt que rebuté par ces difficultés,
» le Bureau a tâché, Meffieurs, de faifir, relativement à
» l'objet de la mendicité en général, non pas les détails
» d'un plan exécutable dans ce moment-ci, mais l'en-
» femble d'un apperçu de moyens propres à amener à cette
» exécution ; il s'eft auffi occupé des moyens d'abolir dès
» à préfent la partie de la mendicité la plus nuifible à la
» fociété ; & c'eft, Meffieurs, le réfultat de fon travail
» fur ces deux différents objets qu'il vient foumettre à
» votre fageffe.

» Une premiere confidération l'a d'abord frappé ; c'eft
» la diftinction qu'il convient effentiellement de faire entre
» la pauvreté & la mendicité.

» Les gens âgés, les enfants, les infirmes, ou ceux qui
» faute de travail font obligés de demander un pain qu'ils
» ne peuvent gagner, font des pauvres, & ne font pas des
» mendiants.

» Au contraire, cette claffe d'hommes qui ne font
» d'aucuns lieux, qui n'ont aucun domicile, qui courent

O o

» de pays en pays, & qui ne font dans l'indigence que
» parce que la pareffe & le libertinage les y ont réduits, font
» des mendiants, & ne font pas de vrais pauvres.

  » Cette premiere diftinction, néceffaire pour bien con-
» noître, & ceux qui ont droit aux fecours des ames bien-
» faifantes, & ceux qui au contraire ne méritent que l'ani-
» madverfion de la fociété & des châtiments, nous a natu-
» rellement fourni la divifion des moyens que nous avons
» recueillis fur le fait de la mendicité en général, d'avec
» ceux que nous vous propoferons contre la claffe parti-
» culiere des mendiants, & dont nous croyons l'exécution
» poffible dès ce moment, ou du moins après que le vœu
» en aura été porté à Sa Majesté, & que votre délibé-
» ration aura reçu à cet égard la fanction dont elle doit
» être revêtue.

  » Tel eft, Meffieurs, premierement notre apperçu rela-
» tivement aux moyens propres à remédier à la mendicité
» en général.

  » Les gens âgés, & dont le travail a épuifé les forces,
» doivent être fecourus ; ils doivent l'être en entier, fi leurs
» forces font totalement épuifées ; & ils ne doivent l'être
» que partiellement, s'ils font encore en état de faire quel-
» qu'efpece de travail.

  » Les enfants, que leur foibleffe rend également inha-
» biles au travail, doivent auffi être fecourus ; mais ils ne
» doivent l'être qu'en leur montrant les moyens de tenir

» un jour d'eux feuls les fecours qu'ils reçoivent ; & ces
» fecours doivent diminuer à mefure qu'ils croiffent en
» âge & font plus ou moins propres au travail.

» Les infirmes & les peres furchargés d'une nombreufe
» famille, doivent pareillement être fecourus en proportion
» de leurs befoins.

» Les malades doivent être l'objet particulier de tous les
» foins, & ils doivent recevoir tous les fecours que leur
» état exige.

» Enfin, les valides doivent feulement être mis à portée
» de pourvoir eux-mêmes à leur fubfiftance, en leur four-
» niffant du travail en tout temps.

» Par cette adminiftration, néceffairement il ne reftera
» plus qu'une claffe d'indigents non fecourus, qui fera celle
» des mendiants, & notre feconde divifion offrira les
» moyens d'en purger la fociété.

» Mais quels feront les diftributeurs de ces fecours à
» donner ? Comment & par qui fe régira cette adminif-
» tration ?

» Votre Affemblée, Meffieurs, celles des Départements,
» & les municipalités établies dans chaque paroiffe, doi-
» vent en être les membres naturels.

» Chaque municipalité, dans laquelle il conviendroit
» que le Curé préfidât toujours en l'abfence du Seigneur,
» formeroit le Bureau de charité qui s'occuperoit des
» pauvres de la paroiffe.

» Ce Bureau communiqueroit & rendroit compte au
» Département de l'état & du nombre de fes pauvres ;
» il indiqueroit les fommes qu'il croiroit néceffaires pour
» procurer aux vieillards, aux enfants, aux infirmes & aux
» peres furchargés par une nombreufe famille, le pain qu'ils
» ne peuvent gagner, & les fecours de l'art que leur état
» follicite ; il évalueroit les encouragements qu'il croiroit
» convenable de donner, les avances que l'on pourroit fai-
» re à ceux que l'extrême mifere empêche d'acheter les
» matieres premieres, & propoferoit les dépenfes qui pour-
» roient être la fuite du travail procuré aux valides, dans
» les temps où ils n'en peuvent trouver.

» Le Département inftruit de ces différents détails, après
» y avoir fait les obfervations dont il les croiroit fufcepti-
» bles, les feroit paffer à votre Affemblée, Meffieurs, ou
» à votre Commiffion intermédiaire ; celle-ci calculeroit
» & réuniroit la maffe des befoins de chaque Département ;
» compareroit ce tout avec la maffe des fecours exiftants ;
» fixeroit, d'après cette comparaifon, les fecours dûs à
» chaque Département, & renverroit enfuite à ces mêmes
» Départements pour en faire la diftribution dans les dif-
» férentes paroiffes de leur diftrict, en proportion des be-
» foins de chacune d'elles.

» C'eft ainfi, Meffieurs, que conformément aux inf-
» tructions miniftérielles qui vous ont été adreffées, les
» Affemblées de Département & leurs Bureaux intermé-
» diaires feroient encore en cette partie le lien récipro-
» que entre les Affemblées municipales & la vôtre, &
» entre cette derniere & les Affemblées municipales ; &

» ce feroit aussi par ces échelons gradués que la voix des
» vrais indigents se feroit entendre dans vos Assemblées,
» & que vous vous empresseriez de faire parvenir jusques
» dans leurs tristes réduits les secours dont ils ont be-
» soin.

» Votre attention sur une matiere aussi importante, &
» le desir que vous avez, Messieurs, de procurer à ces
» vrais & trop malheureux indigents les secours réels dont
» vous êtes convaincus qu'ils ont besoin, exigent sans doute
» que, sans plus différer, nous vous indiquions les sources
» dans lesquelles seront puisés les fonds destinés à être dif-
» tribués de la maniere dont nous venons de le dire.

» Pourrions-nous craindre d'en manquer, & de les voir
» tarir ?

» Il en est une premiere, qui procede de la bienfaisance
» du Souverain, & qui se renouvelle chaque année ; ce sont
» les atéliers de charité, qui plus divisés qu'ils ne l'ont été
» jusqu'alors, & accordés indistinctement pour tout ce qui
» pourra être d'utilité publique, doivent être regardés
» comme le patrimoine des pauvres valides.

» Le Souverain accorde aussi, chaque année, des fonds
» assez considérables pour l'entretien d'un dépôt de men-
» dicité existant en cette ville, & destiné à recevoir les
» mendiants de la Généralité. Au moyen des précautions
» qui seront prises dans toutes les paroisses, pour fournir
» du travail à chaque indigent dans tous les temps de
» l'année ; au moyen aussi du soin que l'on prendra des
» enfants, & du goût qu'on leur inspirera pour le travail,

» le nombre de ces mendiants diminuera confidérablement,
» & fuivant toutes les probabilités, la maffe des fonds
» deftinés actuellement à l'entretien de ce dépôt, excédera
» fes befoins : vous follieiterez, fans doute, Meffieurs, la
» difpofition de cet excédent, de la bienfaifance de Sa
» Majesté, pour l'appliquer au foulagement des pauvres
» invalides ou néceffiteux des paroiffes.

» Nos peres qui comme nous étoient animés du de-
» fir de foulager l'humanité fouffrante, ont fait dans dif-
» férentes paroiffes des fondations, des donations pour
» les pauvres ; beaucoup de ces œuvres pieufes font aujour-
» d'hui détournées de leur objet ; vous vous occuperez fans
» doute, Meffieurs, de les y rappeller, & chargerez vo-
» tre Commiffion intermédiaire de prendre tous les ren-
» feignements néceffaires à cet égard.

» Plufieurs confrairies, reftes anciens & inutiles d'une
» piété mal entendue, à l'exception de celles de charité
» dévouées particulierement à la fépulture des morts, pof-
» fedent des biens affez confidérables ; vous en demanderez
» fans doute, Meffieurs, la fuppreffion, & la réunion de leurs
» biens à la maffe des fonds appartenants aux pauvres.

» Enfin, Meffieurs, le produit des quêtes, celui des
» legs, des donations de toute efpece, des aumônes pu-
» bliques & fecrettes, font autant d'autres fources plus
» abondantes & non moins intariffables, dans lefquelles
» vous aurez à puifer.

» Prétendra-t-on que le produit de ces différentes four-
» ces fera infuffifant ?

» Les charités actuelles ne subviennent - elles pas aux
» befoins des pauvres ? Pourquoi les mêmes fecours, bien
» dirigés & fagement adminiftrés, ne produiroient-ils pas
» au moins le même avantage, lorfqu'on fe propofe d'y
» ajouter par la réunion de différents fonds ?

» Mais quand pour un inftant, ce qui ne peut pas être,
» nous fuppoferions, Meffieurs, que cet ordre que nous
» vous propofons d'établir produiroit cet effet impréfu-
» mable de rendre les fecours actuels infuffifants, faudroit-
» il pour cela rénoncer à un projet auffi glorieux pour
» l'humanité, que celui d'abolir la mendicité ?

» Un moyen très-naturel, fi l'on vouloit en ufer, remé-
» dieroit en un inftant à cette infuffifance ; ce feroit celui
» d'une taxe générale en faveur des pauvres, telle qu'elle
» eft établie dans plufieurs royaumes.

» Les mendiants, dans l'état actuel des chofes, perçoi-
» vent une efpece de taxe volontaire fur les riches ; ceux-
» ci en feroient affranchis, par les mefures qu'on prendroit
» pour retenir les pauvres chez eux ; la taxe générale qu'on
» établiroit, ne feroit donc que repréfentative de celle qu'ils
» paient chaque jour ; ils n'auroient donc aucun fujet de
» s'en plaindre.

» Mais nous fommes éloignés, Meffieurs, de vous pro-
» pofer ce remede ; il tireroit fa fource de l'autorité, &
» nous croyons pouvoir vous en offrir un auffi efficace,
» qui ne procéderoit que de la bienfaifance & de la cha-
» rité.

» Ce remede feroit une foufcription.

« Pour remplir nos vues, cette soufcription feroit for-
» cée, en ce que chaque particulier non indigent feroit
» tenu de foufcrire.

» Elle feroit libre, en ce que chaque particulier feroit
» maître de fixer la fomme pour laquelle il voudroit qu'on
» l'infcrivît.

» Et enfin elle feroit conditionnelle, parce que les fonds
» de cette foufcription ne feroient exigés que dans le cas
» où les autres fecours feroient infuffifants, & dans la pro-
» portion du befoin qu'on pourroit en avoir.

» Pour établir l'ordre de ces foufcriptions, les municipa-
» lités tiendroient un regiftre de contribution divifé par co-
» lonnes de différentes valeurs ; chaque perfonne obligée de
» foufcrire fe feroit infcrire dans celle des colonnes qu'elle
» aviferoit bien, en fuivant la nature & le montant des
» aumônes qu'elle voudroit faire ; le relevé de ce regiftre
» feroit adreffé à l'Affemblée de Département ; celle-ci
» l'enverroit à votre Commiffion intermédiaire, Meffieurs,
» qui n'arrêteroit d'en demander le paiement que lorfque
» les autres reffources auroient été épuifées, & qu'il auroit
» été rendu un compte public de l'emploi des fonds.

» D'après ces mefures, d'après qu'on fe feroit une loi
» facrée de tenir à la promeffe faite de n'ufer des fonds
» de cette foufcription que lorfque les autres reffources
» auroient été épuifées ; d'après la connoiffance que chacun
» auroit de l'emploi des fonds, par la publicité qui feroit
» donnée aux comptes ; d'après que l'œil de chaque fouf-
» crivant pourroit s'affurer de la fage diftribution du mon-
                                                        » tant

» tant de fa charité ; comment croire., Meffieurs, que les
» fecours ne feroient pas abondants ?

» La confiance eft la fource la plus inépuifable de fe-
» cours que nous puiffions avoir. Vous l'acquerrez, Mef-
» fieurs ; difons mieux, déjà vous l'avez ; & cette même
» confiance, nous aimons à vous l'annoncer, vous mettra
» probablement dans le cas de n'avoir jamais befoin de
» réclamer l'acquit de la foufcription que nous vous pro-
» pofons.

» Beaucoup d'ames fenfibles, de cœurs compatiffants,
» qui ne peuvent fupporter fans attendriffement l'afpect
» d'un malheureux, fe plaignent d'être fouvent trompés
» dans l'application de leurs aumônes. En vous confiant ces
» mêmes aumônes, ou plutôt en les dépofant dans les caiffes
» qui feront établies dans chaque paroiffe, ils feront affurés
» que la diftribution ne s'en fera qu'avec connoiffance des
» vrais befoins de ceux à qui elles feront données ; ils fe-
» ront affurés qu'elles ne le feront que dans les temps &
» de la maniere la plus efficace ; ils ne douteront point de
» tout le foulagement qu'elles produiront, & ils s'en livre-
» ront plus volontiers à leurs libéralités.

» Mais de ce plan général, Meffieurs, dont nous ne
» vous préfentons ici que l'efquiffe, pourrions-nous vous
» propofer d'en folliciter aujourd'hui l'exécution ?

» Non, Meffieurs, nous vous l'avons annoncé ; un éta-
» bliffement auffi important doit être précédé de connoif-
» fances plus étendues que nous n'avons pu nous en pro-
» curer fur tout ce qui y eft relatif. Notre objet fe borne

P p

» donc aujourd'hui, sur cette matiere générale, à vous pro-
» poser, en supposant que vous adoptiez l'apperçu de no-
» tre plan, & que vous le croyez propre avec les détails dont
» il est susceptible à rémédier un jour à l'inconvénient de
» la mendicité; il se borne, disons-nous, à vous proposer
» de charger votre Commission intermédiaire, pendant l'in-
» tervalle de cette Séance à celle que vous devez tenir
» l'an prochain, de se procurer tous les renseignements né-
» cessaires pour préparer cet établissement, en faciliter &
» en assurer les détails.

» Mais il est un vœu, Messieurs, que dès ce moment
» vous pouvez porter au Gouvernement, & la suite de ce
» vœu sera un avantage important que vous procurerez à
» la société; c'est l'abolition présente de la classe de ces
» mendiants que nous vous avons annoncé devoir être
» l'objet de notre seconde division.

» Il n'est personne de vous, Messieurs, qui ne connoisse
» cette classe d'hommes qui ne sont d'aucuns lieux, qui
» n'ont aucun domicile, qui parcourent continuellement
» & les villes & les campagnes, demandent par-tout avec
» hardiesse & arrogance, & obtiennent par leur importu-
» nité & par la crainte ce que la raison devroit leur re-
» fuser.

» Ces hommes qui sont ceux que nous avons distingués
» sous le nom de mendiants, méritent toute l'animadver-
» sion de la société; ils ne lui sont d'aucune utilité, & lui
» causent toutes sortes de maux : ils sont & le fléau des
» villes & la terreur des campagnes; ils dérobent à l'at-

» tendriffante & vraie mifere le tribut de la bienfaifance,
» & refroidiffent la charité. Le produit de ces aumônes qu'ils
» ont ainfi furprifes, eft employé à les entretenir dans leur
» pareffe, dans leur intempérance, dans leur libertinage,
» & pour comble de malheur ils ont des enfants qu'ils
» élevent dans les mêmes principes.

» Ce feroit fans doute, Meffieurs, vous montrer à vos
» concitoyens d'une maniere bien avantageufe, que de
» chercher à leur procurer, dès les premiers moments de
» votre établiffement, l'abolition d'un mal auffi réel.

» La provocation qu'il conviendroit de faire pour par-
» venir à cette abolition, feroit-elle une nouvelle loi que
» vous follicitèriez de la fageffe du Souverain ?

» Vous le favez, Meffieurs, elle ne feroit que la demande
» de l'exécution des difpofitions principales & pofitives de
» plufieurs Déclarations du Roi, notamment de celles
» des 18 Juillet 1724, 3 Août 1764, & 27 Juillet 1777 ;
» Déclarations qui ont donné lieu à une foule de ré-
» glements émanés des Cours.

» Quelles font les difpofitions renfermées dans ces loix,
» dont il feroit important de provoquer le renouvellement
» & l'exécution ?

» Ce font, 1°. celles qui tendent à enjoindre à tous
» mendiants, tant hommes que femmes, de fe fixer dans
» le lieu de leur naiffance, ou dans le domicile qu'ils
» déclareront fe choifir.

» 2°. Celles qui leur enjoignent de gagner leur vie

P p 2

» par leur travail , de prendre un emploi pour subsister de
» ce même travail, soit en se mettant en condition pour
» servir , ou en travaillant à la culture des terres , ou autres
» ouvrages ou métiers dont ils peuvent être capables.

» 3º. Celles qui leur font défenses de divaguer & de-
» mander l'aumône , à peine contre les contrevenants,
» (après un délai qui seroit fixé) d'être arrêtés & renfer-
» més.

» Quel seroit, Messieurs, l'effet & l'avantage de la stric-
» te exécution qu'il faudroit donner à la première & à la
» seconde de ces dispositions?

» La premiere produiroit cet effet de délivrer le public & la
» société de cette horde de vagabonds qu'elle redoute d'au-
» tant plus qu'elle ne les connoît pas , & qu'elle les regarde
» avec raison comme capables de tous les désordres & de
» toute espece de crimes ; & elle produiroit cet avanta-
» ge, que rendus à leurs paroisses, ou fixés dans un lieu quel-
» conque , ils seroient plus facilement & plus exactement
» surveillés.

» La seconde de ces dispositions produiroit cet effet na-
» turel , de faire perdre insensiblement à cette classe malfai-
» sante le goût de la divagation & du libertinage ; l'ha-
» bitude du travail & leurs rapports avec des êtres bien
» pensants en seroit le remède le plus certain ; & il en
» résulteroit encore cet avantage qu'elle rendroit à leur des-
» tination des bras infiniment utiles , & dont on manque,
» sur-tout dans les campagnes.

» Ainsi l'exécution de la première de ces dispositions

»néceffiteroit celle de la feconde , & la feconde facili-
»teroit l'entretien de la premiere.

» Forcés de venir habiter leur propre pays, ou de fe
» fixer dans celui qu'ils fe choifiront , la néceffité de vi-
» vre les contraindra à travailler ; ce travail & le pro-
» duit qu'ils en tireront éloignera d'eux l'idée d'enfreindre
» la loi qui leur impofera de ne point divaguer.

» Vous objecterez peut-être , Meffieurs, qu'il en eft par-
» mi ces gens dont le cœur eft fi corrompu , & qui
» font tellement livrés à la débauche & à la fainéantife
» qu'ils ne voudront ni ne pourront fe conformer à ces
» fages difpofitions.

» Nous l'avons penfé de même , & c'eft d'après cette
» confidération que nous vous avons propofé de provo-
» quer la troifieme difpofition qui ordonnera leur réclu-
» fion.

» Nous vous avons parlé, Meffieurs , dans notre pre-
» miere divifion, de fonds qui font accordés annuellement
» par SA MAJESTÉ , pour la nourriture des mendiants de
» la Généralité qui font renfermés dans un dépôt public.

» Ce dépôt eft dans cette ville ; vous nous avez autorifés
» de l'aller vifiter , & nous nous fommes convaincus qu'en
» obtenant du Gouvernement qu'il foit rendu à fa defti-
» nation premiere , & qu'on n'y place que les feuls men-
» diants , les fonds qui s'y confomment pourverront abon-
» damment aux befoins de ceux qu'on y renfermera.

» Tout homme eft jaloux de fa liberté , & lorfque ces

» mendiants connoîtront que l'intention du Gouvernement
» eſt de tenir ſtrictement à l'exécution des trois diſpoſi-
» tions dont nous venons de parler, le plus grand nom-
» bre, il faut le penſer, ſe hâtera, pour ſon propre inté-
» rêt, de s'y conformer.

» Mais quand ceux que la pareſſe & l'habitude du liber-
» tinage empêcheroient d'obéir, ſeroient en plus grand
» nombre que nous ne le prévoyons, craindriez-vous,
» Meſſieurs, qu'il fut tel qu'il ne put être contenu dans
» ce dépôt ?

» Les mendiants font beaucoup de mal, parce qu'ils
» multiplient à l'infini leurs déſordres; & ils paroiſſent être
» en très-grand nombre, parce que continuellement errants
» ils ſe montrent ſucceſſivement en tous lieux; mais il ne
» faut pas croire que la quantité en ſoit telle qu'elle ne
» puiſſe être renfermée dans les vaſtes & très-nombreux
» bâtiments de ce dépôt, & que les fonds qui y ſont
» deſtinés chaque année ne puiſſent les y nourrir & en-
» tretenir.

» Votre intention d'ailleurs, Meſſieurs, ne ſeroit ſans
» doute point de demander que ces malheureux fuſſent enfer-
» més à perpétuité; leur récluſion ſeroit un châtiment, châti-
» timent qu'ils auroient mérité pour ne s'être pas confor-
» mé à la loi du Souverain, ou pour l'avoir tranſgreſſée;
» mais cette punition ne pourroit être perpétuelle ſans
» dégénérer en une eſpece d'injuſtice. Il faudroit donc y
» mettre un terme, ou plutôt faire dépendre ce terme de
» chacun d'eux, en y attachant une condition qui ajou-

» roit à la maffe des fonds deftinés à leur nourriture & » entretien , en même - temps qu'elle tourneroit auffi à » l'avantage de l'individu particulier , & au profit de la fo- » ciété.

» Cette condition feroit celle d'un travail journalier » auquel il faudroit qu'ils fe livraffent , fuivant leurs for- » ces , leur adreffe & leur intelligence.

» Le produit de ce travail pourveroit , en plus grande » partie , aux frais de leur entretien & de leur nourriture.

» Ceux qui fe livreroient au travail en tireroient ce » premier avantage , qu'il leur feroit donné une part quel- » conque dans le bénéfice , part avec laquelle ils fe procu- » reroient quelques foulagements.

» Du moment qu'ils s'occuperoient affiduement & uti- » lement , on les mettroit au nombre de ceux que l'on re- » garderoit dans le cas d'obtenir un jour leur élargif- » fement , & lorfqu'une épreuve affez longue pourroit faire » préfumer qu'ils font corrigés , & qu'ils ont parfaite- » ment acquis l'habitude du travail , on leur rendroit la » liberté.

» Par là , la maffe des fonds deftinés à leur entretien & » à leur nourriture , feroit , ainfi que nous l'avons déjà dit , » confidérablement augmentée ; par là , ces malheureux fe » procureroient une exiftence plus douce , & s'habitue- » roient au travail ; par là ils s'ouvriroient les moyens de » rentrer dans la fociété ; par là enfin , on rendroit des » bras à cette même fociété , & à la patrie des citoyens » qui lui deviendroient utiles.

» Le régime actuel de ce dépôt pourra-t-il , Messieurs ,
» vous procurer tous ces avantages ? Nous ne le pen-
» sons pas.

» Ce n'est point assez de tenir ces individus soigneuse-
» ment enfermés ; ce n'est point assez de leur administrer
» leurs besoins quant au physique. Pour répondre aux vues
» que nous vous proposons pour amener ces malheureux au
» bien , & les mettre dans le cas de s'arracher à la misere de
» leur état , il faut s'occuper de leur existence morale. Les
» désordres , les vices auxquels ils se sont livrés , supposent
» nécessairement l'oubli ou l'ignorance des devoirs & des
» principes de leur religion ; il faut les instruire dans ces
» mêmes principes , & leur inspirer , en semant dans leur
» cœur le germe d'une véritable piété , l'amour des devoirs
» qu'elle impose.

» Il faut encore ne négliger aucuns des autres moyens
» généraux & particuliers qui pourroient , & leur élever
» l'ame , & leur faire naître le désir de devenir membres
» de la société , & de se rendre dignes d'y être réunis ; &
» ce concours de soins physiques & moraux , vous ne pouvez
» l'espérer du régime actuel de ce dépôt. Sa perfection est
» donc encore un vœu qu'il vous importe de faire parve-
» nir au Gouvernement.

L'Assemblée ayant mis la matiere en délibération , a
approuvé le rapport du Bureau , & a arrêté sur la premiere partie :

1°. D'autoriser dès-à-présent la recherche de tous
les éclaircissements & de tous les moyens convenables
pour

pour parvenir à fon exécution ; & que pour cet effet, les Affemblées municipales drefferont la lifte exacte de leurs pauvres , & des moyens que chaque paroiffe a pour les faire fubfifter ; qu'elles enverront ces liftes aux Affemblées de département avant le Ier. Mars prochain, & que ces Affemblées en formeront un état général , chacune pour leur diftrict , qu'elles feront paffer avant le Ier. Septembre prochain à la Commiffion intermédiaire , avec leurs obfervations fur la fuffifance ou infuffifance des moyens indiqués par les Affemblées municipales , pour fubvenir aux befoins des pauvres du département.

2°. Que les Affemblées municipales , celles de département & la Commiffion intermédiaire provinciale , feront chargées de recueillir toutes les indications qu'elles pourront fe procurer du nombre , de la nature & de l'étendue des biens & aumônes fondées, applicables par leur deftination au foulagement des pauvres dans l'étendue de la Généralité.

3°. Que MM. les Curés des villes & les perfonnes pieufes & patriotes de leurs paroiffes , feront invités à former dès à préfent des bureaux & affociations de charité , comme il en exifte déjà dans les villes du Havre, Evreux & Neufchâtel , où leur utilité fe fait fentir d'une maniere fi efficace; afin que ces intéreffantes inftitutions fe trouvent difpofées à entrer dans l'enchaînement général de furveillance & de fecours qui fait la bafe du plan propofé.

Sur la feconde partie , tendante à remédier dès à préfent aux abus de la mendicité inexcufable des vagabonds valides & gens fans aveu qui inondent les villes & les campagnes ,

L'Affemblée a arrêté que SA MAJESTÉ fera inftamment fuppliée ,

1°. D'ordonner que les loix rendues fur cette matiere feront ftrictement exécutées , & que l'Affemblée & fa Commiffion feront autorifées de veiller à cette exécution ; à l'effet de quoi les mendiants valides & fans aveu qui perfifteront à refufer de fe fixer dans leur paroiffe , & d'y gagner leur vie par leur travail , feront arrêtés & renfermés dans le dépôt de mendicité de cette ville.

2°. D'ordonner pareillement , afin de rendre à ce dépôt toute l'utilité dont il eft fufceptible par l'objet primitif de fon inftitution , qu'il ne foit employé qu'à la deftination des feuls individus arrêtés pour le fait de mendicité.

3°. Que la totalité des fonds levés fur la Généralité pour l'entretien de cette maifon , ne foit appliquée qu'à cet emploi.

4°. Que le régime de cette même maifon foit perfectionné , de maniere à en rendre le féjour plus efficace pour la correction des mendiants.

La prochaine féance indiquée à demain , heure ordinaire.

Signés , † D. Cardinal DE LA ROCHEFOUCAULD.

BAYEUX, *Sécretaire-Greffier.*

Du Vendredi 14 *Décembre* 1787 , *à neuf heures du matin.*

L'Assemblée étant en féance comme les jours précédents, après la Meffe, il a été donné communication d'un
mémoire relatif à un établiffement pour la culture de la garence dans la Généralité : ce mémoire a été renvoyé au
Bureau de l'agriculture, du commerce & du bien public,
pour qu'il en faffe fon rapport.

Le Bureau des travaux publics a enfuite rendu compte
d'une requête préfentée par MM. les intéreffés à la manufacture de Romilly, & fait à ce fujet le rapport qui fuit :

MESSIEURS,

» Le tableau des ouvrages à faire pour les routes de
» communication dans l'intérieur de la Généralité vous
» offre un objet digne de votre attention ; la jonction de
» la Baffe-Normandie avec la Picardie que vous pourriez
» obtenir par un embranchement qui feroit communiquer
» les deux grandes routes de Paris, du Pont-de-l'Arche à
» Fleury.

» Un fecond objet d'utilité que préfente cet ouvrage,
» c'eft la néceffité dont il eft pour l'exploitation des fon-
» deries de Romilly. Si nous voulions exciter votre inté-
» rêt en faveur de cet important établiffement, nous irions
» puifer dans vos propres délibérations le droit qu'il peut
» avoir à votre protection.

» Cette partie d'ouvrages eft vivement recommandée par
» le miniftere de la Marine, comme intéreffant particulie-
» rement le fervice du Roi.

» Les intéreſſés aux fonderies de Romilly, pour accélé-
» rer la confection de la partie de route du village d'A-
» liſey à celui de Romilly, ſe ſoumettent à payer en de-
» niers comptants entre les mains de l'entrepreneur ſur
» les certificats de M. l'Ingénieur des ponts & chauſſées de
» la Généralité, à fur & meſure de l'ouvrage avancé, le
» montant de cette portion de chemin dont la dépenſe
» eſt évaluée par le détail eſtimatif de 56 à 57,000 l.; à
» condition qu'ils feront rembourſés de cette ſomme en
» trois paiements égaux d'année en année, à prendre ſur
» les deniers deſtinés à la confection des chemins de la
» Généralité, & particulierement du département de
» Rouen.

» Ils s'obligent en outre de faire établir à leurs frais &
» dépens la partie de route d'embranchement qui conduit
» de la porte de leur manufacture à la nouvelle route pro-
» poſée du Pont-de-l'Arche à Fleury.

» C'eſt avec tous ces avantages, Meſſieurs, que cette
» propoſition a été préſentée au Bureau.

» Nous y avons reconnu avec ſatisfaction le premier
» hommage rendu à votre adminiſtration; il eſt le fruit de
» la confiance qu'elle inſpire, & nous avons cru plus que
» jamais ne devoir négliger aucun moyen de la juſtifier aux
» yeux du public.

» Nous ne vous diſſimulerons pas, Meſſieurs, que nous
» avons d'abord été frappés de l'avantage que l'adminiſtra-
» tion pouvoit trouver à faire jouir beaucoup plutôt le pu-
» blic des ouvrages que nous regardons comme eſſentiel-

» lement utiles ; & le Bureau , égaré par fon zèle pour le
» bien de la Généralité ne vous auroit peut-être pas of-
» fert fur cet objet un vœu unanime. Mais en remon-
» tant à votre délibération du 4 de ce mois , nous avons
» retrouvé un guide qui ne nous a pas laiffé flotter long-
» temps dans ces incertitudes , & nous nous applaudiffons
» avec confiance d'avoir trouvé dans les principes que vous
» avez adoptés , une folution facile pour une propofition
» qu'il n'étoit pas poffible de prévoir.

» *Vous avez arrêté , Meffieurs , que l'importance des tra-*
» *vaux fera fixée d'après la place qu'ils tiendront dans le*
» *tableau que vous a offert le rapport de la Commiffion in-*
» *termédiaire , & dans lequel les routes font divifées en*
» *plufieurs claffes.*

» Il ne s'agit plus que d'appliquer ce principe à la pro-
» pofition qui eft faite à l'Affemblée.

» La route de communication du Pont-de-l'Arche à
» Fleury n'eft dans le tableau qui vous a été préfenté , que
» dans la troifieme claffe. Ainfi , en donnant un jufte tri-
» but d'éloges aux généreux efforts de MM. les intéreffés
» aux fonderies de Romilly , nous ne pourrions leur offrir
» le rembourfement de leurs avances que lorfque nous au-
» rons achevé tout ce qui peut intéreffer les ouvrages de la
» premiere & feconde claffe.

» Nous avons communiqué ce vœu du Bureau aux dif-
» férents membres de cette Affemblée qui fe trouvent inté-
» reffés aux fonderies de Romilly ; ils ont été les premiers
» à applaudir à notre rigoureufe exactitude , & vous avez

»trop fouvent profité de leurs lumieres , pour ne pas
»accueillir ici l'hommage que nous rendons à leur inté-
»grité.

  »Nous reclamons encore , Meffieurs , votre attention
»pour un fecond objet de difcuffion que cette affaire a
»préfenté au Bureau.

  »Dans la fuppofition que les intéreffés aux fonderies de
»Romilly trouveroient dans le peu d'efforts que nous pou-
»vons faire en leur faveur en ce moment , une sûreté
»fuffifante pour les déterminer à pourfuivre l'exécution
»de leurs offres, nous nous fommes demandé qui feroit
»chargé de l'entretien de cette nouvelle route?

  »Il paroît d'abord que cet ouvrage n'étant porté fur
»notre état qu'à la follicitation des intéreffés aux fonde-
»ries de Romilly , ce devroit être à eux à pourvoir aux
»frais d'entretien , jufqu'au moment où l'ordre que vous
»avez fixé dans les travaux auroit déterminé fon exécu-
»tion.

  » Mais un principe d'équité , le premier fans doute que
»vous vous croyez obligés de fuivre , nous a fait penfer
» que ce chemin devenant d'un ufage commun pour toute
»la Généralité , devroit fuivre le régime de toutes les
» routes dont vous avez la furveillance.

Ceux de MM. les Députés qui font intéreffés aux fonderies de Romilly s'étant retirés, l'Affemblée a mis ce rapport en délibération , & tenant à la févérité des princi-

pes qui ne doivent fléchir fous aucune exception, a arrêté,

1°. Qu'en applaudiffant au zèle qui anime MM. les intéreffés aux fonderies de Romilly, on ne peut leur offrir
le remboursement de leurs avances en trois paiements égaux
d'année en année, qu'à l'époque où l'adminiftration pourra
s'occuper de la conftruction des chemins compris dans la
troifieme claffe, conformément au plan qui en a été préfenté par la Commiffion intermédiaire.

2°. Que l'adjudication & conftruction de ce chemin fera
faite, d'après le régime établi par le réglement que l'Affemblée a adopté pour tous les ouvrages de la Généralité.

La prochaine féance indiquée à demain, heure ordinaire.

Signés, ✝ D. Cardinal DE LA ROCHEFOUCAULD,

BAYEUX, *Sécretaire - Greffier.*

Du Samedi 15 Décembre 1787, à neuf heures du matin.

L'ASSEMBLÉE étant en féance, comme ci-deffus, après la
Meffe, Monfeigneur le Cardinal-Archevêque, Préfident,
a annoncé que MM. les Adminiftrateurs de l'Hôpital-Général & ceux de l'Hôtel-Dieu défiroient rendre leurs hommages à l'Affemblée, & il a invité MM. l'Abbé Yvelin,
le Marquis de Sommery, de Fontenay & Planter à les
aller recevoir.

MM. les Adminiſtrateurs de l'Hôpital-Général, ont été
introduits accompagnés des Députés qui étoient allés au-
devant d'eux. Placés ſur les ſieges diſpoſés pour les députations, M. de Bonne fils, l'un d'eux, a pris la parole,
& dit :

Monseigneur et Messieurs,

» Nous nous préſentons au nom de l'Adminiſtration de
» l'Hôpital-Général, pour vous porter l'hommage reſpec-
» tueux des pauvres.

» Perſonne ne peut mieux que nous ſentir les avantages
» qui vont naître de vos Aſſemblées. Tous vos travaux,
» Meſſieurs, ſont dirigés vers le bien public ; tous tendent
» au ſoulagement de l'humanité. Vous avez jetté un regard
» ſur la claſſe malheureuſe des citoyens ſans travail, & déjà
» des atéliers de charité vont s'ouvrir. Vous pénétrerez juſ-
» ques dans l'aſyle deſtiné aux malheureux que leurs infir-
» mités éloignent de ce bienfait. Les vieillards éleveront
» vers vous leurs mains débiles ; ils vous demanderont un
» pain qu'ils ne peuvent plus gagner ; les cris des pauvres
» orphelins perceront juſqu'à vous : nés ſans parents, ou
» par eux abandonnés, ils n'ont dans leur miſere d'autre hé-
» ritage à eſpérer que des bienfaits. Les uns & les autres
» béniront le Monarque qui veut être leur pere, & qui s'eſt
» rapproché d'eux en leur donnant en vous des protec-
» teurs.

» L'auguſte Prélat, déſigné par ſon rang, & plus en-
» core par ſes vertus, pour préſider vos ſéances patrioti-
» tiques, connoît les charges de la maiſon que nous admi-
                                                    » miniſtrons.

» niftrons. Souvent par fa préfence il encourage notre zèle
» & nous offre le modele d'une charité toujours active.
» Inquiet fur les befoins des pauvres , combien de fois ne
» l'avons-nous pas vu prévenir nos demandes & les appuyer
» de fon crédit auprès du Trône ? C'eft devant vous ,
» Meffieurs , que nous avons cru devoir lui donner un té-
» moignage éclatant de notre reconnoiffance.

» Son Eminence ne peut pas tout le bien qu'elle défire ;
» mais quel fuccès ne devons-nous pas attendre de nos
» follicitations , lorfqu'elles feront fecondées par l'Affem-
» blée provinciale , dont nous réclamons , Meffieurs , la
» protection & l'appui ?

Monfeigneur le Préfident a répondu :

M E S S I E U R S ,

» L'ASSEMBLÉE provinciale reçoit avec d'autant plus de
» reconnoiffance les hommages d'une Adminiftration auffi
» eftimable , qu'étant moi-même le témoin de fon zèle &
» de fes travaux , je n'ai ceffé dans tous les temps d'y don-
» ner les applaudiffements qu'elle mérite.

MM. les Adminiftrateurs de l'Hôpital-Général ont falué
l'Affemblée , & ont été reconduits avec les mêmes honneurs.

MM. les Adminiftrateurs de l'Hôtel-Dieu ont également
été annoncés. Introduits par les mêmes Députés , & placés fur les mêmes fieges , ils ont adreffé à l'Affemblée un

R r

compliment, auquel Monseigneur le Président ayant répondu, ils se sont retirés accompagnés des mêmes Députés qui étoient allés les recevoir.

MM. les Députés étant rentrés, le Bureau du commerce a fait le rapport suivant :

Messieurs,

» Quelqu'importants que soient sans doute en adminis-
» tration les objets relatifs à l'agriculture, & ceux qui peu-
» vent être plus particulièrement compris sous la dénomi-
» nation d'objets du bien public, la situation actuelle de
» la Généralité de Rouen paroîtroit exiger qu'ils ne fussent
» pris en considération que secondairement à ceux plus im-
» médiatement relatifs au commerce.

» La fertilité du sol, les travaux de ses habitants, leur
» génie heureux, & sans doute les soins du Gouvernement,
» ont porté déjà dans la Généralité de Rouen la culture à
» un dégré de perfection tel que, quoique susceptible encore
» d'améliorations importantes, nous ne devons pas crain-
» dre de la voir sitôt dégénérer ; & si plusieurs objets ré-
» latifs au bien public, demandent les regards favorables
» du Gouvernement, ils ne font pas pour la plupart d'une
» nécessité si pressante qu'il puisse être dangereux de tar-
» der à s'en occuper.

» Il n'en est pas de même de ce qui a rapport au com-
» merce. Le traité de commerce conclu avec l'Angleterre

»a produit dans la Généralité de Rouen une révolution
»subite qui exige l'attention la plus suivie du Gouverne-
»ment & ses soins, nous osons même le dire, ses secours
»les plus prompts.

»Il ne nous appartient pas de décider des avantages ou
»des inconvénients que peut avoir pour la France en gé-
»néral le traité de commerce. Sans doute le Gouverne-
»ment a eu des motifs suffisants pour le conclure. Mais
»s'il avoit été malheureusement abusé par de fausses espé-
»rances, à Dieu ne plaise que ce soit l'administration pa-
»cifique des Assemblées provinciales qui l'engage à cher-
»cher dans la guerre le moyen violent & terrible de ré-
»parer son erreur! Il trouvera dans sa sagesse, il trouvera
»dans le génie de la Nation des ressources plus satisfai-
»santes & plus dignes du cœur sensible du Monarque ver-
»tueux qui nous gouverne.

»Pour le mettre à portée de mieux connoître ce que
»l'intérêt de l'Etat exige par rapport au commerce de la
» Généralité de Rouen, celle du royaume qui souffre le
»plus sans doute des dispositions du traité de commerce,
»offrons-lui l'apperçu des craintes & de la situation véri-
»tablement alarmante des principales manufactures de
»cette Généralité.

»Les plus intéressantes sont celles des toiles, dont le pro-
»duit est évalué à quarante-cinq millions au moins; celles
»de draps, ratines, évaluées à vingt millions ; la bonneterie

»évaluée de 1,600,000 l. à deux millions ; enfin plufieurs
»manufactures de toiles de fil & coton, des faïenceries,
»des verreries, des forges, des lamineries. On eſtime que
»le prix total de ces fabrications eſt de quatre-vingt à
»quatre-vingt-dix millions ; la moitié au moins de cette
»fomme eſt le prix de l'induſtrie, & par ſa circulation
»vivifie la Généralité.

   »Ces manufactures font d'autant plus précieufes à con-
»ferver, qu'elles s'occupent prefque toutes d'objets d'un
»ufage journalier : & cependant nous n'avons que trop à
»craindre aujourd'hui leur entiere deſtruction ; puifque loin
»de pouvoir foutenir la concurrence dans les marchés étran-
»gers, elles font au moment de fuccomber au fein même
»de leurs établiſſements fous les efforts de la rivalité An-
»gloife.

   »C'eſt dans la connoiſſance des caufes premieres du
»défavantage que notre commerce éprouve vis-à-vis celui
»des Anglois, que nous trouverons l'indication des fecours
»qu'il eſt plus urgent de lui accorder.

   »Le bon marché & la perfection des marchandifes dé-
»terminent les acheteurs ; l'abondance & l'excellence des
»matieres premieres, l'économie dans la main-d'œuvre,
»& les talents des fabricants déterminent la perfection &
»le prix des marchandifes. Si nous devons tout efpérer des
»talents des fabricants François, ils ont fans doute le droit
»de prétendre à des encouragements ; & cette confidération
»doit être une des premieres à propofer au Gouvernement.

» Nous avons , par rapport aux laines, beaucoup à défi-
» rer fur l'abondance & l'excellence des matieres premie-
» res. Si nous confervons encore une fupériorité marquée
» dans la fabrication des draps dont la perfection exige
» l'emploi des laines d'Efpagne, les Anglois nous écrafe-
» ront bientôt dans la confection de toutes les étoffes de
» lainage d'une efpece inférieure , mais d'un ufage plus gé-
» néral , auxquelles peuvent fuffire les laines bien fupérieu-
» res aux nôtres que leur donnent leurs moutons.

» Nous ne faurions donc demander avec trop d'inftance
» au Gouvernement, de porter les foins les plus fuivis à la
» multiplication des bêtes à laine ; d'autorifer l'Affemblée
» provinciale à fe procurer & à prodiguer dans les cam-
» pagnes des béliers & des brebis de l'efpece qui produit
» aux Anglois leurs plus belles laines , & de récompen-
» fer ceux qui fe feront occupés utilement à conferver &
» perfectionner cette race précieufe, l'Affemblée a cru cet
» objet d'adminiftration d'un affez grand intérêt pour mé-
» riter un mémoire & un arrêté particulier qui puffent
» hâter l'inftant où , par des foins dont l'effet fenfible n'eft
» que trop éloigné , nous pourrions enlever aux manu-
» factures Angloifes un moyen auffi décifif de fupériorité.

» L'Angleterre porte également un grand préjudice à nos
» manufactures , par rapport à une autre matiere premie-
» re non moins importante pour elles; ce font les cotons de
» nos colonies. A la faveur de l'Arrêt du 30 Août 1784,
» contre lequel toutes les places de commerce ont tant

»de fois reclamé, les étrangers, & fur-tout les Anglois,
»s'introduifent dans nos colonies; & malgré la vigi-
»lance des adminiftrateurs, ils y enlevent en fraude une
»grande partie de nos cotons. Bientôt ils les apportent
»ouvragés dans nos ifles, où, par leur concurrence, ils
»empêchent la vente de nos fabrications; & c'eft ainfi
»que nous perdons l'immenfe débouché de nos colonies.

»Le coton eft une matiere premiere bien précieufe à
»cette Généralité. Il y eft l'aliment d'un nombre infini
»d'atéliers, & les trois millions de livres pefant, auxquels
»nous évaluons la récolte de cette denrée dans nos co-
»lonies, doit procurer par fa filature & fes autres fabri-
»cations, au moins fix livres tournois de produit par li-
»vre : c'eft donc dix-huit millions au profit de notre main-
»d'œuvre; & il eft bien important fans doute de ne pas
»nous les laiffer enlever avec autant d'indifférence.

»Le Gouvernement ne doit pas s'occuper moins active-
»ment à nous procurer tout ce qui peut porter l'économie
»dans la main d'œuvre : c'eft par elle fur-tout que les An-
»glois ont fur nous de fi grands avantages. Des machines
»de toute efpece les mettent à portée de fe préfenter dans
»les marchés du monde entier, avec une fupériorité mar-
»quée, & de l'emporter au fein même de la France par
»le bon marché, & le plus fouvent encore par la perfec-
»tion de leur fabrication.

»Nous n'infifterons pas fur la vérité de cette affertion,
»dont le commerce n'a eu & n'a tous les jours encore que

»trop d'occafions de donner au Gouvernement les preu-
»ves les plus authentiques. Nous infifterons fur le re-
» mede.

»Il confifte à multiplier les machines angloifes, à les répan-
»dre avec profufion, à aider & à récompenfer ceux qui
»nous les procureront, & également ceux qui les perfec-
»tionneront ou en inventeront de nouvelles : car le génie
» françois eft inventeur ; il ne demande que d'utiles encou-
»ragements, & de ne pas être réduit à enrichir les na-
»tions étrangeres de découvertes trop dédaignées dans fa
» patrie.

»Si des circonftances affligeantes ne permettent pas au
» Gouvernement de multiplier à fes frais, en ce moment,
» des machines dont le prix eft proportionné à leur im-
»portance, il peut du moins encourager ceux qui ofe-
»ront en établir ; il peut faire employer, ou prêter pour
»fervir de modeles, celles qu'il a eu la fageffe de fe pro-
»curer. Il doit fur-tout s'occuper à répandre trois efpe-
» ces de machines Angloifes. Les unes fervent à carder
» les cotons ; elles font connues en France, & la manufac-
»ture de velours de coton établie à S. Sever les emploie
» avec fuccès. D'autres également bien connues, & qu'on
»nomme *Jennys*, font très-fimples : une feule perfonne
» peut faire agir par elle jufqu'à quatre-vingt-quatre fu-
»feaux. Enfin les troifiemes, nommées *Rowing*, donnent
» de la célérité & de la facilité au travail des deux pré-
» cédentes. Elles préparent pour la filature, avec une
» promptitude finguliere, les flocons fortants des machi-
»nes à carder.

» On pourroit, avec une foible dépenfe, établir à Rouen,
» & mettre en activité dans un atélier public où elles fer-
» viroient de modele, un nombre fuffifant de ces différen-
» tes machines, & deftiner en même-temps une fomme
» pour récompenfer le méchanicien qui inftruiroit dans
» l'art de les exécuter & de les conduire.

» L'effet de ces machines peu couteufes feroit, d'après des
» calculs très-modérés, de diminuer prefque de moitié le
» prix de la filature, & de procurer à nos fabriques de toi-
» les, telles qu'elles font aujourd'hui, une économie de
» près de fix millions, & de bien plus grands bénéfices,
» lorfqu'à la faveur d'une concurrence plus égale notre
» commerce acquerroit une nouvelle activité.

» D'après l'Edit qui doit vivifier le commerce de la
» France, en rappellant dans fon fein un nombre de
» citoyens utiles qu'une malheureufe intolérance en avoit
» repouffés, qu'il nous foit auffi permis de nous flatter qu'ils
» s'emprefferont de reparoître parmi nous, riches de mille
» moyens d'induftrie qui nous font étrangers ; & puiffions-
» nous ne pas nous abufer dans l'efpoir que le Gouver-
» nement faura tirer tout le parti poffible de cette heu-
» reufe révolution !

» On ne doit plus fans doute regarder comme un objet
» digne de difcuffion, l'objection du danger qu'en multi-
» pliant les machines, il pourroit y avoir à priver un grand
» nombre d'ouvriers des reffources de leur exiftence. Ces
reffources

»reſſources ſe multiplieront tous les jours pour eux, par-
»tout où les richeſſes ſeront abondantes; elles s'anéanti-
»ront au contraire par la ceſſation du commerce, ſuite
»fatale & dangereuſe d'une concurrence trop déſavanta-
»geuſe, à laquelle nous ne pouvons nous ſouſtraire, ſi nous
»n'employons les mêmes moyens d'économie dont uſent
»nos rivaux.

»Cependant, ſi nous devons ſolliciter vivement la mul-
»tiplication des machines dont l'uſage eſt devenu indiſ-
»penſable à la conſervation de nos manufactures; nous
»ne ſaiſirons pas avec moins d'intérêt l'occaſion de réunir
»en même-temps l'avantage du commerce, & celui des
»ſimples artiſans. Il ſe trouve dans le rétabliſſement de la
»manufacture des blancards. Cette fabrication, qui em-
»ploie uniquement le fil, offriroit un nouveau travail de
»filature aux ouvriers qui, d'après l'établiſſement des *Jen-*
»*nys,* ne ſeroient plus occupés à la filature du coton, &
»conſommeroit en France les fils eſtimés de la vallée de
»Rîle, dont aujourd'hui la plus grande partie eſt expor-
»tée à l'étranger.

»Il eſt un moyen d'économie bien important qui ne
»tient pas ſeulement à l'induſtrie, mais qui eſt en même-
»temps un don de la nature : c'eſt l'uſage du charbon
»de terre. Le feu, par la néceſſité abſolue dont il eſt ha-
»bituellement pour la plupart des uſines, influe d'une
»maniere bien ſenſible ſur le prix de leurs fabrications.
»La cherté du bois, & les réglements qu'a néceſſités la
»diſette de ce combuſtible, contraignent les manufac-
»tures de la Généralité de Rouen à faire, ainſi qu'en Angle-

S s

» terre, usage du charbon ; mais il coûte en Normandie
» plus du quadruple de ce qu'il coûte en Angleterre. Il est
» donc du plus grand intérêt pour l'État, de s'occuper de la
» découverte des mines nouvelles & suffisantes de charbon
» de terre, & de veiller à ce que leur extraction se fasse
» avec la plus grande économie. La concurrence étant sans
» doute le véhicule le plus puissant pour porter les den-
» rées à leur valeur la plus modérée, le Gouvernement
» fera naître cette utile concurrence en anéantissant tout
» privilège exclusif, en faisant au contraire prêter des son-
» des à ceux qui les voudront employer, & en accordant
» des primes à ceux qui les auront méritées par des succès
» si précieux pour l'État.

» Nombre d'années se trouveront malheureusement écou-
» lées sans doute avant qu'on puisse recueillir le fruit des
» dépenses & des recherches que l'on aura faites.

» Dans cet intervalle, l'Angleterre continuera de
» percevoir un tribut énorme sur les besoins de nos ma-
» nufactures ; 1°. par le prix originaire de son charbon
» qui s'élève à environ dix schellings la chaldrée au sortir
» de la mine ; 2°. par les droits de quatorze schellings de
» la chaldrée (faisant environ vingt de nos barils) & 10
» pour cent en sus ; 3°. par les autres menus frais & droits
» en Angleterre ; 4°. par le bénéfice du transport *affecté &*
» *dévolu à ses seuls navires ;* enfin parce que sortant par
» des navires françois, les droits chez eux sont au moins
» du double.

» On ne croit point exagérer en estimant que les di-

» verfes mines d'Angleterre fourniffent à la France, année
» commune, au moins 800 mille tonneaux de charbon.
» Qu'on fuppofe cette quantité répartie en 2000 cargai-
» fons de 400 tonneaux chaque, chacun de leurs navires
» employés à ce tranfport fait quatre voyages par an; & en-
» fin chacun de ces navires étant montés de 10 hommes,
» c'eft 5000 matelots qui fe forment & s'occupent chez eux
» pour ce feul genre de navigation.

» Si le François n'étoit pas affujetti en Angleterre à des
» droits & frais plus forts que ceux que paient les Anglois,
» ils pourroient partager cette navigation. Alors combien de
» matelots qui fe formeroient de plus! Combien de maîtres &
» de pilotes qui s'exerceroient dans la connoiffance des côtes
» d'Angleterre dont nous fommes peu au fait; tandis que
» les Anglois toujours en action par une jouiffance libre de
» toute navigation, & exercés par leur cabotage, connoif-
» fent parfaitement jufqu'aux moindres anfes de nos côtes!

» Pour remédier à un objet auffi effentiel, oublié dans
» la négociation du traité du commerce, il nous faudroit
» fuivre l'exemple de l'Angleterre, & exempter de tous
» droits d'entrée le charbon importé en France par les na-
» vires François, en les laiffant fubfifter tels qu'ils font
» actuellement établis fur ce qui viendroit par les navires
» Anglois.

» C'eft par ces foins que nous parviendrons tôt ou tard à
» atténuer les défavantages que nous éprouvons par rap-
» port à la confommation du charbon de terre; & s'il eft
» trifte de ne pouvoir y apporter que des remédes d'un

»effet bien lent , il eſt par cela même d'autant plus inſ-
»tant de s'en occuper promptement.

»Si les manufactures de laine , de fil & de coton
»ſouffrent de la cherté du combuſtible, combien doit-elle
»faire un tort plus ſenſible aux faïenceries , aux verre-
»ries , aux forges, & aux lamineries? Auſſi les atéliers in-
»téreſſants des faïenceries de la province ſont-ils dans un
»état d'anéantiſſement qui exige les ſecours les plus prompts,
»& qui menace l'état de l'émigration ou du déſeſpoir d'un
»grand nombre d'ouvriers qui ſeroient précieux, ne fuſ-
»ſent-ils enviſagés que comme de ſimples citoyens.

»Les verres à vîtres Anglois étant de couleur ſupérieu-
»re aux nôtres , & fabriqués avec des matieres beaucoup
»plus cheres, ne peuvent être établis ici à bon compte ;
»mais il eſt à craindre qu'à la longue les Anglois ne
»faſſent beaucoup de tort à nos verreries pour l'article
»des bouteilles. Ils nous en auroient déjà approviſion-
»nés , ainſi qu'ils l'ont fait & le font encore de leur
»faïence, ſi nous avions pu nous accommoder de la for-
»me qu'ils leur donnent. Mais n'ayant que ce ſeul obſta-
»cle à vaincre , nos verreries à bouteilles ont tout à crain-
»dre de la concurrence d'une nation qui vient nous com-
»battre dans toutes les branches de notre induſtrie.

»Nos forges n'ont beſoin que d'encouragement pour ſe
»porter à entreprendre la fabrication des pieces fortes &
»d'un grand prix, que nous ſommes réduits à faire venir
»d'Angleterre.

»L'intéreſſante manufacture de cuivre laminé établie

» nouvellement à Romilly, mérite particulierement la pro-
» tection du Gouvernement. Pourroit-il ne pas être péné-
» tré de la nécessité, non-seulement d'enlever à nos ri-
» vaux une branche de commerce aussi considérable, mais
» encore de ne pas nous mettre dans leur dépendance pour
» des fournitures qui sont en tout temps d'un si grand dé-
» bit, & qui en temps de guerre sont devenues d'une aussi
» grande importance? Cependant la manufacture de Ro-
» milly a déjà beaucoup souffert de la diminution des droits
» sur les cuivres ouvragés importés d'Angleterre; qu'elle
» soit du moins soulagée par la suppression des droits sur
» les cuivres bruts.

» Nos tanneries énervées par le droit de marque, au-
» roient besoin pour reprendre vigueur, d'être débarrassées
» de ce droit inquiétant & onéreux; & des secours utile-
» ment dispensés les conduiroient sans doute à s'élever à
» la perfection de la fabrication Angloise. MM. Legendre
» & Martin, au Ponteaudemer, ont prouvé que nous étions
» susceptibles d'y parvenir; & les succès de cette impor-
» tante manufacture, offrent une preuve éclatante de l'u-
» tilité des avances qui leur ont été faites à propos par
» le Gouvernement, & des avantages que l'État doit re-
» tirer toujours d'une munificence motivée par des vues
» aussi sages.

» En facilitant, par la liberté de l'entrepôt, l'importa-
» tion & la réexportation des matieres premieres, denrées
» de récolte non-fabriquées, nécessaires à nos besoins & à
» l'aliment de nos manufactures, ainsi que des denrées du
» nord servant à la construction & à l'armement de nos na-

» vires ; en·adoptant pour toutes ces marchandifes venant
» de l'étranger les mêmes principes adoptés pour les lai-
» nes par le fage réglement de 1756, la France donneroit
» plus d'étendue aux opérations de fon commerce ; elle
» pourroit devenir le magafin général de l'Europe, & en-
» lever aux Hollandois l'approvifionnement d'une grande
» partie de l'Allemagne, de la Suiffe & de plufieurs au-
» tres pays.

» La vente des productions étrangeres que la France
» pourroit y faire, excéderoit aifément trente millions par
» an ; & fans rien forcer, on peut eftimer que par le fret,
» les affurances, les commiffions, les tranfports par terre,
» ces trente millions feroient entrer tous les ans dans
» le royaume quinze pour cent de leur valeur ; ce feroit
» donc un bénéfice de quatre millions cinq cens mille li-
» vres par an que la France pourroit fe procurer.

» Dans la crife violente où fe trouve aujourd'hui le com-
» merce de la Généralité de Rouen, le Bureau eftime que
» l'Affemblée provinciale ne pourroit demander au Roi
» trop tôt, & avec trop d'inftances, de la mettre à por-
» tée de fe pourvoir de béliers & de brebis de races étran-
» geres ; de les répandre dans la province, & de pouvoir
» affurer des gratifications à ceux qui, par leurs foins, fau-
» ront multiplier ces races précieufes qui nous manquent ;

» Qu'elle doit le fupplier d'encourager ceux qui oferont
» établir les machines importantes qui économifent fi fort la
» main d'œuvre Angloife, de faire employer ou prêter, pour
» fervir de modeles, celles qu'il a eu la fageffe de fe pro-

» curer, & fur-tout de répandre dans les campagnes les
» machines à carder les *Rowing* & les *Jennys* ;

» D'encourager ceux qui voulant effayer leur terrain,
» peuvent fe flatter d'accroître la découverte des mines de
» charbon de terre, de faire veiller à ce que leur exploita-
» tion économique puiffe réduire infiniment le prix fi oné-
» reux de ce combuftible ; fur-tout d'anéantir à cet égard tout
» privilege exclufif, & d'exempter de tous droits d'entrée
» le charbon importé en France fur des navires françois ;

» D'autorifer l'Affemblée provinciale à encourager par
» des primes & à aider par des avances les maîtres de for-
» ges qui fe hazarderoient aux tentatives néceffaires pour
» fabriquer les pieces intéreffantes que nous fommes obli-
» gés de tirer à grands frais des forges d'Angleterre ;

» De fupprimer les droits fur les cuivres bruts importés
» à Romilly ;

» De rendre la vie au commerce autrefois fi floriffant de
» la tannerie, qui languit depuis l'établiffement du droit de
» marque ; & s'il n'eft pas poffible d'obtenir l'entiere fup-
» preffion de ce droit onéreux, que du moins, à la faveur
» d'un abonnement défiré, les tanneurs foient délivrés des
» inquiétudes & des gênes qui les défolent ;

» De s'occuper utilement du rétabliffement de la fabri-
» que des blancards, & particulierement de l'exempter des
» droits de marque & d'aunage ;

» De laiffer aux fabricants la liberté de pouvoir travail-
» ler felon les échantillons que le commerce croira devoir

» leur demander, & d'ordonner que les marques qui con-
» tribuent à la fûreté des acheteurs foient, non pas fuppri-
» mées, mais appofées diftinctement & d'une maniere inef-
» façable, indiquant fi c'eft bon teint ou petit teint, & va-
» riées de feize en feize, au gré des différentes laizes fur
» lefquelles il feroit avantageux de fabriquer;

    » De favorifer l'exportation de nos manufactures par des
» primes prélevées fur les droits des importations Angloifes;

    » D'accorder la liberté de l'entrepôt; de hâter la con-
» fection d'un tarif nouveau, dont la clarté faffe la fûreté,
» & de modérer les droits fur les importations des matieres
» premieres, qui font d'une néceffité abfolue pour nos fa-
» briques;

    » De confier à fon Affemblée provinciale des fecours
» plus abondants, & qui en ce moment dont on doit pré-
» voir tous les embarras, la mettent à portée de faire vi-
» vre & de conferver à la France des citoyens, des artifans
» précieux ; & dont l'émigration ne feroit que trop à crain-
» dre : enfin, d'encourager de toutes manieres les commer-
» çants induftrieux, zèlés & patriotes, qui mériteront le
» mieux de l'État, pour avoir employé un plus grand nom-
» bre d'ouvriers en un moment auffi défavorable.

    » Quelqu'évident qu'il foit que les facrifices que le Gou-
» vernement fait faire à propos à l'encouragement des ma-
» nufactures, lui foient bientôt payés par la nouvelle four-
» ce de profpérité qu'il acquiert, nous favons qu'il fe-
» roit fouvent dans l'impuiffance d'acquitter par des ré-
» compenfes pécuniaires le courage & les talents de nos
                              » principaux

»principaux négociants & fabricants. Qu'il nous ſoit donc
»permis de réclamer pour eux des récompenſes plus di-
»gnes des ſentiments de tout être ſupérieur dans ſon état.
»Qu'ils ſoient payés par des honneurs & des diſtinctions ;
»& que dans toute profeſſion honorable le mérite éminent
»procure la nobleſſe. L'ancienne nobleſſe ſera fiere de ſe
»voir ainſi régénérée, & triomphera, ſi le Gouvernement ne
»ſouffre plus que le prix de la vertu s'acquiere à prix d'ar-
»gent, ou par l'exercice de charges inutiles. Que cepen-
»dant il ne ſoit pas permis à celui qui a honoré ſon état
»de ſe croire avili en continuant la profeſſion qui a fait
»ſa gloire. Qu'un commerçant utile ne devienne point un
»noble inutile ; & que, par un préjugé funeſte, le commerce
»ne ſoit plus expoſé à voir tarir les ſources qui avoient le
»plus contribué à ſa proſpérité, & qui en s'accroiſſant
»devoient, de jour en jour, le vivifier plus puiſſamment.

L'Aſſemblée ayant entendu le rapport, pénétrée de l'é-
tendue des pertes dont cette Généralité eſt menacée par le
dépériſſement de ſes manufactures & par la ruine de ſon
commerce, ſi les moyens les plus efficaces ne ſont pas employés ſans délai pour arrêter les progrès déſaſtreux de la concurrence Angloiſe, a reconnu 1°. qu'un ſecours prompt &
abondant du Gouvernement eſt indiſpenſable pour relever le
commerce & les fabriques des pertes préſentes qu'elles
éprouvent, & pour prévenir les effets plus ruineux encore
du découragement que ces pertes occaſionnent. 2°. Que
l'utilité paſſagere de ce ſecours momentané ſeroit peu intéreſſante, ſi l'on ne s'appliquoit pas à développer, pour
l'avenir les reſſources réelles qui peuvent mettre l'induſtrie

T t

nationale en état de lutter un jour avantageusement contre l'industrie étrangere.

Sous ce double rapport, l'Assemblée a arrêté que les moyens les plus propres à faire disparoître avec le temps l'infériorité des productions de nos fabriques comparées avec les fabrications Angloises de même espece, sont :

1°. D'améliorer les laines de notre crû, en croisant nos races indigênes avec celle qui produit la laine longue & fine, conformément à l'arrêté qui a été précédemment pris sur cet objet.

2°. D'accréditer & de multiplier dans la Généralité les machines Angloises qui accélerent & perfectionnent la filature & l'emploi du coton, notamment la machine à corder, les *Rowing* & les *Jennys* ; d'exciter l'émulation, & d'honorer les talents de ceux qui pourront inventer, exécuter, ou perfectionner des machines d'une plus grande importance, en les recompensant par des encouragements pécuniaires ou par des distinctions flatteuses.

3°. De seconder les desirs de la Chambre de Commerce, & de favoriser les moyens qu'elle se propose d'employer pour le rétablissement de l'importante manufacture des *Blancards*, en reconnoissant & honorant de même le zèle des fabricants, qui les premiers encourageront par leur exemple patriotique le renouvellement de cette fabrication, & en exemptant ces toiles des droits de marque & d'aunage.

4°. D'exciter par tous les moyens possibles la recherche de nouvelles mines de charbon de terre, fur-tout de celles dont l'exiftence eft indiquée dans la Généralité, & d'en provoquer l'exploitation la plus économique, tant en accordant des primes aux fuccès qui feront obtenus en ce genre de travail, qu'en fuppliant SA MAJESTÉ d'anéantir les privileges exclufifs qui gênent la concurrence fur cet objet devenu de premiere néceffité.

5°. D'accorder des fecours & des encouragements convenables à ceux de nos maîtres de forges qui voudront effayer la fabrication des grandes pieces de fonte que nous avons été obligés jufqu'à préfent de tirer des forges d'Angleterre.

6°. De fupplier SA MAJESTÉ de fupprimer les droits fur les cuivres bruts importés à la manufacture très-intéreffante de Romilly.

7°. De fupplier également SA MAJESTÉ, fi l'état de fes finances ne lui permet pas actuellement de délivrer nos tanneries du droit de marque qui en a entraîné la ruine, de les affranchir du moins des gênes de la perception, auffi décourageantes en cette partie, que le paiement du droit, en leur en accordant l'abonnement.

8°. D'obtenir de la bonté de SA MAJESTÉ la liberté de l'entrepôt, la prompte confection d'un tarif nouveau, la liberté de fabriquer fur différentes laizes, la modération des droits fur l'importation des matieres premieres qui font de néceffité abfolue pour nos fabriques, & pour la conftruction des navires & un encouragement pour les exportations

Tt 2

de nos manufactures, par des primes prélevées fur les droits des importations Angloifes.

9°. De récompenfer par des diftinctions honorables, & même par la noblefse, les commerçants induftrieux & patriotes qui fe feront diftigués , & de faire enforte que ces faveurs foient pour eux un nouveau motif de continuer l'exercice de l'état par lequel ils fe font illuftrés en fe rendant utiles.

L'Affemblée confidérant enfuite combien les différentes branches d'induftrie & de commerce qui ont befoin de protection font diverfifiées , combien l'application des fecours doit varier pour l'efpece & pour l'étendue , fuivant les circonftances particulieres, & combien la diftribution de ces fecours exigera de recherches & d'éclairciffements pour être faite avec le difcernement qui peut feul en garantir l'utilité ; & defirant en même-temps répondre aux fentiments de confiance & de patriotifme que la feule efpérance d'une heureufe révolution a fait naître dans l'ame de tous les bons citoyens qui lui ont fait hommage de leurs travaux , a délibéré , & arrêté de fupplier très-inftamment SA MAJESTÉ d'agréer:

1°. Qu'il foit établi dans la ville de Rouen un Bureau fous la dénomination de *Bureau d'Encouragement pour le Commerce & les Manufactures de la Généralité.*

2°. Que les Députés de l'Affemblée compofant fa Commiffion intermédiaire feront les premiers membres de ce Bureau, & s'adjoindront deux Députés de la chambre de Commerce de la province , choifis par cette chambre , &

deux fabricants au choix de la Commiſſion intermédiaire.

3°. Que ce Bureau, ainſi compoſé, s'occupera particulie-
ment de tout ce qui ſera propre à ranimer l'induſtrie, à
ſoutenir les fabriques, & à maintenir l'activité du commerce; de maniere que ce témoignage public & toujours
ſubſiſtant de la vigilance & de la ſollicitude de l'Aſſemblée ſur ces ſources précieuſes des richeſſes de la Généralité, ſerve à y faire éclore, comme dans les pays où le
patriotiſme eſt développé dans toute ſon énergie, des ſo-
ciétés d'émulation, & des ſouſcriptions d'encouragement
que la faveur du Roi, les applaudiſſements de la nation,
& l'aſſurance devenue plus poſitive de faire le bien, ne
manqueront pas de multiplier.

L'Aſſemblée conſidérant enfin la multiplicité & la di-
verſité des atéliers dont les travaux ordinaires ſont dimi-
nués, ou totalement ſuſpendus, & l'importance des ſecours
devenus indiſpenſables pour rétablir ces fabrications, pour
arrêter l'émigration des ouvriers, & des contre-maîtres,
pour ſubvenir aux encouragements & à l'établiſſement des
nouveaux moyens de proſpérité démontrés néceſſaires tant
par le rapport ci-deſſus que par les autres rapports du
même Bureau, a arrêté que SA MAJESTÉ ſera ſuppliée de
vouloir bien octroyer à la Généralité la ſomme de 300,000 liv.
pour cette année ſeulement, & d'en confier la diſpoſition
à l'Aſſemblée & à ſa Commiſſion intermédiaire; à condition que l'emploi de ce fonds, joint aux ſommes qui
proviendront des ſouſcriptions & des bienfaiſances patriotiques ne ſera fait que conformément aux délibérations
du *Bureau d'Encouragement*, & que le public ſera inſtruit

de la diſtribution & de l'application qui aura été faite de ces fonds par l'impreſſion du compte qui ſera rendu de leur emploi.

Cet arrêté pris, M. le Comte de Mathan a communiqué une lettre de M. le Contrôleur-Général, en réponſe à celle écrite par lui le 30 Novembre dernier, au nom de l'Aſſemblée qu'il préſidoit alors pendant l'indiſpoſition de Monſeigneur le Cardinal, relativement à un ſecours extraordinaire dont le Bureau des travaux publics avoit provoqué la ſollicitation en faveur des ouvriers de la ville de Rouen privés d'occupation. M. le Contrôleur-Général annonce que SA MAJESTÉ vient d'approuver les ouvrages que M. l'Intendant avoit propoſé de faire exécuter ſur la côte de Bon-Secours près Rouen, dans la vue d'offrir de l'occupation à ces ouvriers que la ceſſation des travaux ordinaires laiſſe ſans ſubſiſtance.

La prochaine ſéance indiquée à Lundi 17, heure ordinaire.

Signés, ✝D. Cardinal DE LA ROCHEFOUCAULD.

BAYEUX, *Sécretaire-Greffier.*

Du Lundi 17 Décembre 1787, à neuf heures du matin.

L'ASSEMBLÉE ayant pris ſéance, comme les jours précédents, après la Meſſe, Monſeigneur le Cardinal-Archevêque, Préſident, a annoncé que la Cour des Monnoies devoit venir complimenter l'Aſſemblée; & il a nommé

MM. l'Abbé d'Ofmont, le Comte de Chambors, Feray & Dujardin pour aller la recevoir.

La Commiffion des travaux publics a pris le Bureau, & fait le rapport fuivant :

MESSIEURS,

» LA réfolution que vous avez prife de ne faire cette » année aucun ouvrage à neuf, avoit diftrait notre atten- » tion des indemnités qui font communément accordées » à ceux dont les terres font confacrées au paffage des » routes. Mais comme ces indemnités font prifes fur un » fonds de 40,000 l. que le Roi accorde annuellement à la » Généralité, nous avons cru devoir vous expofer, dès ce » moment, les réflexions du Bureau fur cette matiere.

» Les indemnités pour caufe de terrain perdu par le paf- » fage des routes n'ont été connues qu'en 1774. Jufqu'à » cette époque, les propriétaires étoient obligés à un fa- » crifice abfolu de leurs fonds en faveur de la conftruc- » tion des chemins. En 1774, une idée de juftice détermina » le Gouvernement à offrir aux propriétaires une indemnité » pour les pertes que leur occafionnoit la direction des » routes fur leurs poffeffions. Cette indemnité étoit calculée » de la maniere fuivante : on donnoit le prix entier d'une » maifon lorfqu'on fe croyoit obligé de la détruire, la » moitié de la valeur des fonds en terres labourables, les » deux tiers pour les prés & les bois, & les trois quarts » pour les *mafures*, cours & jardins.

» Tel a été jufqu'à ce moment le régime dans cette

» partie de l'adminiſtration. Nous ſommes bien éloignés
» d'accuſer ici les principes du Gouvernement ; cette con-
» duite étoit le fruit d'une loi impérieuſe, la néceſſité. Tant
» que les ouvrages ont été faits par corvée, l'adminiſtration
» ouvroit des routes par-tout où elle trouvoit des bras, &
» ces entrepriſes multipliées, en abſorbant la modicité des
» fonds conſacrés aux indemnités, ne laiſſoient plus à la
» juſtice des adminiſtrateurs d'autre parti à prendre que
» celui de répartir, dans la proportion donnée, les dédom-
» magements qu'ils pouvoient accorder. Les mêmes prin-
» cipes ont dirigé la conduite des adminiſtrateurs, lorſque
» les fonds en rachat de corvée ne pouvoient être employés
» qu'à huit mille toiſes de diſtance des communautés qui
» les avoient fournis.

» Un autre ordre de choſes ſe développe aujourd'hui.
» Vos principes d'équité ne ſe trouvent plus contrariés par
» les entraves qui gênoient l'ancien régime ; vos fonds ſe
» portent par-tout où le beſoin les appelle ; vos entrepriſes
» n'excéderont jamais vos forces ; & le fruit le plus pré-
» cieux de la ſage méthode que vous avez adoptée, ſera
» de préſenter à toutes les réclamations juſtes un tribunal
» libre & impartial.

» C'eſt d'après ces conſidérations que le Bureau a cru
» devoir conſacrer dans le regiſtre de vos ſéances un prin-
» cipe contre lequel il ne croit pas que vous vouliez re-
» clamer.

» Aucun individu ne doit au bien public une contribu-
» tion plus forte que celle de ſes concitoyens.

» Vous

» Vous feriez bien loin de cette juftice exacte fi vous
» n'offriez aux propriétaires qu'une partie de la valeur du
» fonds que vos chemins leur enlevent; & votre conduite ne
» fera pas même encore abfolument conforme à vos principes,
» lorfque le prix de l'indemnité que vous accorderez fera
» celui de la valeur des terres; puifqu'il exifte toujours des
» convenances que les propriétaires feuls peuvent apprécier.

» Cette difpofition adoptée par le Bureau, l'a conduit
» à de nouvelles réflexions. Il lui a femblé que le vœu que
» vous avez formé d'établir la plus grande fimplicité dans
» votre comptabilité feroit illufoire s'il exiftoit dans la
» Généralité des fonds particuliers pour les indemnités.
» La méthode qu'il va vous propofer de fuivre pour ac-
» quitter ces indemnités, rend plus que jamais néceffaire
» l'unité des fonds.

» Le Bureau a penfé que la maniere la plus fimple de
» faire connoître aux propriétaires vos difpofitions & leurs
» droits, étoit de faire entrer dans le devis des nouvelles
» routes à lever, l'eftimation de la valeur commune des
» fonds que la conftruction de ces routes enlevera aux pro-
» priétaires. Comme cette indemnité entiere des fonds eft
» un bénéfice que votre nouvelle adminiftration leur pro-
» cure, le Bureau a cru qu'ils pouvoient le recevoir, avec
» la charge de voir établir cette valeur commune des fonds
» du canton par l'Affemblée provinciale ou fa Commif-
» fion intermédiaire, d'après les renfeignements qui lui fe-
» ront envoyés par les Affemblées de Département ou leur
» Bureau intermédiaire, fur le toifé qui fera donné par les
» Ingénieurs.

V v

„ Le prix de ces indemnités sera payé à l'acquit des
„ adjudicataires sur les mandats de l'Assemblée provin-
„ ciale ou de la Commission intermédiaire.

„ Il est donc essentiel que les fonds consacrés à ces dé-
„ penses se trouvent dans les mains de ceux qui doivent
„ fournir aux paiements des différentes adjudications. Le
„ Bureau vous proposera donc de demander au Roi qu'il
„ veuille bien continuer le fonds de 40,000 l. destiné aux
„ indemnités dans cette Généralité, pour être joint à ceux
„ recouvrés en rachat de corvée, & être spécialement af-
„ fectées au paiement des indemnités.

„ Ces fonds rentreront alors dans la masse commune ; &
„ au lieu de 724,000 l., la Généralité aura à disposer pour
„ la dépense de ses routes, d'un fonds de 764,000 l. ; &
„ par-là jamais les indemnités ne seront arriérées.

„ Ce régime simple facilitera, Messieurs, la rédaction
„ du compte de recette & de dépense pour la partie des
„ travaux publics que nous vous proposons de publier cha-
„ que année.

„ Dira-t-on que l'Assemblée ne faisant aucune route
„ nouvelle en 1788, n'a aucun droit à réclamer les 40,000 l.
„ d'indemnités ?

„ En supposant que la liquidation des anciennes indem-
„ nités laissât quelques fonds libres, la résolution que
„ l'Assemblée peut prendre aujourd'hui de payer en entier
„ la valeur des fonds enlevés aux particuliers, lors même
„ que vous retarderiez de plusieurs années les nouveaux tra-
„ vaux, mettra souvent ce fonds de 40,000 l. au-dessous
„ des besoins de la Généralité.

» Nous vous offrons ici , Messieurs , un tableau des
» indemnités que l'ancienne administration nous laisse à
» payer cette année, & cet article va encore fournir ma-
» tiere à une nouvelle discussion pour laquelle nous récla-
» mons votre attention.

» Il sembleroit , Messieurs , que d'après les principes que
» nous venons d'établir , l'Assemblée devroit acquitter en
» entier le prix des fonds dont on reclame ici l'indemnité.
» Mais nous observerons que ce font les dettes de l'an-
» cienne administration , & qu'il n'est pas toujours possible
» de donner un effet rétroactif aux loix dont les dispositions
» paroissent les plus conformes aux principes de la justice.

» Des considérations majeures & insurmontables doivent
» suspendre l'effet de vos dispositions équitables. Si vous
» accordez à ces dernieres réclamations l'indemnité entiere
» des pertes qu'elles ont pour objet, il n'y a pas de raison
» pour refuser la même grace à tous ceux qui, depuis 1774 ,
» n'ont reçu en indemnité que les deux tiers ou la moitié
» de la valeur de leurs fonds sacrifiés à la construction des
» routes ; & par la même conséquence, les droits de ceux
» qui n'ont rien obtenu avant 1771 font exactement les
» mêmes.

» Vous réveilleriez donc les anciennes réclamations
» qui se présenteront toutes avec la même force ; puis-
» que les propriétaires n'ont d'autre titre à faire va-
» loir , que le chemin même qui passe sur leurs fonds.

» Bien plus , vous voudrez sans doute , Messieurs , évi-

»ter le danger d'admettre dans votre administration des
» principes que vous ne pouvez suivre dans toutes leurs
» conséquences. Cependant, cette équité sévere qui pour-
» roit vous déterminer à adopter un plan différent de ce-
» lui que nous croyons devoir vous proposer ; cette équi-
» té, Messieurs, ne seroit qu'à demi satisfaite si vous ne
» rembourfiez que la valeur des fonds consacrés à la conf-
» truction des routes depuis quarante ans. Dans ce long
» espace de temps, la privation des intérêts a plus que
» doublé la valeur des fonds perdus ; vous vous in-
» terdirez la faculté de mettre un terme aux réclamations,
» & la demande des intérêts sera aussi fondée en droit, que
» celle de la valeur des fonds même ; puisque la prescrip-
» tion ne peut offrir une sauve-garde pour des opérations
» faites à une époque où les réclamations étoient évidem-
» ment inutiles. Ces demandes seront faites à l'Assemblée,
» n'en doutez pas, Messieurs, puisqu'elles sont déjà par-
» venues jusqu'au Bureau.

» Vous serez donc écrasés sous cette masse énorme d'in-
» demnités ; vous compliquerez à l'excès le régime de vo-
» tre comptabilité ; & le seul fruit que vous puissiez en es-
» pérer, c'est de donner aux créanciers de l'ancienne ad-
» ministration des espérances que vous ne pourrez jamais
» réaliser.

» C'est ici, Messieurs, qu'il faut écouter le langage de
» l'administration. Nous voudrions le posséder dans toute
» son énergie, pour réclamer la préférence que vos pro-
» pres délibérations attribuent au bien général sur l'intérêt

» particulier ; en un mot, Meffieurs, vous propofez une loi
» jufte qui honore votre adminiftration ; il s'agit de favoir
» fi vous lui donnerez un effet rétroactif qui en rendra l'exé-
» cution impoffible.

» Le Bureau defire donc que vous fixiez aujourd'hui vo-
» tre dette & vos nouveaux devoirs ; votre dette, en dé-
» cidant que les indemnités auxquelles les conftructions de
» l'ancienne adminiftration vous obligent, feront acquittées
» d'après le régime établi par le Gouvernement ; vos nou-
» veaux devoirs, en déterminant que l'époque de votre
» inftitution fera celle où commenceront les paiements de
» la valeur entiere des fonds quelconques pris fur les par-
» ticuliers pour la conftruction des routes.

L'Affemblée ayant mis ce rapport en délibération, a
arrêté :

1º. Que les fonds enlevés aux particuliers par le paffage
des nouvelles routes que l'Affemblée provinciale fe décidera
de faire, feront payés en entier au prix commun des fonds
du canton.

2º. Que les Affemblées de Département feront paffer à
l'Affemblée provinciale ou à fa Commiffion intermédiaire
l'état du prix commun des terres fur lefquelles pafferont
les nouvelles routes.

3º. Que ces évaluations faites par l'Affemblée provinciale ou fa Commiffion intermédiaire feront portées au
devis eftimatif des nouvelles routes, & que le prix en fera
payé à l'acquit des adjudicataires fur les mandats de l'Af-

semblée provinciale ou de sa Commission intermédiaire.

4°. Que le Roi sera supplié de vouloir bien continuer le fonds de 40,000 livres, destinées au paiement des indemnités des terrains employés aux nouvelles routes, pour être joints annuellement à ceux à recouvrer en rachat de corvée, & être spécialement affectées au paiement des indemnités.

5°. Que ces 40,000 liv. rentreront dans la masse commune pour être employées aux travaux des routes, d'après les principes qui ont été précédemment établis.

6°. Que les comptes de recette & de dépense, pour tout ce qui concerne les travaux des routes, sera tous les ans rendu public par la voie de l'impression.

7°. Que les indemnités que l'ancienne Administration a laissées à payer, le seront conformément au régime que le Gouvernement avoit réglé.

MM. de la Cour des Monnoies s'étant fait annoncer, ils ont été introduits accompagnés des Députés choisis pour aller les recevoir ; & s'étant placés sur les sieges préparés pour les députations, M. Ballicorne, Général-Provincial des Monnoies au Département de Normandie, a dit :

MESSIEURS,

» La bienfaisance du Roi lui ayant fait concevoir le de-
» sir de rendre ses sujets heureux, sa sagesse lui a inspiré
» les moyens les plus propres à remplir ce but si digne

» de son cœur paternel. Les Assemblées provinciales ont
» été instituées, & celle-ci a été composée des hommes
» les plus vertueux & les plus éclairés.

» La joie & les hommages de vos compatriotes ont dû
» vous convaincre, Messieurs, que la patrie a conçu de
» grandes espérances : vous les réaliserez.

» Les meilleurs Rois & les Ministres les plus sages igno-
» rent souvent le mal qu'ils doivent guérir, & le bien que
» l'on attend d'eux. Ni l'un ni l'autre n'échapperont à vo-
» tre vigilance. Voyant de plus près les abus, vous serez
» plus propres & plus prompts à les corriger. Vous ap-
» prendrez à vos concitoyens par votre exemple à suppor-
» ter avec patience le poids des impôts ; vous l'allégerez
» même, non-seulement en le distribuant avec plus de
» justice, mais encore en découvrant ou fécondant les sour-
» ces, jusqu'à présent inconnues ou stériles, de la fortune
» publique.

» Ces grands avantages ne sont pas les seuls que doit
» procurer l'établissement des Assemblées provinciales ;
» il produira, nous pouvons le présager, une révolution
» dans les mœurs ; il ranimera le patriotisme expirant ; l'im-
» puissance d'être utile à la patrie l'avoit rendu, pour ainsi
» dire, indifférent ; vos généreux efforts & vos succès ex-
» citeront une noble émulation en sa faveur, & le desir
» de marcher sur vos traces multipliera les citoyens estima-
» bles.

» Un établissement aussi précieux doit être à jamais con-
» sidéré comme sacré par le Monarque qu'il fera chérir

» davantage, & par la nation qu'il rendra de jour en jour
» plus heureuſe.

» Nous nous félicitons, Meſſieurs, d'avoir pu joindre
» nos vœux & nos hommages à ceux des citoyens qui ai-
» ment la patrie, honorent les talents & révèrent les vertus.

» Si dans l'adminiſtration qui nous eſt confiée, & qui
» n'eſt pas ſans influence ſur le bonheur public, nous avions
» jamais l'occaſion de concourir à vos utiles travaux, dai-
» gnez être perſuadés, Meſſieurs, de notre dévouement &
» de notre zèle. »

Monſeigneur le Préſident a répondu :

MESSIEURS,

» L'INTÉRÊT que tous les Corps de la ville ont pris à
» l'établiſſement de l'Aſſemblée provinciale, annonce les
» avantages qui doivent en réſulter pour le bien public.
» Elle eſt auſſi ſenſible que moi à la démarche que vous
» faites aujourd'hui, & elle me charge de vous en marquer
» ſa reconnoiſſance.

MM. de la Cour des Monnoies ont enſuite ſalué l'Aſſemblée, & ont été reconduits avec les mêmes honneurs.

MM. les Députés rentrés, le Bureau de l'agriculture,
du commerce & bien public, a fait le rapport ſuivant,
ſur le mémoire relatif à la garence qui lui avoit été renvoyé dans la ſéance de vendredi dernier :

MESSIEURS,

MESSIEURS,

» LE fieur Ingoult qui , d'après les ordres de M. l'In-
» tendant de Poitiers , a formé & entretenu pendant long-
» temps à *Saint-Gilles-fur-Vic*, une pépiniere de garence,
» dont il a laiffé la direction à fon fils , s'eft retiré aux An-
» delys dans fa famille. Une longue habitude du travail
» ne lui permettant pas d'y refter oifif, il fait à Son Emi-
» nence & à l'Affemblée deux propofitions.

» La premiere , eft qu'on lui donne trois mille livres
» par an ; au moyen de laquelle fomme il s'engage de louer
» & cultiver en garence fept à huit arpens de terre propre
» à produire la plus grande quantité de graine , que
» l'Affemblée feroit diftribuer gratuitement à ceux qui dé-
» fireroient fe livrer à cette utile culture. Le fieur Ingoult
» ne dit pas au profit de qui vertiroit le produit des raci-
» nes , lorfqu'après trois années leur maturité permettroit
» de les arracher.

» La feconde , eft de fournir annuellement un état de
» tous les frais , parce qu'on lui accorderoit un appointe-
» ment de 1000 livres par an, outre la valeur des ra-
» cines qui refteroient à fon bénéfice , & qu'il ne fourniroit
» gratuitement que la graine de la garence excrue fur
» fa culture.

» Dans l'un & l'autre cas , le fieur Ingoult demande
» qu'on lui procure deux cens livres de graine de garence
» tirée de Smyrne, comme la plus parfaite en qualité , &

X x

» par conséquent la plus convenable pour former race dans
» la pépiniere projettée.

» Ce placet ayant été lu dans la séance du 14 Dé-
» cembre , provoqua la générosité de Son Eminence
» qui offrit de favoriser ce projet par un don de 3000 liv.
» pour 1788 ; & l'Assemblée renvoya l'examen des propo-
» sitions du sieur Ingoult au Bureau d'agriculture , du com-
» merce & du bien public , qui a l'honneur de vous ob-
» server , Messieurs ,

» Que les mémoires de la Société royale d'agriculture
» de Rouen indiquent les procédés les plus économiques
» pour la culture & la préparation de la garence.

» Que cette plante nécessaire à nos teintures , se plaît dans
» les sables profonds & terrains légers de la Haute-Nor-
» mandie , pourvu qu'ils soient convenablement amen-
» dés & travaillés , & que sa qualité y est exquise.

» Cependant depuis 1752 que ces procédés ont com-
» mencé à se répandre , jusqu'à 1775 , que les succès en ont
» été démontrés par des expériences successives , l'on n'a
» cultivé la garence , autour même du foyer d'instructions
» en ce genre , que partiellement , & en quelque sorte
» par curiosité. Les mêmes instructions ont au contraire
» fait établir des garencieres immenses en Provence , dans
» le Comtat d'Avignon , l'Etat Venaissin , & dans la Suisse.

» N'imputons pas , Messieurs , cette indifférence des cul-
» tivateurs Normands uniquement à leur asservissement à
» une routine aveugle : divers obstacles locaux y ont con-
» couru. Tels sont ,

» 1°. Le haut prix de la location des terres aux environs
» des villes qui procurent l'abondance des engrais néces-
» saires.

» 2°. La cherté de la main d'œuvre dans les pays de
» fabriques, où les enfans & les femmes, qui suffiroient
» aux sarclagés & serfouitures nécessaires à la garence, sont
» occupés & salariés sans s'exposer aux intempéries de
» l'air.

» 3°. La difficulté de trouver de la graine ou des plants
» de garence, pour satisfaire à propos les goûts éventuels
» pour cette culture.

» La proposition du sieur Ingoult semble propre à lever le
» dernier obstacle, mais seulement pour le printemps 1790;
» parce que cette plante ne rapporte abondamment de la
» graine qu'en automne de la seconde année de son semis.
» D'ailleurs, la graine originaire de Smyrne ou de Chypre,
» qu'il demande avec raison comme la meilleure, ne peut
» nous parvenir assez tôt pour être semée avant le prin-
» temps 1789, ce qui recule jusqu'en 1791 les moyens de
» distribuer aux cultivateurs les graines à recueillir dans la
» pépiniere projettée.

» D'après ces considérations, le sieur Ingoult aura le temps
» de fournir à l'Assemblée, ou à sa Commission intermé-
» diaire, des détails instructifs sur ses succès dans le Poi-
» tou avoués par M. de Blossac qui avoit institué son éta-
» blissement; comme aussi de chercher & indiquer le terrain
» sur lequel il pourroit former l'entreprise qu'il médite.
» Ses idées louables en elles-mêmes acquéreront beaucoup

X x 2

» de prix par ces délais néceffaires à leur maturité , à l'ex-
» plication de fes prétentions fur les racines de garence ,
» & pour préfenter le tout fous un point de vue décifif &
» favorable à leur exécution.

» Enfin , en rendant hommage à la générofité habituelle
» de Monfeigneur le Cardinal , le Bureau eftime que le
» moment n'eft point encore venu d'en former la bafe d'un
» établiffement provincial & patriotique ; mais que les bien-
» faits particuliers de Son Eminence ne pourroient que l'ac-
» célérer , en procurant au fieur Ingoult les moyens d'in-
» terroger , par des effais en petit, les terrains fur lefquels il
» projetteroit d'affeoir fes fpéculations. Il feroit facile de
» tirer des garancieres de la Provence, originairement for-
» mées des femences que le Gouvernement fit venir de
» Smyrne & de Chypre , la graine néceffaire pour ces ef-
» fais , & à leur défaut on en demanderoit en Alface. Les unes
» & les autres peuvent parvenir au fieur Ingoult affez tôt
» pour être femées au printemps 1788 , & d'après les fuc-
» cès de la premiere année, on fauroit ce qu'on peut efpé-
» rer du local par la fuite.

L'Affemblée a délibéré & arrêté :

1°. Qu'il feroit utile d'encourager dans la Généralité
de Rouen la culture de la garence, fi néceffaire à nos atéliers de teinture rouge folide fur le coton , & d'indienne-
ries, d'autant plus qu'il eft d'expérience que ce qu'on y en
recueille déjà eft d'une qualité parfaite.

2°. Que les circonftances ne permettent pas d'avoir égard
pour le moment à la demande du fieur Ingoult , & de lui

donner les fommes qu'il défireroit pour fon établiffement.

3°. Qu'hommage foit rendu à Son Eminence fur l'offre qu'elle a faite de favorifer par un don de 3000 l. le projet du fieur Ingoult : mais que Son Eminence foit unanimement invitée de vouloir bien réferver fa générofité pour des occafions d'une utilité plus particulierement démontrée.

4°. Qu'il eft plus intéreffant de préférer pour l'établiffement de la garence, la propofition de M. le Marquis de Conflans, confiftante à confacrer gratuitement jufqu'à vingt acres de terres à cette expérience, qui fera faite d'après les confeils de M. Dambournay reclamés par M. le Marquis de Conflans, & fous les yeux du fieur Ingoult lui-même, s'il juge à propos d'en prendre connoiffance; propofition généreufe & patriotique, pour laquelle M. de Conflans eft prié d'agréer les remerciments de l'Affemblée.

Il a été mis enfuite fous les yeux de l'Affemblée un imprimé ayant pour titre : *Réflexions fur le commerce, la navigation & les colonies*, & il a été arrêté que cet ouvrage fera communiqué à la Chambre de commerce de Normandie, pour qu'elle veuille bien en faire l'examen & en donner fon avis.

La Commiffion de l'agriculture, du commerce & du bien public, a pris le Bureau, & donné lecture d'une requête préfentée à l'Affemblée par *les principales corporations d'arts & métiers de la Normandie*, *contenant des obfervations fur le* DROIT LOCAL *qui fe perçoit à l'entrée de la Normandie feulement*, *fur les bois de teinture*, *foudes & potaffes*.

L'Assemblée, touchée des considérations importantes que présente cette requête, & regrettant de ne pouvoir s'en occuper efficacement, vu le peu de temps qui reste à la tenue de ses Séances, a arrêté qu'elle seroit déposée dans ses archives, & que sa Commission intermédiaire seroit invitée d'en faire l'objet de ses premiers travaux.

On est ensuite allé travailler aux Bureaux.

La prochaine Séance indiquée à demain, heure ordinaire.

Signés, † D. Cardinal DE LA ROCHEFOUCAULD,

BAYEUX, *Sécretaire-Greffier.*

Du Mardi 18 *Décembre* 1787, *à neuf heures du matin.*

L'ASSEMBLÉE étant en séance, comme les jours précédents, après la Messe, la Commission des impositions a pris le Bureau, & proposé aux délibérations de l'Assemblée les six objets suivants.

I.

Privilege de la Noblesse en matiere de Taille.

MESSIEURS,

» Le Bureau de l'impôt ne s'est pas borné seulement à » vous présenter le plan général qu'il a eu l'honneur de » vous soumettre ; pour remplir vos vues, il s'est encore » occupé d'une partie des détails qui en dérivent.

» Vous venez de prendre avec la province l'engage-
» ment folemnel de concourir à fa plus grande profpéri-
» té ; il vous refte à réalifer vos promeffes & fon efpoir.

» Les loix concernant le privilege de la nobleffe , & de
» tous ceux qui ont droit de jouir des prérogatives des
» Nobles, ont laiffé une grande incertitude dans les prin-
» cipes. La variation de la jurifprudence fur cette matie-
» re , a produit néceffairement une grande variation dans
» l'application des principes confacrés par les Réglements
» de 1634, 1664, & enfin de 1673. Ces loix ont fixé ,
» à *l'exploitation de trois charrues , prés & bois à propor-*
» *tion* , le privilege des Gentilshommes. Ce privilege , ou
» exemption de taille , ne leur eft pas contefté & ne peut
» l'être ; mais quelle en eft l'étendue réelle & l'applica-
» tion ? C'eft ce qui a fait la matiere de beaucoup de contef-
» tations ; & l'intérêt des privilegiés , autant que l'ordre
» public , exige qu'il y ait un terme à de fi longs débats.

» Quelques perfonnes ont prétendu que les Nobles peu-
» vent faire valoir l'exploitation de trois charrues , & en
» outre les prés & les bois , à proportion de cette ex-
» ploitation.

» D'autres , au contraire , ont foutenu que cette propor-
» tion de prés & bois entroit dans la limitation du pri-
» vilege de trois charrues ; enforte qu'en évaluant , par exem-
» ple , à *trois mille livres* cette exploitation de trois char-
» rues , il falloit eftimer & cumuler le produit des terres
» labourables , prés & bois , pour favoir s'il excéderoit
» ou non ces 3000 l. , afin de n'impofer le Gentilhomme
» à la taille que fur l'excédent.

» D'autres enfin ont prétendu qu'un Gentilhomme a le
» privilege de faire valoir tous ses bois & prés, outre &
» pardessus l'exploitation des trois charrues ; de telle
» mániere que cette espece de biens étoit affranchie de
» toute imposition de taille, en quelques lieux de la pro-
» vince que ces bois taillis & prés fussent situés, & à quel-
» que somme que leur produit pût s'élever annuellement.

» L'article XXI du Réglement de 1673 sembloit avoir
» fixé invariablement l'étendue de ce privilege à *une seule*
» *ferme, dans une même paroisse, jusqu'à la valeur de trois*
» *charrues au plus, de terres labourables, prés & bois à*
» *proportion.*

» Mais on ne tarda pas à s'appercevoir de l'insuffisance
» ou de l'obscurité de cette loi ; que devoit-on entendre
» par les trois charrues dont elle parle ? Etoit-ce l'étendue
» de terrain que trois charrues peuvent labourer, sans con-
» sidérer la bonne ou mauvaise qualité de ce terrain ? étoit-
» ce le revenu de ces trois charrues, & ce revenu étoit-il
» appréciable en argent ?

» Toutes ces questions ont donné lieu à une infinité de
» contestations d'autant plus difficiles à saisir & à juger, que
» leur décision dépendoit de points de fait toujours posés
» & contestés selon l'intérêt des parties.

» La jurisprudence de la Cour des Aides de Rouen
» avoit apprécié à 3000 liv. le revenu de ces trois char-
» rues ; mais aucune loi positive n'avoit adopté cette fixa-
» tion ; elle avoit même paru insuffisante dans le cas, où
» le Gentilhomme, ne faisant valoir qu'une quantité d'a-
» cres

» cres de prés ou de bois taillis égale à celle que pou-
» voient exploiter trois charrues, se prétendoit néanmoins
» exempt de taille, quoique la valeur de ces prés & bois
» fut bien supérieure à celle de la même quantité de terres
» labourables : cette distinction adoptée par un Arrêt de
» cette Cour du 20 Janvier 1767, a détruit son ancienne
» jurisprudence sur la fixation du privilege à 3000 l., & a
» donné lieu à de nouvelles distinctions & à de nouveaux
» procès.

» Un autre Arrêt du 6 Août 1782, a encore étendu
» ce privilege, en permettant à un Gentilhomme de faire
» valoir des bois taillis, indépendamment d'une ferme
» pour laquelle il jouissoit déjà de l'exemption de taille.

» L'Edit de Juillet 1766, rendu en faveur des nobles
» & privilegiés, n'a pas fixé les principes de la matiere ; on
» a au contraire induit de son enregistrement, tant en la
» Cour des Aides de Paris qu'en celle de Rouen, qu'ils
» pouvoient faire valoir en exemption de taille, leurs bcis
» taillis divisés en coupes réglées.

» L'Arrêt du 6 Août 1682, a été cassé sur le pourvoi
» au Conseil ; & cependant on le trouve rapporté dans un
» ouvrage moderne sur le droit des tailles, comme s'il de-
» voit faire loi dans cette province.

» Les Gentilshommes, les privilégiés & les taillables
» trompés alternativement par de pareils jugements, n'ont
» aucunes regles sûres pour défendre & faire valoir leurs
» droits respectifs ; delà des procès interminables & dispen-
» dieux, aussi préjudiciables aux intérêts du Gentilhomme,

Yy

„qu'à celui des paroiſſes ; parce que toute incertitude en „pareille matiere eſt le germe le plus fécond de toute eſ- „pece de vexations.

„ Seroit-il donc impoſſible d'y mettre fin ? Les privileges „de la nobleſſe ſont inconteſtables, ainſi que ceux des per- „ſonnes qui ont le droit d'en jouir ; il s'agit uniquement de „déterminer ce qu'on doit entendre par la *valeur de trois* „*charrues de terres labourables , prés & bois à proportion.*

„Il paroît indiſpenſable & inſtant de recourir au Roi „à cet effet.

I I.

Tranſlations de domicile.

„ Votre intention eſt de protéger le cultivateur & de „le dégager , autant qu'il ſera poſſible , des entraves mul- „tipliées qui dérivent des précautions priſes pour le re- „couvrement de l'impôt.

„ Il a paru au Bureau qu'il vous eſt poſſible de conci- „lier l'exactitude de ce recouvrement avec la tranquillité „du contribuable , & la liberté naturelle dont il doit jouir.

„ Lorſqu'un taillable veut, ou eſt forcé de transférer ſon „domicile d'une paroiſſe dans une autre , il eſt obligé à „des formalités multipliées & diſpendieuſes , dont le plus „ſimple oubli eſt puni par le paiement d'une double impo- „ſition.

„ L'Arrêt rendu par la Cour des Aides de cette province „en 1735 , indique les formalités impoſées aux taillables „lors de leur tranſlation de domicile.

» Cet 'Arrêt porte que , conformément à la Décla-
» ration de 1673 , & aux articles 22 ¦& suivants de l'Ar-
» rêt du Conseil de 1681 , les taillables qui voudront
» transférer leur domicile d'une paroisse dans une autre ,
» seront tenus de le faire signifier aux Syndics des paroisses
» qu'ils voudront quitter , & ce avant le premier Octobre
» qui précédera leur délogement , & de le faire signifier
» dans le même temps au Greffe de l'Election.

» Qu'ils seront tenus de faire juger leur translation de
» domicile bonne & valable avant le premier Janvier qui
» suivra leur déclaration , à peine de *nullité des déclarations;*
» enjoint aux Greffiers des Elections de tenir un registre
» particulier pour les translations de domicile , &c. &c.

» Toutes ces formalités sont très-onéreuses , & cette dé-
» pense pese singulierement sur la partie la plus pauvre des
» habitants de la campagne.

» Quoique la nécessité d'obtenir le jugement sur la trans-
» lation ait été abrogée en 1772 , cependant le coût des signi-
» fications à faire peut équivaloir encore à la taxe modique
» que le contribuable cherche à ne pas payer : d'ailleurs
» l'ignorance , ou l'oubli du délai , ou la négligence de
» l'officier chargé des significations , peuvent tromper un
» malheureux qui reste ainsi chargé d'une double impo-
» sition dans les deux paroisses : il n'y en a que trop
» d'exemples.

» M. d'Irville nous a présenté un plan , que le Bureau
» a unanimement adopté , parce qu'il réunit & le vœu de la
» loi , & le soulagement des taillables.

» Nous vous proposons , Messieurs, d'arrêter que tous

» les ans , dans chaque paroiffe , auffi-tôt après la récep-
» tion du mandement de la taille , il fera tenu un départe-
» ment municipal dans lequel on conftatera tous les chan-
» gements arrivés dans la paroiffe par mortalités & tranf-
» lations de domicile.

  » Nous mettons fous vos yeux un projet d'Etat d'enrô-
» lement & de dérôlement. Celui des changements ainfi
» publiquement arrêté , fera la regle des perfonnes char-
» gées de faire l'affiète des impofitions. Leur opération
» fera faite avec connoiffance de caufe ; & les particuliers
» qui voudront transférer leur domicile ne feront tenus qu'à
» faire inférer leur déclararion de tranflation de domicile
» dans le département de la paroiffe , conformément au mo-
» dele propofé , & avant l'affiète de la taille.

P L A N.

Département de la Paroiffe de . . .   pour l'année 178
  arrêté cejourd'hui . . . . du mois de . . . . la Communauté
affemblée chez . . . . de la maniere qui fuit , par . . . .

S a v o i r :

Noms des mortuaires avant le premier Octobre 178	Noms des veuves re-mariées avant le premier Octobre 178	Noms des nouveaux impofés.	Ceffation d'occupation.	Reprife d'occupation.
Jacques , im-pofé à 3 l.	La veuve Jean, impofée à 40 f.	François, à 1 l. 10 f.	Pierre a ceffé la jouiffance du bien de à 15 l.	Nicolas a re-pris fon bien tenu par Pier-re , par 15 l.

Certifié véritable par Nous . . . . . ce

I I I.

Transport d'impofition d'une Paroiffe dans uné autre.

» Le Bureau a arrêté de propofer à l'Affemblée de de-
» mander l'abolition du tranfport d'impofition d'une pa-
» roiffe dans une autre.

» Au moyen de ce nouveau régime, chaque paroiffe
» rappellera à fon impofition toutes les terres qui com-
» pofent fon territoire ; elle fera à portée de connoître
» exactement fon étendue & fes forces.

» Une déclaration du Roi du 16 Novembre 1723, n'a-
» voit eu d'abord pour objet que la Normandie ; mais elle
» fut rendue générale pour le Royaume par une feconde
» déclaration du 17 Janvier 1728.

» Les formalités prefcrites par cette loi avoient pour
» objet la facilité de répartir la taille , & l'avantage d'é-
» viter l'inconvénient des doubles impofitions dans deux
» paroiffes fur un même objet.

» L'intérêt d'impofer la taille fur l'univerfalité du ter-
» ritoire d'une paroiffe eft fenfible.

» L'adminiftrateur a une bafe connue, une mefure cer-
» taine pour départir à chaque paroiffe la portion qu'elle
» doit fupporter dans la maffe impofée à l'Election ; & les
» répartiteurs ne peuvent ignorer aucune partie contri-
» buante.

» Le collecteur éprouve un peu plus de peine dans le

» recouvrement; mais ce leger inconvénient fe trouve parfai-
» tement compenfé par l'avantage général de la réunion de
» toutes les terres à l'impofition de chaque paroiffe.

» Aucun article ne pourra fe fouftraire au taux commun
» qui, ramenant chacun à fa véritable proportion, doit
» alléger le fardeau public.

» L'utile réfultat de cette propofition doit mettre tout
» contribuable à l'abri des formalités prefcrites par la Dé-
» claration du Roi du 16 Novembre 1723.

» Ces motifs ont déterminé les difpofitions d'une autre
» Déclaration de SA MAJESTÉ, rendue & enregiftrée en
» la Cour des Aides de Paris en 1776, qui a abrogé celles
» de 1723 & 1728 pour la Généralité de Paris.

» Les motifs de cette derniere loi, qui nous deviennent
» communs, portent fur l'abus de fouftraire les terres à
» l'impofition d'une paroiffe, & d'obliger les taillables à des
» frais qu'ils font obligés de répéter tous les ans.

» L'avantage de cette abrogation a été juftifiée par l'ex-
» périence. Elle eft demandée, Meffieurs, par plufieurs de
» vos Départements, & l'on doit particulièrement vous ob-
» ferver qu'elle eft une conféquence néceffaire du nouveau
» régime d'impofition que vous adoptez.

» L'objet qui vous eft foumis par le Bureau doit être
» commun avec les extenfions des corps de ferme; elles
» doivent par les mêmes motifs être foumifes à la contri-
» bution des paroiffes dans lefquelles elles fe trouveront
» affifes.

I V.

Collecteurs allouants.

» Le Bureau de l'impôt a remarqué que les collecteurs
» allouants causent un grand préjudice dans les campa-
» gnes. Ces hommes font une espece d'agiotage de la col-
» lecte des impositions de diverses paroisses. Le collecteur
» donne souvent au - delà des remises que le Roi lui ac-
» corde pour faire le recouvrement de la taille & de ses
» accessoires. Le subrogé profite de toutes les circonstan-
» ces pour donner à ses avances prétendues une extension
» qui devient autant onéreuse au contribuable , que fu-
» neste dans ses suites.

V.

Faculté que les Villes & Bourgs ont de se choisir des Receveurs Collecteurs.

» La lecture d'un Arrêt du Conseil rendu le 18 Juillet
» 1779, cité dans le premier volume de la collection des
» procès - verbaux de l'Assemblée provinciale du Berry,
» page 250, vous expliquera mieux que nous ne pour-
» rions le faire , les motifs & l'objet d'utilité de ses dis-
» positions.

» Les villes & gros bourgs qui voudront en profiter ,
» prendront à cet égard les délibérations nécessaires ; &
» votre Commission intermédiaire , à laquelle elles seront
» communiquées, sera en état d'accueillir ou de rejetter
» leur vœu , suivant qu'il sera conforme ou contraire aux
» intérêts des communautés.

V I.

Privilege des Maîtres de poſte aux chevaux.

" Vous avez entendu dans le rapport de MM. les Pro-
" cureurs-Syndics, qu'il naît un abus du privilege accor-
" dé aux Maîtres de poſte aux chevaux de cette Géné-
" ralité.

" Le vœu du Bureau auroit été de vous engager à de-
" mander au Roi la ſubſtitution d'un émolument pécuniai-
" re à l'exemption en nature dont jouiſſent les Maîtres de
" poſte. Mais il a préſumé, Meſſieurs, que vous vous bor-
" nerez dans ce moment à charger votre Commiſſion in-
" termédiaire d'écrire aux Départements, afin qu'ils vous
" envoient l'état des Maîtres de poſte exiſtants, l'étendue
" des exploitations qu'ils font valoir tant en propre qu'à
" ferme, l'utilité & le produit de leur ſervice.

" Ces rapports exacts détermineront les travaux de vo-
" tre Commiſſion intermédiaire, & dirigeront ſes vues.

L'Aſſemblée ayant mis en délibération les objets ci-
deſſus propoſés, a arrêté :

1°. Que Sa Majesté ſera inſtamment ſuppliée d'accorder la promulgation d'une loi nouvelle & générale qui
faſſe diſparoître l'incertitude des principes & la variation
de la juriſprudence ſur cette matiere, en fixant le privilege de la nobleſſe, & de tous ceux qui ont droit d'en
jouir, en termes clairs & précis ſur la nature & l'étendue de ce privilege.

2°. Que

2°. Que l'état d'enrôlement & dérôlement, conforme au modèle proposé, sera suivi, & qu'il sera déposé au Greffe de la municipalité, aux fins par les asséeurs de s'y conformer lors de la répartition de la taille.

3°. Que Sa Majesté sera suppliée d'accorder l'abrogation de ses Déclarations des 16 Novembre 1723 & 17 Février 1728, & de rendre communes à sa province de Normandie les dispositions de celle du 11 Août 1776, rendue pour la Généralité de Paris, en fixant l'imposition de chaque fonds dans la paroisse où il est situé, même pour les extensions des corps de ferme.

4°. Que la Commission intermédiaire est chargée de s'occuper de l'objet concernant les collecteurs allouants, afin de mettre l'Assemblée provinciale, lors de sa prochaine tenue, en état de prendre à ce sujet la détermination la plus utile.

5°. Que les villes & gros bourgs taillables pourront choisir des receveurs collecteurs, en convenant avec eux des remises raisonnables.

6°. Que la Commission intermédiaire est chargée de demander aux divers Départements l'état des Maîtres de poste aux chevaux, l'étendue des exploitations qu'ils font valoir tant en propre qu'à ferme, & l'utilité & le produit de leur service.

Il a été mis ensuite sous les yeux de l'Assemblée, un mémoire *sur l'assujettissement aux délais du passe-debout des vins & eaux-de-vie arrivants par mer en Normandie.* Il a été arrêté que ce mémoire seroit communiqué à la Chambre de commerce de Normandie, avec l'invitation

Z z

d'en donner fon avis à la Commiffion intermédiaire chargée de s'en occuper.

La Commiffion du Réglement a pris enfuite le Bureau,
& fait le Rapport fuivant :

MESSIEURS,

» Nous avons examiné avec attention les Réglements
» & Inftructions qui vous ont été adreffées par Sa Ma-
» jesté, & nous allons vous rendre compte de nos ob-
» fervations.

» Quelques articles nous ont paru exiger des éclaircif-
» fements ; d'autres, des modifications ou des additions in-
» terprétatives ; plufieurs enfin nous ont femblé impoffibles
» à exécuter.

Réglement du 15 Juillet. » Examinons d'abord le Réglement du 15 Juillet.

» L'article VI. du titre des *Affemblées municipales*, exi-
» ge que *l'Affemblée de la paroiffe foit compofée de tous*
» *ceux qui paieront 10 liv. & au-deffus, dans ladite pa-*
» *roiffe, d'impofition fonciere ou perfonnelle.* Et l'article XI.
» du même titre, veut que pour être élu membre de l'Af-
» femblée municipale, on paie au moins 30 l. d'impofi-
» tions foncieres ou perfonnelles.

» Cependant, les procès-verbaux des Affemblées pa-
» roiffiales tenues pour la formation des municipalités, mon-
» trent que dans beaucoup de paroiffes, il fe trouve peu
» de contribuables payant 10 l. ; & qu'il n'y en a point
» payant 30 l. Or, fi d'un côté il peut être utile de réu-
» nir les paroiffes pour diminuer le nombre des rôles, &

» simplifier la correspondance ; d'un autre côté, il seroit à
» craindre que des paroisses qui ne seroient point dans le
» cas d'avoir des représentants aux Assemblées municipa-
» les auxquelles elles seroient unies, parce qu'elles n'au-
» roient point d'habitant cotisé à 30 l., ne fussent les vic-
» times d'une administration **qui ne seroit pas la leur.** Nous
» avons pensé qu'il seroit plus juste de laisser à chaque pa-
» roisse le soin de s'administrer, en choisissant pour mem-
» bres de son Assemblée municipale, ceux d'entre les ha-
» bitants qui approcheroient le plus de l'imposition re-
» quise, lorsqu'il ne s'en trouveroit pas un nombre suffi-
» sant parmi ceux imposés à 10 l. & à 30 l., soit pour vo-
» ter à l'Assemblée paroissiale, soit pour être élus membres
» de l'Assemblée municipale.

» Le Bureau pense donc qu'il seroit convenable que dans
» les paroisses qui ne présenteront pas assez de délibérants
» imposés à 10 l., leur nombre fût complété par les plus
» hauts imposés au-dessous de ce taux, ensorte que l'As-
» semblée paroissiale soit toujours composée, s'il est possi-
» ble, de dix délibérants.

» Le Bureau pense de même que dans les paroisses où
» il n'y auroit point assez d'habitants imposés à 30 l. pour
» former l'Assemblée municipale, les membres de cette
» Assemblée devroient être pris parmi ceux dont l'imposi-
» tion approcheroit le plus de 30 l.

» Sur le même article, le Bureau a observé que tous les
» habitants d'une paroisse ayant un intérêt personnel à son
» administration, la partie des habitants classés au-dessous
» du taux de 10 l. dans les paroisses étendues & peuplées

Z z 2

„ y participeroit, si cette classe avoit le droit de choisir
„ quelques-uns de ses membres pour voter à l'Assemblée
„ paroissiale.

„ Le Bureau vous propose donc d'arrêter que dans les
„ paroisses nombreuses, la classe des habitants imposés au-
„ dessous du taux de 10 l., s'assemblera, présidée par le
„ Syndic, pour nommer des membres qui, à raison d'un
„ sur quinze, la représenteront à l'Assemblée paroissiale.

„ L'article VII fixe la tenue des Assemblées paroissiales
„ à l'issue des vêpres : mais le Bureau a pensé qu'elles se-
„ roient tenues avec plus de sagesse & d'utilité à l'issue
„ de la messe paroissiale ; & il vous propose de statuer
„ que cette heure sera substituée à celle d'issue des vêpres.

„ L'article XIV ordonne que le Seigneur présidera l'As-
„ semblée municipale ; & en son absence le Syndic.

„ Le Bureau a considéré qu'il n'étoit pas dans l'ordre
„ que la personne noble fût présidée dans les Assemblées
„ municipales par le Syndic, lorsque ce dernier n'auroit
„ point cette qualité.

„ Nous vous proposons de régler que dans les Assem-
„ blées municipales dont le Syndic ne sera point noble,
„ cette Assemblée, en l'absence du Seigneur, sera présidée
„ par le Gentilhomme qui sera membre de ladite Assem-
„ blée.

„ L'article II, au titre des Assemblées de Département,
„ fournit une observation intéressante.

„ Cet article portant que le Seigneur ou le Curé, mem-

„ bres de droit des Affemblées municipales, repréfente-
„ roient le clergé & la nobleffe, & que les autres mém-
„ bres nommés par élection, repréfenteroient le tiers-
„ état; il femble que l'on pourroit conclure que le Gen-
„ tilhomme non Seigneur, & qui feroit membre d'une
„ Affemblée municipale, ne pourroit être élu à l'Affem-
„ blée de Département pour repréfenter la nobleffe. On
„ ne voit cependant point de raifon à cette exclufion.

» Le Bureau vous propofe donc d'arrêter que le Gen-
» tilhomme non Seigneur qui fera membre d'une Affemblée
» municipale, & élu pour le département, pourra y fiéger
» dans l'ordre de la nobleffe.

» La forme prefcrite par l'article XI pour la compofi-
» tion de l'Affemblée d'arrondiffement, doit entraîner des
» inconvénients & des difficultés.

» Chaque arrondiffement eft compofé d'environ trente
» paroiffes; cinq membres des municipalités de ces paroif-
» fes forment un nombre d'environ cent-cinquante perfon-
» nes. Quel ordre régnera dans une Affemblée dont le
» Préfident n'eft point encore connu, lorfqu'elle fera ren-
» due au chef-lieu, qui le plus ordinairement eft un petit
» bourg ou village? Dans quelle maifon fe tiendra cette
» Affemblée? Une autre difcuffion s'élevera pour connoître
» celui qui fera le plus ancien entre les Seigneurs laïcs ou
» eccléfiaftiques, ou entre les Syndics, en cas d'abfence de
» Seigneurs pour la préfider.

» Il régneroit une confufion néceffaire dans une pareille

» Affemblée , qui prefque toujours ne pourroit fe tenir que
» dans la place publique.

   » Le Bureau vous propofe de régler que chaque Affem-
» blée municipale s'affemblera pour élire entre tous les
» membres des municipalités de fon arrondiffement , un
» membre à l'Affemblée de département ; que le nom de
» la perfonne élue par chaque municipalité fera envoyé ca-
» cheté dans une délibération en forme à l'Affemblée de
» département , qui déclarera élu celui qui aura réuni un
» plus grand nombre de fuffrages , & dans le cas d'égalité ,
» choifira parmi ceux qui auront réuni un plus grand
» nombre de voix.

   » Afin que chaque municipalité puiffe connoître les mem-
» bres parmi lefquels elle doit faire fon élection , il fera
» remis à chaque paroiffe un état de tous les membres qui
» compofent les municipalités de l'arrondiffement.

   » Le Bureau a auffi confidéré que les députés de chaque
» département à l'Affemblée provinciale doivent être inf-
» truits de tout ce qui intéreffe le département dont ils
» font les repréfentants à l'Affemblée provinciale.

   » En conféquence , il vous propofe d'arrêter que ces dé-
» putés feront convoqués par le Préfident du département
» aux trois dernieres féances de l'Affemblée , non pour y
» avoir voix délibérative , mais pour y connoître les inté-
» rêts du département qu'ils repréfentent , fans que leur ab-
» fence pût retarder la tenue defdites féances.

   » Il ne nous refte qu'une obfervation à faire fur le Ré-

»glement du 15 Juillet ; elle eſt relative à l'article 15 du
»titre des Aſſemblées provinciales.

　»Cet article ordonne que le Préſident de l'Aſſemblée
»provinciale ſoit pris parmi quatre des Préſidents de dé-
»partement, dont deux du clergé & deux de la nobleſſe.

　»Le Bureau a penſé qu'il étoit convenable d'accorder
»quelque concurrence aux membres des Aſſemblées pro-
»vinciales avec les Préſidents des Aſſemblées de départe-
»ment.

　»Et il vous propoſe d'arrêter que le terme expiré, Sa Ma-
»jesté ſera ſuppliée de nommer un autre Préſident parmi
»quatre des ſujets préſentés par l'Aſſemblée provinciale, pris
»indifféremment, ſoit parmi les membres de ladite Aſſem-
»blée, ſoit dans le nombre des Préſidents des Aſſemblées de
»dépa▮▮▮ment, dont deux du clergé & deux de la nobleſſe.

　»Les inſtructions qui vous ont été envoyées par Sa
»Majesté le 19 Novembre dernier, ont également don-
»né lieu à pluſieurs obſervations, qui ne nous ont pas paru
»indignes de votre attention.

Inſtructions.

　»On lit au §. 3 de la première partie : *Nul membre du*
»*Tiers-Etat ne pourra être regardé comme repréſentant*
»*une ville où il y a un Corps municipal, s'il n'eſt lui-même*
»*un des Officiers municipaux.*

　»Le Bureau a penſé que cet article méritoit un éclair-
»ciſſement.

　»On doit diſtinguer deux ſortes d'Officiers municipaux ;
»les uns en titre d'office, ou nommés par le Roi ou les

» Seigneurs fans élection précédente ; & les autres élus par
» la commune, & agréés par le Roi ou les Seigneurs :
» ceux-ci feuls ont réuni le fuffrage commun.

» Suivant l'article II du Réglement du 15 Juillet, au
» titre des Affemblées de département : *Nul ne pourra être*
» *de ces Affemblées, s'il n'a été membre d'une Affemblée*
» *municipale, foit de droit, comme le Seigneur & le Curé,*
» *foit par élection, comme ceux qui auront été choifis par*
» *l'Affemblée paroiffiale.* De cet article on doit conclure
» qu'un Officier municipal pourvu en titre d'office, ou
» nommé par le Roi ou le Seigneur, fans élection précé-
» dente, ne pourra être élu membre de l'Affemblée de dé-
» partement. La ville, dont les Officiers municipaux font
» dans ce cas, ne pourra donc avoir de repréfentants aux
» Affemblées.

» Le Bureau vous propofe d'arrêter que SA MAJESTÉ
» fera fuppliée de pourvoir par un Réglement interpréta-
» tif, à ce que les villes qui fe trouvent dans ce dernier
» cas aient des repréfentants réels dans les Affemblées.

» Au §. IV, qui traite de la Commiffion intermédiaire,
» SA MAJESTÉ exige que les lettres écrites par cette Com-
» miffion foient fignées par tous les membres préfents,
» & par les Procureurs-Syndics.

» Le Bureau a penfé que s'il étoit indifpenfable de faire
» figner les lettres *par tous les membres préfents*, il en
» naîtroit des inconvéniens & des lenteurs dans la cor-
» refpondance. Cette obfervation eft fondée fur ce qui
» fe pratique ordinairement.

» On

» On convient d'une lettre dans une affemblée, mais on
» ne peut l'écrire fur le champ. Il eft difficile, quelquefois
» même impoffible, de réunir tous les membres le lende-
» main.

» Cet inconvénient fuivroit néceffairement l'exécution
» de l'article ordonné.

» Le Bureau a eftimé qu'il feroit préférable que les let-
» tres de la Commiffion intermédiaire euffent une authen-
» ticité fuffifante étant fignées par quelques-uns des mem-
» bres, & contre-fignées par le Sécretaire.

» En ce qui concerne les Procureurs - Syndics, dont
» traite le §. V, le Bureau a penfé qu'il étoit convenable &
» néceffaire de diftinguer par des qualifications diverfes
» l'ordre hiérarchique des différentes Affemblées. Cet-
» te raifon nous porte à vous propofer d'arrêter que les
» Procureurs - Syndics de l'Affemblée provinciale por-
» teront le titre de *Procureurs - Syndics - Provinciaux* ;
» ceux des Départements, celui de *Procureurs-Syndics* qui
» leur eft attribué par leur établiffement, & qu'il eft né-
» ceffaire de leur conferver pour les diftinguer des fimples
» *Syndics* des municipalités.

» Le Bureau penfe de même que la qualification de Greffier
» ne pouvant s'accorder avec la nature des fonctions du Sé-
» cretaire de l'Affemblée provinciale, & de ceux des Dépar-
» tements, il eft convenable de la fupprimer & d'y fubfti-
» tuer, pour le premier, celle de *Sécretaire Provincial*, afin
» de le diftinguer des Sécretaires des Départements, qui
» n'ajouteront aucun titre à celui de Sécretaire.

A a a

Le même paragraphe enjoint aux Procureurs-Syndics:
» *de faire remettre chaque jour au Commiffaire du Roi ,*
» *à la fin de chaque féance, une notice fuccincte & unique-*
» *ment énonciative des objets qui auront été difcutés ou dé-*
» *libérés dans l'Affemblée , pour que le Commiffaire de SA*
» *MAJESTÉ foit affuré qu'il ne s'y traite aucune matiere*
» *étrangere aux objets dont elle doit s'occuper.*

» Le Bureau obferve fur cet article , que l'Affemblée fe-
» porteroit fans difficulté à communiquer à M. le Com-
» miffaire du Roi par la voie de fes Procureurs-Syndics,
» les objets *arrêtés* dans fes différentes féances, fi le mo-
» tif inféré dans les inftructions ne paroiffoit annoncer
» une méfiance que fon exactitude à fe renfermer dans fes
» fonctions ne méritera jamais.

Enfin le même paragraphe ftatue que « *les Procureurs-*
» *Syndics auront voix délibérative dans la Commiffion in-*
» *termédiaire ; qu'ils n'auront à eux deux qu'une feule voix*
» *qui fera prépondérante en cas de partage ; que fi leurs opi-*
» *nions different , leurs voix fe détruiront & ne feront pas*
» *comptées ; & que dans le cas où les autres voix feroient*
» *partagées , celle du Préfident aura la prépondérance.*

» Le Bureau penfe que les Membres de la Commiffion in-
» termédiaire font trop peu nombreux , & que l'utilité qu'on
» peut retirer des fuffrages des Procureurs-Syndics eft trop
» fenfible, pour qu'on ne doive pas défirer que leurs voix
» foient comptées toutes deux , même quand elles font
» conformes ; au moyen de quoi la prépondérance refte-
» roit toujours au Préfident.

» Le paragraphe feizieme concernant les Affemblées de
» Département, fixe la tenue de ces Affemblées dans le
» mois d'Octobre de chaque année. Mais cette difpofition
» ne réglant pas le temps de la tenue de l'Affemblée pro-
» vinciale, le Bureau a cru devoir vous foumettre les con-
» fidérations qui lui ont paru devoir en déterminer la fixa-
» tion.

» Subftituées aux fonctions de MM. les Intendants, les
» Affemblées provinciales doivent comme eux, faire la ré-
» partition du brevet général de la taille fur chaque Elec-
» tion. Cette répartition exige ou fuppofe des connoiffances
» acquifes fur l'état des récoltes, fur les calamités dont cer-
» tains cantons peuvent être affligés.

» Ces Affemblées doivent donc déterminer le taux de
» telle ou telle Election. Or, comment pourroient - elles
» rendre juftice, fi elles ne devoient fe tenir qu'après celles
» de Département?

» Quand on fuppoferoit que le travail pût être fait par
» la Commiffion intermédiaire, on ne pourroit s'em-
» pêcher de remarquer l'excès du travail qu'on impofe-
» roit à un petit nombre de membres, & le danger de les
» expofer feuls à l'animadverfion de ceux des Départe-
» ments qui croiroient avoir à fe plaindre d'une augmen-
» tation.

» Ces motifs reçoivent un nouveau développement par
» le rapport favant & lumineux du Bureau de l'impôt; s'il

» y a lieu à faire les reverfements qu'il propofe, il faut
» de toute néceffité que l'Affemblée provinciale tienne fes
» féances avant celles de département.

   » Le Bureau vous propofe donc, Meffieurs, d'après ces
» confidérations, de fixer la tenue des Affemblées provin-
» ciales au premier Septembre de chaque année.

   » Nous avons auffi quelques obfervations à vous fou-
» mettre fur la feconde partie des Inftructions.

   » La premiere & la plus importante qui fe préfente,
» eft relative à la nouvelle forme de l'affiète de la taille & au
» nouveau régime de répartition que préfente le §. I.

   » L'exécution de ce point de légiflation, qui rappelle
» le Réglement du 5 Août, & celle de l'art. II de ce Ré-
» glement annoncée comme faifant la bafe du nouveau ré-
» gime, font abfolument impoffibles tant qu'il n'y aura
» point de loi enregiftrée portant dérogation aux loix
» actuelles qui y font pofitivement contraires.

   » Les rôles actuels font faits par des collecteurs nom-
» més fuivant les tableaux qui les appellent à cette fonc-
» tion à leur tour & rang.

   » Ils ont le droit de faire dans leurs paroiffes la réparti-
» tion à leur ame & confcience.

   » Ils ne peuvent diminuer leur taux d'impofition, ni ce-
» lui de leurs parents.

   » Tout ce régime change, & les pouvoirs font déférés
» aux Affemblées municipales : mais comment le nouveau

» régime fera-t-il exécuté fans une loi enregiftrée?

»Il n'y a pas une paroiffe où il ne s'élevât des con-
» teftations, & il n'y auroit pas un fol de recouvrement
» à efpérer fi le régime étoit indécis à l'époque du mois
» d'Octobre 1788.

»Le Bureau vous propofe d'arrêter que l'Affemblée re-
» préfentera très-humblement à SA MAJESTÉ, l'importance
» & la néceffité d'une loi qui abroge l'ancienne.

»Il faut faire les mêmes obfervations fur l'article du
» même paragraphe qui rappelle les difpofitions de l'arti-
» cle V du Réglement du 5 Août.

»Cet article eft de même impoffible à exécuter, tant
» qu'une loi enregiftrée ne l'aura point prefcrit.

»Dans le fait, les précautions indiquées peuvent être
» utiles ; mais le Bureau a cru que la vérification prefcrite
» une fois chaque femaine deviendroit trop onéreufe au Syn-
» dic, ou à la perfonne que l'Affemblée municipale en auroit
» chargé. Cette fonction ne peut dans tous les cas être
» confiée au Syndic qui eft ordinairement chargé de la re-
» cette des vingtiemes.

»Le Bureau vous propofe donc d'arrêter que la
» vérification indiquée par cet article ne fe fera qu'une
» fois le mois.

»C'eft encore ainfi que le renvoi à M. l'Intendant du
» contentieux en matiere de réparations ou réconftruc-
» tions des presbytéres, nefs des Eglifes, &c. ne pourra

»s'exécuter tant qu'il n'y aura point de loi enregiftrée ;
» parce qu'en Normandie le contentieux fur l'exécution
» des délibérations prifes dans les paroiffes, n'eft pas de la
» compétence de M. l'Intendant, mais des juges ordinaires.

» Enfin, ce paragraphe eft terminé par une difpofition
» relative aux traitements des Syndics & Greffiers des
» municipalités ; & le Bureau adoptant le defir que SA
» MAJESTÉ y manifefte, a penfé qu'en effet il n'y avoit
» quant à préfent aucune raifon d'accorder des traite-
» ments aux Syndics & Greffiers des Affemblées munici-
» pales ; qu'il y auroit même beaucoup d'inconvénient :
» puifque, quelque modiques qu'ils fuffent, leur total
» s'éleveroit à une fomme confidérable qui furchargeroit
» le tréfor royal.

» Le Bureau vous propofe donc d'arrêter qu'il leur fera
» rembourfé chaque année le montant des dépenfes indif-
» penfables qu'ils auront faites pour la Communauté, fur
» l'état vifé de l'Affemblée municipale & du Bureau in-
» termédiaire.

» Paffant maintenant de cette difcuffion des Réglements
» tracés par SA MAJESTÉ à quelques objets qui font échap-
» pés à fa fageffe prévoyante, nous avons penfé d'abord
» qu'il étoit intéreffant pour le régime intérieur de l'Af-
» femblée, & pour concilier une plus grande confiance à
» fes délibérations, de déterminer l'ordre dans lequel elles
» devoient être prifes. Nous avons cru qu'il falloit premiè-
» rement que le débat & la difcuffion des opinions fuffent

» libres ; que chacun pût établir les raisons de son avis, &
» combattre celles qui lui seroient opposées ; qu'après ce choc,
» si propre à faire naître la vérité, les Procureurs-Syndics
» résumassent les opinions & fixassent l'état de la question ;
» & qu'enfin les points de discussion ainsi approfondis &
» déterminés, il se fît un dernier tour où chacun porteroit
» sa voix de la maniere la plus laconique & sans explica-
» tion.

» Le Bureau considérant aussi qu'il ne seroit pas juste que
» les membres de l'Assemblée provinciale & ceux des Assem-
» blées de département fussent exposés à des poursuites li-
» tigieuses, tandis qu'ils seroient occupés des intérêts pu-
» blics, a pensé que ces poursuites devoient être suspen-
» dues pendant la durée des séances soit de l'Assemblée
» provinciale soit de celles de département ; & qu'il étoit
» nécessaire aussi que cette suspension eût lieu pendant un
» délai quelconque avant & après l'Assemblée provin-
» ciale, afin que ses membres pussent s'y rendre & faire
» leur retour ; privilège qui ne seroit cependant pas ac-
» cordé aux membres des départements, placés communé-
» ment plus près du lieu de l'assemblée.

» La même faveur du service public sollicite aussi pour
» les chanoines & dignitaires. Ils ne doivent pas être pri-
» vés de leur droit de préséance pendant la tenue des As-
» semblées, soit provinciales, soit de départements ; & ceux
» appellés à la premiere de ces Assemblées doivent jouir
» aussi du même privilège pendant un délai nécessaire
» pour qu'ils s'y rendent & qu'ils en reviennent : le

» Bureau vous propose de statuer sur ces articles.

» Il en est un encore qui mérite de fixer toute votre at-
» tention. L'assiduité continuelle qu'exige le service de vos
» Procureurs-Syndics-Provinciaux ne permettant pas qu'ils
» puissent être distraits de leurs fonctions par les procès
» qu'ils pourroient avoir à soutenir dans des tribunaux
» éloignés de leur domicile, il seroit juste & convenable
» que l'Assemblée sollicitât pour eux le droit de *committi-*
» *mus*, & le Bureau vous propose de faire un arrêté à ce
» sujet.

» Nous passons maintenant à l'état des dépenses fixes &
» variables.

Dépenses fixes déterminées provisoirement.

» Celui qui se livre au service public a des droits à une
» récompense de son travail ; chacun de vous en trouvera
» une inappréciable dans la reconnoissance de ses conci-
» toyens, & elle vous est déjà comme assurée par le zèle
» & le dévouement que vous mettez à servir la patrie.

» Le Bureau vous propose d'arrêter qu'aucuns des mem-
» bres de l'Assemblée provinciale & des départements n'au-
» ront d'honoraires, ni pour assistance aux Assemblées, ni
» pour frais de voyage, & qu'ils ne pourront prétendre à
» aucune diminution d'impositions en raison de leur qua-
» lité.

» Il est cependant des membres parmi vous qui doivent
» des soins particuliers & continuels à votre administration
» patriotique,

» patriotique, & qu'il eſt juſte de reconnoître par un trai-
» tement fixe; ce traitement ſera toujours au-deſſous de
» l'importance des fonctions des Procureurs-Syndics-Pro-
» vinciaux & des Procureurs-Syndics des départements;
» mais auſſi il ſera moins un prix attaché à leurs travaux
» qu'une première marque de la reconnoiſſance publique.

» Le Bureau vous propoſe donc de fixer un traitement
» annuel de 6000 liv. à chacun de vos Procureurs-Syndics
» Provinciaux, & de faire un fonds de 1500 liv. pour un
» Sécretaire du Syndicat qui travaillera ſous leurs ordres &
» ſous ceux de la Commiſſion intermédiaire.

» Il eſt également juſte de fixer pour votre Sécretaire-
» Provincial & pour les Sécretaires des départements un
» traitement qui ſoit auſſi un témoignage premier de l'utilité
» publique de leurs fonctions; le Bureau vous propoſe de
» fixer pour votre Sécretaire-Provincial un traitement an-
» nuel de 4000 liv. & de faire un fonds de 1000 liv. pour
» un commis qui travaillera ſous ſes ordres.

» Le Bureau vous propoſe encore de donner 2400 l. à cha-
» cun des Procureurs-Syndics du département de Rouen;
» 1500 liv. à chacun des Procureurs-Syndics des autres
» départements de la Généralité; 1800 liv. au Sécretaire
» du département de Rouen, & 1200 liv. aux Sécretaires
» des autres départements, qui ſeront chargés de tous frais
» de copiſtes & autres menus frais.

» Le ſervice de vos Aſſemblées & de celles des dépar-
» tements exige des gens à gages qui ſoient ſans ceſſe à

» vos ordres & à ceux de votre Commiſſion & des Bureaux
» intermédiaires.

　» Le Bureau vous propoſe d'arrêter ,

　» 1°. Qu'il ſera fait un fonds de 1200 liv. par an , pour
» deux huiſſiers & un concierge faiſant le ſervice de vos
» Aſſemblées & celui de votre Commiſſion intermédiaire ,
» leſquels ſeront également tenus du ſervice de l'Aſſemblée
» du département de Rouen & de ſon Bureau intermédiaire ;
» le tiers de cette ſomme ſera ſupporté par l'Aſſemblée de
» département.

　» 2°. Il ſera fait un autre fonds de 900 liv. pour un huiſſier
» & concierge dans les neuf autres départements , à raiſon
» de 100 liv. par an pour chacun,

　» 3°. Il eſt néceſſaire encore de faire un fonds de 2000 l.
» par an pour le loyer des appartements occupés chez les
» Cordeliers de cette ville par votre Aſſemblée & Commiſ-
» ſion intermédiaire , leſquels ſeront communs avec l'Aſſem-
» blée & le Bureau intermédiaire du département de Rouen ,
» qui entrera pour un tiers dans le prix de cette location.

　» 4°. Enfin , de faire un fonds de 2640 liv. pour le loyer
» des maiſons occupées par les Aſſemblées de département
» & leurs Bureaux intermédiaires.

　　　　　Des dépenſes annuelles variables.

　» Il eſt d'autres dépenſes qui ſe renouvelleront chaque an-
» née ; mais qui ſeront variables ; ce ſont celles du feu , des

» lumieres , de l'impreffion des procès-verbaux , états, des
» ports de lettres & paquets , &c. tant pour votre Affem-
» blée & fa Commiffion intermédiaire, que pour les Affem-
» blées des départements & leurs Bureaux intermédiaires.——
» Vous fentez , Meffieurs , que nous ne pouvons vous of-
» frir qu'un apperçu fur cet objet.

» Le Bureau a penfé qu'il conviendroit de faire pour ces
» différentes dépenfes, un fonds de trente mille livres.

» L'on devroit cependant diftinguer celles qu'occafionne-
» ront les ports de lettres & paquets. Vous remplacez , par
» vos fonctions , M. l'Intendant de la Généralité qui a fes
» ports francs ; par une identité de raifons , vous devriez
» obtenir les vôtres ; & cet efpoir feroit d'autant mieux fon-
» dé , que le bénéfice qui réfultera de votre correfpondance
» pour la régie des poftes, n'auroit pas eu lieu fi l'admi-
» niftration qui vous eft maintenant confiée étoit reftée en-
» tre les mains de M. l'Intendant.

» L'établiffement de votre Affemblée & de celles des dé-
» partements a néceffité auffi des premieres dépenfes pour
» les diftributions & ameublements des maifons qu'elles oc-
» cupent. Les états & les inftructions vifés par le Bureau,
» & qu'il remet fous vos yeux , fe montent à 19817 liv.

» Tels font, Meffieurs, les objets auxquels fe réduit le
» compte que nous devions vous rendre, tant de l'examen
» des loix qui doivent former le régime de votre conftitu-
» tution , que des frais qu'entraîne néceffairement votre éta-
» bliffement.

L'Affemblée ayant mûrement délibéré fur tous les détails
de ce rapport, a arrêté ;

Régime.

1°. Que dans les paroisses qui ne présenteront pas assez de délibérants imposés à dix livres, leur nombre sera complété par les plus hauts cotisés au-dessous de ce taux ; ensorte que l'Assemblée paroissiale soit toujours composée, s'il est possible, de dix délibérants lorsqu'il s'agira d'élire trois membres, de quinze lorsqu'il en faudra élire six, & de vingt lorsqu'il en faudra neuf.

2°. Que dans les paroisses qui ne fourniront pas assez d'habitants imposés à 30 l. pour former l'Assemblée municipale, les membres de cette Assemblée seront pris parmi ceux dont l'imposition approchera le plus de 30 l. & seront au moins au nombre de trois lorsqu'il faudra en choisir un, de six pour en choisir deux, & de neuf pour en choisir trois.

3°. Que dans les paroisses nombreuses la classe des habitants imposés au-dessous du taux de 10 l. s'assemblera, présidée par le Syndic, pour nommer des membres qui à raison d'un sur quinze la représenteront à l'Assemblée paroissiale.

4°. Que dérogeant à l'article VII du Réglement du 15 Juillet, au titre des Assemblées municipales, les Assemblées de paroisse ne se tiendront plus à l'issue des vêpres, mais à celle de la messe ; & que les nefs des églises seront le lieu ordinaire des Assemblées.

5°. Que l'article XIV du même titre continuera d'être observé, sans qu'il y soit rien changé pour la présidence en faveur des Curés ou Gentilshommes non Seigneurs.

6°. Qu'en interprêtant l'article II du titre des Assemblées de Département, tout Gentilhomme non Seigneur, membre d'une Assemblée municipale, & élu pour le département, pourra y siéger dans l'ordre de la noblesse.

7°. Que sans rien changer aux dispositions de l'article XI du même titre, il y sera seulement ajouté que les députés de chaque département à l'Assemblée provinciale, seront convoqués par le Président de leur département aux trois dernieres séances de l'Assemblée, non pour y avoir voix délibérative, mais pour y connoître les intérêts du département qu'ils représentent, sans cependant que leur absence pût retarder la tenue desdites séances.

8°. Que lors de l'expiration du terme de la présidence de l'Assemblée provinciale, Sa Majesté sera suppliée de nommer un autre Président sur quatre sujets proposés par l'Assemblée provinciale, dont deux pourront être pris parmi les membres de ladite Assemblée, & deux parmi les Présidents de département ; en observant toujours que sur ces quatre il y en ait deux du clergé & deux de la noblesse.

9°. Qu'en ce qui concerne le §. III de la premiere partie des Instructions du 19 Novembre dernier, & l'article II du Réglement du 15 Juillet précédent, au titre des Assemblées de département, Sa Majesté sera suppliée de pourvoir par un réglement interprétatif, à ce que les villes dont les Officiers municipaux n'auroient pas été élus par la commune, puissent avoir des représentants réels dans les Assemblées.

10°. Qu'en dérogeant à cet égard au §. IV, desdites instructions, il suffira pour la plus prompte expédition du service, que les lettres écrites par la Commission intermédiaire, foient fignées par deux des membres qui auront été préfents, & contre-fignées par le Sécretaire.

11°. Que les Procureurs-Syndics de l'Affemblée Provinciale porteront dorénavant le titre de *Procureurs-Syndics-Provinciaux*, & ceux des Départements, celui de *Procureurs-Syndics* qui leur eft attribué par le réglement, & qu'il eft néceffaire de leur conferver pour les diftinguer des fimples *Syndics* des municipalités.

12°. Que la qualification de Greffier ne pouvant s'accorder avec la nature des fonctions du Sécretaire de l'Affemblée provinciale, & de ceux des départements, elle fera fupprimée, & que le premier prendra dorénavant le titre de *Sécretaire Provincial*, afin de le diftinguer des derniers qui n'ajouteront aucun autre titre à celui de *Sécretaire*.

13°. Qu'en dérogeant au même paragraphe, les voix délibératives des Procureurs-Syndics à la Commiffion intermédiaire feront comptées toutes deux, foit qu'elles différent, foit qu'elles foient conformes.

14°. Que les Affemblées de département précéderont l'Affemblée provinciale.

15°. Que SA MAJESTÉ eft fuppliée de confidérer que l'exécution de ce qui eft prefcrit par le paragraphe premier de la feconde partie des Inftructions du 19 Novembre dernier, tant pour ce qui concerne le nouveau régime de l'affiète des impôts & de la vérification des rôles, que pour le renvoi à M. l'Intendant du contentieux des paroiffes, relativement aux réparations ou réconftructions des prefbytéres , nefs , &c. ne paroît pas poffible jufqu'à ce qu'il foit intervenu une loi nouvelle dûement enregiftrée qui abroge la légiflation exiftante.

16°. Que Sa Majesté eft également fuppliée d'agréer que les vérifications ordonnées par le même paragraphe, n'aient lieu qu'une fois par mois.

17°. Qu'il ne fera accordé aucun traitement aux Syndics & Greffiers des municipalités, & qu'il leur fera feulement rembourfé chaque année le montant des dépenfes indif- penfables qu'ils auront faites pour la communauté , fur l'é- tat vifé de l'Affemblée municipale & du Bureau intermé- diaire.

18°. Que l'Affemblée procédera dans fes délibérations de la maniere qui fuit : après les rapports faits par cha- que Bureau, les queftions pourront être agitées, & les avis différents développés & débattus dans un premier tour d'opinions ; enfuite les Procureurs-Syndics feront le réfu- mé des opinions diverfes, & conclueront ; après quoi il fera fait un fecond tour pour les voix définitives qui fe- ront données fimplement, fans les motiver, ni renouvel- ler la difcuffion.

19°. Que toutes les actions, inftances & procédures en matiere civile, demeureront furfifes dans tous les Tribu- naux, en faveur des membres de l'Affemblée provinciale pendant fa durée, huit jours avant fon ouverture, & huit jours après ; & pour les membres des Affemblées de dé- partement, feulement pendant le temps de leur durée, fans aucun délai, ni avant ni après ; pendant lequel temps fixé , soit pour les membres de l'Assemblée provinciale, soit pour ceux des Assemblées de département, il ne pourra être fait contr'eux aucune poursuite, sous peine de nullité & de dommages & intérêts, à moins qu'ils ne se fussent formellement désistés de leur privilege.

20°. Que les chanoines & dignitaires, membres soit de l'Assemblée provinciale soit de celles de département, jouiront pendant leur durée de tout droit de présence dans leurs Eglises; le même privilege aura lieu encore huit jours avant & huit jours après la tenue de l'Assemblée, mais seulement en faveur des chanoines & dignitaires, membres de l'Assemblée provinciale.

21°. Que vu l'assiduité continuelle du service des Procureurs-Syndics-Provinciaux, il sera sollicité pour eux, des bontés de SA MAJESTÉ, un privilege de *committimus*.

Dépenses fixes, déterminées provisoirement.

L'Assemblée a arrêté :

1°. Qu'aucuns des membres de l'Assemblée provinciale & de celles des départements, n'auront d'honoraires, ni pour assistance aux Assemblées, ni pour frais de voyage, & qu'ils ne pourront prétendre aucune diminution d'impositions en raison de leur qualité; & qu'il sera fait mention que cet arrêté a été précédé d'un refus d'honoraires ou indemnités, fait par acclamation unanime de tous les membres des trois Ordres.

2°. Qu'il sera fixé un traitement annuel de 6000 l. pour chacun des Procureurs-Syndics-Provinciaux, moins comme

me

me un prix attaché à leurs travaux, que comme une premiere marque de la reconnoiſſance publique.

3°. Qu'il ſera fixé un traitement annuel de 4000 l. pour
le Sécretaire-Provincial, qui ſera auſſi un premier témoignage de l'utilité publique de ſes fonctions.

4°. Qu'il ſera fait un fonds de 1500 l. pour le Sécretaire du Syndicat, qui travaillera ſous les ordres des Procureurs-Syndics-Provinciaux, & ſous ceux de la Commiſſion intermédiaire; & un autre fonds de 1000 l. pour un
Commis qui travaillera ſous les ordres du Sécretaire-Provincial.

5°. Qu'il ſera accordé à chacun des Procureurs-Syndics
du département de Rouen, un traitement annuel de 2000 l.
& un de 1200 l. pour chacun des Procureurs-Syndics des
autres départements de la Généralité.

6°. Qu'il ſera donné annuellement au Sécretaire du département de Rouen une ſomme de 1800 l., & 1200 l.
aux Sécretaires des autres départements qui ſeront chargés
de tous frais de copiſte, & autres menus frais de leur ſé-
cretariat.

7°. Qu'il ſera payé pour gages des deux huiſſiers & du
concierge faiſant le ſervice de l'Aſſemblée provinciale &
de la Commiſſion intermédiaire, leſquels ſeront également
tenus du ſervice du département de Rouen & de ſon Bureau intermédiaire, la ſomme de 1400 l., dont 400 l. à
chacun des huiſſiers, & 600 l. au concierge, de laquelle
ſomme de 1400 l. le tiers ſera ſupporté par l'Aſſemblée
du département de Rouen.

C c c

8°. Qu'il sera accordé une somme de 900 l. pour un huissier & un concierge dans les neuf autres départements, à raison de 100 l. par an pour chacun.

9°. Qu'il sera payé par an aux Révérends Pères Cordeliers de cette ville, une somme de 2400 l. pour le loyer des appartements occupés dans leur maison par l'Assemblée provinciale & la Commission intermédiaire, & par l'Assemblée de département de Rouen & son Bureau intermédiaire, ainsi que pour les frais de la messe du S. Esprit, des messes journalières, & autres menus frais, & à charge par eux de suppléer les appartements qui pourroient devenir nécessaires au service de l'Assemblée, de ses bureaux & de ses archives; laquelle somme de 2400 l. sera commune avec l'Assemblée du département de Rouen, qui y entrera pour un tiers.

10°. Qu'il sera fait un fonds de 7640 l. pour le loyer des maisons occupées par les Assemblées de département & leurs Bureaux intermédiaires.

Dépenses annuelles variables.

L'Assemblée considérant la multiplicité des dépenses variables que la nécessité du service occasionnera, & l'impossibilité de les évaluer maintenant avec précision, a arrêté par provision qu'il doit être fait un fonds de 30,000 l. pour subvenir à ces dépenses, tant pour elle-même que pour les dix départements.

Et comme l'évaluation présumée des frais des ports de lettres & paquets entre dans cet apperçu, SA MAJESTÉ

eſt ſuppliée de conſidérer qu'aucune partie du ſervice public ne mérite mieux la faveur de l'affranchiſſement de ſa
correſpondance que celle qui eſt confiée aux Adminiſtrations
provinciales, & qu'elle n'occaſionneroit aucun abus en ré-
duiſant cet affranchiſſement à celui des paquets peſants une
once & au-deſſus, qui ſeroient adreſſés par l'Aſſemblée provinciale & ſa Commiſſion intermédiaire aux Aſſemblées de
département & à leurs Bureaux intermédiaires, & réciproquement par ceux-ci à l'Aſſemblée & à ſa Commiſſion, à condition
que ces paquets ne ſeroient fermés que par de ſimples bandes.

Montant des dépenſes fixes, . . .	63040 l.
Montant des dépenſes variables, . .	30000 l.
Total annuel, ...	93040 l.

Dépenſes premieres qui ne ſe renouvelleront pas.

Il ſera fait un fonds de 19,817 l., pour acquitter pareille ſomme à laquelle montent les premieres dépenſes
que l'établiſſement de l'Aſſemblée provinciale & de celles
des départements a néceſſitées tant pour les ameublements,
que pour les diſtributions des maiſons qu'elles occupent.

L'Aſſemblée a arrêté que SA MAJESTÉ ſera ſuppliée :

1°. D'agréer les différents articles de dérogation ci-deſſus délibérés, ainſi que ceux dont l'Aſſemblée a cru néceſſaire de former de nouveaux objets de réglement.

2°. D'agréer l'état ci-deſſus des dépenſes annuelles de
l'Aſſemblée provinciale & de celles de ſes départements,
tant fixes que variables, & d'accorder des fonds libres pour

les acquitter , ainſi que pour ſubvenir aux modérations,
décharges, non-valeurs, & aux encouragements & récompenſes pour le plus grand bien public ; d'accorder également des ordonnances pour acquitter la ſomme de 19,817 l.
montant des ameublements & frais faits aux maiſons occupées, tant par l'Aſſemblée provinciale, que par celles de
ſes départements , ſuivant les états viſés par l'Aſſemblée.

Monſeigneur le Cardinal a propoſé enſuite de députer
à MM. de la Cour des Monnoies , pour les ſaluer au nom
de l'Aſſemblée, & il a nommé à cet effet MM. l'Abbé
le Rat & de Fontenay.

La prochaine ſéance indiquée à demain , heure ordinaire.

Signés , † D. Cardinal DE LA ROCHEFOUCAULD.

BAYEUX, Sécretaire-Greffier.

Du Mercredi 19 *Décembre* 1787 , *à neuf heures du matin.*

L'ASSEMBLÉE étant en ſéance comme les jours précédents, après la Meſſe, Monſeigneur le Cardinal-Archevêque de Rouen , Préſident, a annoncé que M. Bayeux lui
avoit communiqué un projet digne de toute l'attention
de l'Aſſemblée & de ſa ſanction particuliere , & il l'a invité d'en rendre compte lui-même.

Sur quoi M. Bayeux ayant pris la parole , a dit :

MESSIEURS,

» L'hiſtoire des connoiſſances humaines n'eſt pas indiffé-

»rente à leurs progrès; en mesurant le chemin déjà parcouru,
» l'on fait mieux estimer celui qui reste à faire, & l'on s'ins-
» truit même par les écarts, puisqu'ils rapprochent de la vraie
» route, en avertissant de s'éloigner de toutes celles suivies
» sans succès. Ce n'est pas tout encore; les monuments que
» le génie qui crée a posés de distance en distance, pour
» attester sa marche progressive à travers les siecles, le génie
» qui perfectionne remonte vers eux, les déplace, les rap-
» proche, & leur donne la modification nécessaire pour qu'ils
» s'unissent sans efforts, & s'adaptent au plan nouveau qui
» doit sauver de l'oubli des temps leurs restes épars, & les
» faire servir encore à l'utilité publique.

   » La science de l'administration offre de grands exemples
» de cette utilité de l'histoire, de ce mélange des antiques
» décombres dans les édifices récents. Et dans quel temps
» fut-il jamais plus nécessaire de remonter vers ses sources,
» & d'interroger ses anciens monuments? La science de l'ad-
» ministration va devenir la science publique; ses sanctuai-
» res font ouverts; elle n'a plus d'adeptes choisis, & tout ci-
» toyen est admis à ses mysteres. Le François n'offroit à
» son Prince que le tribut d'une obéissance aveugle & pas-
» sive. Maintenant il connoîtra la grande raison de ses de-
» voirs; il sera associé à la puissance qui les commande &
» les dirige; il n'obéira plus qu'en agissant, ou plutôt il n'a-
» gira que pour obéir plus utilement.

   » Depuis long-temps des Administrateurs philosophes oc-
» cupés à concilier les droits du Trône avec ceux de la na-
» tion, méditoient cette importante révolution qui devoit
» rehausser l'éclat du Prince en agrandissant le caractere des
» sujets.

» M. le Marquis d'Argenſon avoit dépoſé le germe de
» cette idée dans ſon ſyſtême du Gouvernement démocrati-
» que pour la France (1).

» Un Miniſtre patriote qui ne fit pas tout le bien qu'il
» conçut, parce que l'étendue de ſes plans ne fût pas aſſez
» calculée ſur celle des moyens, & qu'il ne ſut pas aſſez ſou-
» vent faire céder le philoſophe à l'homme d'état, donna
» de nouveaux développements à ce projet, dans ſon Mé-
» moire ſur les *Municipalités*.

» Mais un Adminiſtrateur-citoyen eſt venu, qui ſavoit al-
» lier la froideur des calculs à l'entouſiaſme des grandes con-
» ceptions. Il a plaidé de nouveau la cauſe de la nation, &
» des adminiſtrations provinciales ont été établies dans le
» Berry & la Haute-Guyenne.

» Ce n'étoit qu'un eſſai; ſes heureux réſultats ont ſolli-
» cité que le même régime devînt celui de preſque toutes les
» provinces de la France, & cette mémorable époque eſt
» arrivée. L'élite de la nation raſſemblée autour du Trône
» paternel du meilleur des Rois, a éclairé ſa bienfaiſance ſur
» les avantages de cette grande révolution; un Prélat né
» pour raffermir, par la force & les reſſources de ſon génie,
» l'édifice chancelant de l'adminiſtration, a ſignalé ſon mi-
» niſtere par cet événement ſi long-temps déſiré; & la France
» entiere n'eſt plus enfin qu'une vaſte famille, dont tous les
» membres unis par un lien nouveau de correſpondance fra-
» ternelle, s'occupent reſpectivement de leur bonheur.

» Quand l'ame a ſatisfait un moment à la ſenſibilité qu'excite

_____

(1) Conſidérations ſur le Gouvernement, &c.

» ce grand événement, elle revient aux devoirs qu'il impofe ;
» & c'eft alors qu'on ne peut fe diffimuler l'étendue des con-
» noiffances qu'il va forcer d'acquérir.

  » Un des premiers pas à faire eft fans doute de remon-
» ter aux anciens monuments de la fcience du Gouverne-
» ment, & de les rechcerher dans les conftitutions analogues
» à celles qui exiftent maintenant. Le fyftême de l'adminif-
» tration, & fur-tout celui des finances varient, il eft vrai,
» comme les événements qui modifient la conftitution exté-
» rieure de l'État. Mais ces variations même font utiles à fui-
» vre, parce que retraçant les diverfes combinaifons des prin-
» cipes politiques & adminiftrationnels, il arrive que des
» vérités, que des circonftances, on le génie du fiecle ne
» permettoient pas d'adopter, d'autres circonftances, un autre
» génie, peuvent les réclamer & les approprier au temps pré-
» fent; parce que d'ailleurs chaque province a fon caractere,
» fa phifionomie propre, s'il eft permis de parler ainfi, qu'elle
» imprime néceffairement à fes grandes opérations, & que,
» malgré les révolutions des chofes & des principes, il eft
» fouvent très-intéreffant de retrouver après plufieurs fiecles.

  » Plein de cette idée, Meffieurs, j'ai penfé que ce feroit
» mériter de vous & de la patrie que de raffembler les mo-
» numents hiftoriques qui peuvent développer les anciens
» principes de l'adminiftration, appliqués à des établiffe-
» ments analogues au vôtre, & particulierement dans la
» province de Normandie.

  » En remuant ces décombres antiques, je trouve des
» États généraux, des Affemblées de Notables & des États
» provinciaux.

» Les États généraux , tels que nous devons les entendre
» ici, ne dûrent leur naiſſance qu'à la néceſſité d'établir des
» impôts. Ce fut ſur-tout vers 1300 , ſous Philippe-le-Bel ,
» le premier de nos Rois qui ait mis les finances & les char-
» ges publiques en ſyſtême , qu'ils s'occuperent particuliere-
» ment de l'adminiſtration ; & ce n'eſt que de cette époque,
» où le Tiers-État y fut admis , où, comme on le dit avec
» raiſon , la municipalité vint ſervir de contre-poids à la
» féodalité, qu'ils commencent à préſenter des détails pro-
» pres à nous intéreſſer. La derniere de ces grandes convo-
» cations fut celle faite le 27 Octobre 1614 par Marie de
» Médicis , qui l'avoit promiſe lors du traité de Sainte-Me-
» nehoud.

» Les Aſſemblées des Notables ne ſont qu'une augmenta-
» tation ſolemnelle que les Rois daignent faire à leur Con-
» ſeil. C'eſt en 1658 qu'il faut chercher la premiere, ſous
» Henri II. On n'en trouve plus qu'en 1566 , 1596 & 1617 ;
» ces deux dernieres à Rouen. Enfin , en 1626 , le Cardinal
» de Richelieu fit aſſembler les Notables, pour parvenir à
» abaiſſer le pouvoir des grands. Ils ont été aſſemblés en
» 1787 , par une bien autre politique ; celle de faire ſer-
» vir à l'éclat du Trône la proſpérité des trois Ordres.

» Les États provinciaux remontent au-delà de ceux du
» royaume entier. Ceux de la Normandie ſe reportent au
» temps de ſes Ducs ; mais alors ils vous intéreſſent peu. En
» 1205 , époque heureuſe où la Normandie rentra ſous l'o-
» béiſſance de la France, ils devinrent du plus grand intérêt,
» parce que la légiſlation Normande y fut fixée par le *ſerment*
                                                        » des

» *des Barons.* Ils prirent encore une plus grande confiftance
» fous Philippe-le-Bel, qui commença à en régler le régime,
» en y appellant, un Eccléfiaftique, un Gentilhomme & un
» Notable du Tiers-État, de chaque Bailliage ou Vicomté de
» la Province. Ce fut d'après les réfultats d'une de ces gran-
» des Affemblées, qu'en 1314 Louis Hutin accorda la char-
» tre aux Normands ; chartre précieufe, & peut-être trop
» oubliée. Mais ils n'offrirent des détails en matiere de fi-
» nances & d'adminiftration que poftérieurement à 1335,
» époque à laquelle ils furent fixés d'année en année. Ils exifte-
» rent ainfi jufqu'en 1654, que le Cardinal Mazarin les
» anéantit.

» La politique de ces temps fe croyoit intéreffée à l'abo-
» lition des États provinciaux, & elle profita pour y parve-
» nir des faux principes répandus contre leur conftitution.

» De grands Hommes, d'illuftres Magiftrats les vengerent
» & les défendirent cependant.

» *En quel lieu,* difoit le fameux Lebret (1), *la majefté de*
» *nos Rois peut-elle paroître avec plus d'éclat & de ma-*
» *gnificence ? Ce qui eft propofé dans ces Affemblées*
» *l'eft en termes fi puiffants, fi perfuafifs, que tout le*
» *monde eft excité à travailler avec le Prince à l'exécution*
» *de fes fages projets. Il ne reçoit que des actions de*
» *graces, des proteftations d'obéiffance, de foumiffion,*
» *de refpect pour SA MAJESTÉ. On ne lui propofe rien*
» *que par requête, fous le titre d'humbles fupplications,*
» *fans aucune prétention à rien réfoudre. Ce qui rend ces*

_____

(1) Traité de la Souveraineté.

Ddd

» *Assemblées encore plus recommandables ,* ajoute ce
» Magistrat*, c'est qu'elles produisent une infinité de bons*
» *effets pour le bien & la conservation du royaume ; le*
» *Clergé , la Noblesse , le Peuple y déliberent de toutes*
» *matieres où il y a des abus à réprimer. Après avoir*
» *communiqué ensemble , ils les donnent au Roi à résou-*
» *dre , & en faire des ordonnances , qui parce qu'elles sont*
» *arrétées dans l'Assemblée de tous les Ordres , sont re-*
» *çues & observées d'un chacun avec beaucoup plus d'o-*
» *béissance & de respect.*

» *Vous plaignez la dépense ,* disoit de son côté (1) le
» maître de Montesquieu, le savant Bodin , en répondant
» à une autre objection; *les pensions des Etats de Langue-*
» *doc , par exemple ,* continuoit-il, *reviennent, il est vrai,*
» *à* 25,000 *liv. sans les frais des Etats , qui ne coûtent*
» *gueres moins. Mais on ne peut nier que par ce moyen le*
» *pays de Languedoc n'ait été déchargé sous le Roi Henri*
» *de* 100,000 *liv. tous les ans , & celui de Normandie de*
» 400,000 *liv. qui furent égalées sur les autres Gouver-*
» *nements qui n'ont point d'Etats* (2) !

» Quoiqu'il en soit, le patriotisme des Cours Souveraines
» consola , en partie, la nation de la perte de ses États, par
» les remontrances que l'amour du bien public leur dicta dans
» tous les temps ; & si les Administrations provinciales doi-
» vent partager désormais avec elles cette généreuse fonc-
» tion , elle n'en sera que plus chere à leurs yeux , en ce
» qu'elle deviendra plus utile & plus assurée du succès.

(1) En 1576.
(2) De la République , 43.

» Tels ont donc été, Meffieurs, depuis les temps moyens
» de la Monarchie, les corps, ou repréfentants ou inter-
» prètes de la nation. J'ai penfé que, s'il étoit poffible d'ar-
» racher à l'oubli & de réunir les monuments de leurs tra-
» vaux patriotiques, cette importante collection devien-
» droit non-feulement un dépôt hiftorique très-précieux,
» mais encore une fource abondante de connoiffances qui,
» reffufcitant l'ancien génie de la nation, ne formeroit plus
» des antiques Adminiftrations nationales & de celles qui
» leur font fubftituées, qu'un feul tout, dont l'exiftence de-
» puis la premiere époque intéreffante de la Monarchie n'au-
» roit été interceptée que pendant environ un fiecle.

» Tel eft en conféquence le plan que je me tracerois.

» Une differtation hiftorique développeroit l'origine & les
» progrès des diverfes Affemblées nationales, qui ont eu
» lieu jufqu'à nos jours.

» Je donnerois enfuite l'extrait des procès-verbaux de tou-
» tes les Affemblées des Etats généraux, qui peuvent four-
» nir des détails d'adminiftration, de finances ou d'intérêt
» public.

» Les procès-verbaux des Affemblées des Notables, de-
» puis leur origine jufqu'en 1787 inclufivement, feroient ex-
» traits de la même maniere.

» Viendroit enfuite le grand travail de pareils extraits
» des procès-verbaux des Etats de Normandie, depuis l'é-
» poque où ils ont commencé à offrir des réclamations re-
» latives au droit public & à l'adminiftration, jufqu'à celle
» de leur ceffation.

» Les remontrances des Cours souveraines fe préfente-
» roient à cette derniere époque ; elles feroient foumifes
» auffi à une analyfe raifonnée, en tout ce qui concerne les
» finances, l'adminiftration, en un mot toutes les branches
» de l'économie politique.

» Nous arriverions ainfi à la grande époque de l'établiffe-
» ment des Affemblées provinciales dans le Berry & la
» Guyenne. Ce feroit avoir fait un ouvrage incomplet, que
» de ne pas extraire également les utiles travaux de ces
» deux adminiftrations. Nous en donnerions donc égale-
» ment l'analyfe, jufqu'au moment où leur régime eft de-
» venu celui de tous les pays d'Election.

» Ces diverfes analyfes ne feroient pas difpofées par ordre
» chronologique, mais par ordre de matieres, & fuivant
» la même divifion que l'Affemblée provinciale a obfervée
» pour les objets de fes travaux. Elles feroient liées auffi par
» des détails hiftoriques & par les éclairciffements que cha-
» que matiere exigeroit pour le développement de fes prin-
» cipes ; de maniere à former un tout régulier, qui fût à la
» fois un monument d'hiftoire nationale & un traité d'admi-
» niftration ancienne & moderne. Les années feroient indi-
» quées en notes.

» Voilà, Meffieurs, le grand ouvrage que j'oferois en-
» treprendre.

» Vous pouvez juger, par fon étendue, de tout le defir
» que j'ai d'offrir auffi mon tribut à la patrie, & de con-
» courir plus particulierement aux travaux auxquels j'ai
» l'honneur d'être affocié.

» Mais s'il m'a fallu des confidérations auffi puiffantes pour
» concevoir ce plan, il ne me faudroit pas moins, pour m'ai-
» der à le remplir, que l'encouragement de votre appro-
» bation, & une fanction qui vous le rendroit propre & l'i-
» dentifieroit avec vos travaux.

» Je viens donc vous confacrer l'hommage de cette pre-
» miere idée ; c'eft à vous fpécialement que l'ouvrage ap-
» partiendroit ; c'eft à vos travaux qu'il feroit deftiné, com-
» me c'eft dans vos travaux que j'ai puifé les connoiffances
» qu'il exige. Si vous le jugiez digne, par fon objet, de pa-
» roître fous vos aufpices, vous voudriez bien nommer des
» Commiffaires auxquels j'en remettrois le manufcrit progref-
» fivement. Quelle confiance n'infpireroit pas alors un recueil
» national, dédié à la nation elle-même, & autorifé par
» elle ? Et qui mériteroit mieux de concourir à la publicité
» des antiques travaux du patriotifme, que ceux qui en font
» revivre fi dignement l'efprit & les utiles opérations ?

M. Thouret, un des Procureurs-Syndics, a enfuite pris
la parole en ces termes :

Messieurs,

» Nous penfons particuliérement qu'il ne feroit guères d'ou-
» vrage qui pût être plus intéreffant en général par le grand
» tableau qu'il préfenteroit, & par la réunion des détails pré-
» cieux qu'il contiendroit : nous penfons qu'il n'y en auroit
» aucun qui pût fe lier plus intimement à la nature de vos fonc-
» tions, répandre plus avantageufement au fein de la nation
» les idées les plus faines de votre inftitution, ranimer plus
» vivement cet intérêt patriotique que l'affociation à fon

» gouvernement doit infpirer à tout citoyen, faire naître enfin
» & propager plus efficacement les utiles connoiffances dont
» il ne fera plus permis, fans honte, à aucun Normand de
» refter privé. Cet ouvrage feroit le manuel de tous les Ad-
» miniftrateurs patriotes. Perfonne n'eft plus capable que
» M. Bayeux] de fuivre avec le plus grand fuccès ce qu'il
» a conçu fi heureufement; il étoit digne de lui de vous en
» offrir l'hommage, & nous croyons qu'il eft digne de vous
» de l'accepter & d'encourager de tout votre pouvoir l'e-
» xécution d'un monument auffi important.

L'Affemblée applaudiffant à l'utile & glorieufe entreprife
projettée par M. Bayeux, a accepté avec reconnoiffance
la dédicace de l'ouvrage qu'il fe propofe, l'a invité d'en
hâter l'exécution, & arrêté que fon difcours fera inféré au
procès-verbal. Monfeigneur le Cardinal, Préfident, a nommé les Membres de la Commiffion intermédiaire & MM. les
Procureurs-Syndics Commiffaires pour l'examen du manufcrit à mefure qu'il fera rédigé; afin qu'il paroiffe enfuite fous l'autorifation de l'Affemblée, lorfque toutes les
formalités néceffaires à fa publication feront remplies.
Monfeigneur le Cardinal & tous les Membres de l'Affemblée, empreffés de donner à M. Bayeux un témoignage
unanime de l'approbation & de l'encouragement que méritent fes travaux, ont foufcrit dès à préfent, chacun
pour fon compte perfonnel; foufcription qui fera ratifiée
lorfqu'un *profpeétus* fera publié avec les permiffions requifes.

La Commiffion des impofitions ayant enfuite pris le
Bureau, & fait des obfervations fur les obftacles qui em-

, pêchent encore, en ce moment, l'Affemblée de prendre un parti fur les propofitions que Sa Majesté a daigné lui faire, relativement à l'impôt des vingtiemes , il a été pris l'arrêté fuivant, après la plus mûre délibération :

L'Affemblée confidérant l'importance des objets effentiellement intéreffants à la Généralité, dont elle a été forcée d'abandonner la fuite par les obftacles qui fe font oppofés à leur négociation pendant la durée de fes féances ; toujours également animée du défir qu'elle n'a pas ceffé de conferver de répondre aux vues de Sa Majesté, qui en demandant un accroiffement de fecours pour les befoins de l'état, ne fe propofe de l'obtenir que par la voie la plus avantageufe aux contribuables ; & voyant avec regret le moment de fa féparation arrivé avant d'avoir eu la fatisfaction de remplir à cet égard fes intentions patriotiques, a arrêté, de l'avis unanime de tous fes membres jaloux de facrifier leurs intérêts particuliers à l'intérêt général, de fe raffembler, fous le bon plaifir de Sa Majesté, auffi-tôt que le changement des circonftances lui permettra de s'occuper avec efficacité des propofitions du Gouvernement.

Elle fupplie donc Sa Majesté de vouloir bien donner à fa Commiffion intermédiaire, avant l'époque de cette tenue extraordinaire, un délai fuffifant, & les inftructions & connoiffances néceffaires pour recueillir & préparer les éclairciffements qui pourroient mettre l'Affemblée en état de terminer fon travail dans le moindre temps poffible.

Monfeigneur le Cardinal-Archevêque, Préfident, ayant repréfenté que l'Affemblée étoit parvenue au terme de fes

travaux, & qu'il étoit néceffaire d'inviter M. le Commiffaire du Roi à venir faire la clôture de fes féances, a chargé
de cette commiffion MM. l'Abbé de Goyon & Feray,
qui s'en font acquités auffi-tôt.

L'Affemblée avertie de l'arrivée de M. le Commiffaire
du Roi, M. Thouret, le feul des Procureurs-Syndics
préfent à l'Affemblée, vu l'indifpofition de M. le Marquis
d'Herbouville, eft allé le recevoir au bas de l'efcalier, au
haut duquel il a été reçu par MM. l'Abbé d'Ofmont, le
Marquis de Mortemart, Planter & le Chevalier, nommés
à cet effet.

M. le Commiffaire du Roi eft entré ayant à fa droite
M. l'Abbé d'Ofmont, à fa gauche M. le Marquis de Mortemart, & accompagné de MM. Planter & le Chevalier,
& de M. le Procureur-Syndic.

L'Affemblée l'a reçu debout & fans fe déplacer.

M. le Commiffaire du Roi a pris féance dans un fauteuil
placé en face de Monfeigneur le Préfident, & après s'être
couvert, ainfi que Monfeigneur le Préfident & MM., il
a annoncé à l'Affemblée, par un compliment analogue à
la circonftance, les ordres de Sa Majesté pour la clôture de fes féances.

Monfeigneur le Cardinal-Archevêque, Préfident, l'ayant
remercié au nom de l'Affemblée, M. le Commiffaire du
Roi s'eft retiré, & a été reconduit avec les mêmes honneurs & par les mêmes députés qui étoient allés le recevoir.

M. le Marquis d'Herbouville, voulant confacrer les premiers

miers inftants de fa convalefcence au plaifir de remercier l'Affemblée des inquiétudes que lui avoit données fa fanté, s'y eft rendu, & l'Affemblée lui a témoigné toute la fatis-faction que lui caufoit fa préfence.

Tous MM. les Députés ont enfuite renouvellé à Monfeigneur le Cardinal-Archevêque, Préfident, l'expreffion des fentiments qu'il leur a fi juftement infpirés; fon Éminence a répondu en ces termes :

M ESSIEURS,

» Nous voici au moment de notre féparation ; elle coûte » d'autant plus à mon cœur, que j'avois contracté la douce » habitude de vivre avec des perfonnes auxquelles je fuis » très-attaché. L'union & la concorde qui ont régné dans » nos délibérations m'ont infpiré ces fentiments.

» Le Procès-verbal de vos délibérations annoncera par-» tout le bien que vous avez fait, & celui que vous vous » propofés de faire. Nous laiffons à des mains habiles le foin » de remplir vos falutaires intentions : leur zèle & leurs lu-» mières nous en affurent le fuccès.

MM. les Députés fe font enfuite féparés, en confer-vant pour toujours une eftime & un attachement récipro-ques, que l'harmonie d'une collaboration affidue n'a fait qu'accroître encore.

Fait & arrêté à Rouen, ce 19 Décembre 1787.

Signés fur la minute,

✝ D. CARDINAL DE LA ROCHEFOUCAULD, Préfident. ✝ Fr. EVÊQUE D'ÉVREUX. DE LAURENCIN, Abbé

E e e

de Foucarmont. LE RAT , Abbé de Bellosanne. GOYON , Vic. Gén. Abbé de S. Victor. L'ABBÉ DE S. GERVAIS. MARESCOT. L'ABBÉ D'OSMOND. FRESNEY , Chanoine. L'ABBÉ DILLON. L'ABBÉ DE GRIEU. YVELIN , Vic. Gén. Off. DE LÉNABLE , Syndic des Bénédictins. MATHAN. DU MESNIEL Marquis de Sommery. D'ESTAMPES. L. CONFLANS. CANY. PARDIEU. CAUMONT. LOUVEL. JANVILLE. LE CHEVALIER DE MÉGRIGNY. CAIRON, LE MARQUIS DE MORTEMART. LE COMTE DE CHAMBORS. DE COUVERT DE COULONS. LE COUTEULX DE CANTELEU. GUEUDRY. DE FONTENAY. L. DAMBOURNAY. PLANTER. SANTERRE. DUJARDIN. LE FEBVRE. LE CAMUS. LEVÉ. LE VARLET. DE VADICOURT. LE CHEVALIER. HEBERT , Chevalier de S. Louis. LA CROIX S. MICHEL. POSTEL. DUVRAC. Gne. MÉTAYER. GRÉGOIRE. FERAY. J. NÉEL. COUSIN DESPRÉAUX. BOURDON. DESMARQUETS. D'IRVILLE. ENGREN.

D'HERBOUVILLE,   THOURET ,

Pocureur-Syndic du Glergé   Procureur Syndic du
& de la Noblesse.   Tiers-Etat.

BAYEUX,
Secretaire-Greffier.

TABLE
PAR ORDRE DES SÉANCES.

ı

Du Mercredi 19 Décembre , au matin.

Fin de la Table.

Renvoi de la page 233 , ci-dessus.

EXTRAIT DES PROCÈS-VERBAUX
DE L'ASSEMBLÉE PROVINCIALE DE LA HAUTE-GUYENNE.

Le 4 Octobre 1779 , à dix heures de matin.

M. l'Abbé DE COURTOIS a fait au nom du Bureau de la
capitation , le rapport suivant :

MESSIEURS,

» LEs différents Bureaux de cette administration se sont empres-
» sés de vous rendre compte des opérations que vous avez daigné
» leur confier ; vos regards fixés sur les objets les plus intéressants,
» ont accéléré l'ouvrage ; & l'on doit être également surpris de la
» multitude des affaires que vous avez traitées , & de l'unanimité
» avec laquelle vous avez embrassé ou rectifié les idées patriotiques
» qu'un zèle éclairé vous a suggérées.

Fff

» Il vous reſte cependant, Meſſieurs, un dernier objet à traiter ;
» c'eſt celui de la capitation. Si juſqu'à préſent nous avons différé
» de vous en parler, c'étoit pour que votre attention, moins divi-
» ſée, put fortement ſe réunir ſur un point auſſi eſſentiel.

» Un déſir très-preſſant pour vous, nous le ſavons, Meſſieurs,
» c'eſt d'éloigner tout arbitraire dans la répartition des impôts ; vous
» ſeriez peu flattés de conſerver le pouvoir funeſte de faire quel-
» ques heureux, ſi la joie de ceux-ci devoit être un ſujet de lar-
» mes pour une foule de citoyens que leur miſere doit vous rendre
» encore plus chers.

» Quel avantage ne feroit-ce pas pour la province, & de quelle
» gloire, Meſſieurs, ne vous couvririez-vous pas, ſi dans la répar-
» tition d'un impôt dont l'aſſiete eſt ſi arbitraire & ſi ſujette aux
» réclamations, vous pouviez parvenir à établir un ordre preſqu'in-
» variable, où toutes les fortunes des citoyens vinſſent ſe placer
» comme d'elles-mêmes ? Ce projet paroît ſans doute difficile ; mais
» duſſiez-vous ne pas y réuſſir, ce ſeroit beaucoup d'avoir oſé le
» tenter ; auſſi tous nos efforts dans le Bureau ſe ſont tournés vers
» ce ſeul objet.

» D'abord nous l'avoüerons, effrayés par les premieres difficul-
» tés, nous penſions dans le Bureau qu'il étoit plus facile de dé-
» truire entierement la capitation, que de la contenir dans des prin-
» cipes fixes ; cet impôt très-onéreux, qui ſe porte dans la pro-
» vince à une ſomme de 1360000 francs, auroit pu être remplacé
» dans les villes, par une impoſition ſur les maiſons ; & l'on eut
» adopté dans les campagnes quelque tarif proportionnel.

» Mais les inconvéniens inſéparables de tout ſyſtême nouveau,
» ſur-tout dans une adminiſtration naiſſante, nous ont fait penſer
» qu'il valoit mieux en ſuſpendre l'exécution, au moins pour quel-
» ques années ; & la capitation examinée de plus près, malgré les
» vices inhérens à ſa nature, nous a paru pouvoir recevoir quel-
» ques perfections. Ce ſera à vous, Meſſieurs, de juger ſi nos ſuccès
» ont répondu aux eſpérances que nous avons oſé concevoir.

» Tout le monde ſait que la capitation eſt un impôt qui affecte
» également les perſonnes & leurs facultés ; tout ſujet ayant beſoin
» de la protection de l'Etat, doit contribuer à entretenir ſa force &
» ſa ſplendeur ; & par une conſéquence juſte & néceſſaire, ſes obli-
» gations deviennent d'autant plus grandes qu'il a plus de poſſeſſions
» à conſerver : l'artiſan même qui n'a d'autre bien que la vie, d'au-
» tre richeſſe que ſon travail, y eſt ſouvent aſſujetti ; mais quel mé-
» nagement ne doit-on pas garder dans la taxe qu'on lui fait ſupporter !

» Pour procéder avec une équité parfaite dans cette répartition,
» il faudroit non-seulement connoître l'étendue précise de la fortu-
» ne, des facultés, des dépenses nécessaires & des charges de chaque
» citoyen, mais encore il faudroit trouver des hommes assez justes
» & assez courageux, pour répartir la capitation selon la propor-
» tion exacte des diverses facultés des contribuables ; ici l'on ne voit
» point d'objet déterminé sur lequel puisse tomber l'impôt. Ce n'est
» point une étendue de terre dont la mesure puisse être soumise aux
» loix du calcul, ou à une consommation dont la quantité puisse être
» déterminée ; il faut s'en rapporter aux apparences ; & combien ne
» sont-elles pas trompeuses ? L'avare exagere ses besoins, & le fas-
» tueux ses ressources.

» Mais, en supposant même qu'on pût parvenir à connoître les
» facultés de chaque particulier, il n'existe encore dans cette sup-
» position aucune méthode connue pour répartir cet impôt; il faudroit
» que la contribution de chacun fût à ses facultés, ce que la con-
» tribution de la communauté entiere est à la somme des facultés
» de cette communauté. Cette opération est longue, difficile, im-
» praticable ; ensorte que l'homme de bien a peut-être été jusqu'ici
» plus embarrassé dans l'assiète de la capitation, que l'homme in-
» téressé & méchant.

» La méthode que nous allons vous proposer, frappera par sa sim-
» plicité ; à peine, en l'adoptant, croirez-vous avoir changé de
» systême ; & les avantages qui en résulteront vous convaincront
» peut-être de sa perfection.

» D'abord, pour la mieux développer, jettons un coup d'œil sur
» la maniere dont on a jusqu'à présent réparti la capitation.

» Ouvrez un rôle, vous verrez mille noms qui se succedent con-
» fusément ; la même page vous présentera plusieurs taxes très-dif-
» férentes ; & après en avoir parcouru plusieurs, vous aurez à pei-
» ne la moindre idée de l'aisance & de la fortune des différents
» contribuables ; il vous faudra encore feuilleter mille fois, rap-
» procher les différentes taxes, comparer les plus foibles avec les
» plus fortes ; & le résultat de ce travail immense vous laissera à
» peine quelques idées vagues sur les aisances respectives des dif-
» férents contribuables.

» Une telle confusion est bien propre à cacher, ou même à faire
» naître mille erreurs. C'est donc sur la forme des rôles qu'il convient
» de commencer l'opération,

418

» Les nouveaux rôles qu'on vous propofe, Meffieurs, feront diftri-
» bués en autant de colonnes qu'il y aura de différentes claffes de
» fortunes ou d'aifances dans une communauté.

» Ici fe préfente la premiere difficulté, qui eft de diftinguer les
» aifances refpectives pour en former des claffes. Cette divifion eft
» beaucoup plus aifée qu'elle ne paroît au premier coup d'œil. Il ne
» s'agit plus comme dans la capitation ordinaire, d'évaluer féparé-
» ment l'étendue des facultés de différents membres d'une commu-
» nauté, mais feulement le rapport général des aifances & des ri-
» cheffes.

» Un exemple rendra ceci fenfible. Nous nous trouvons ici
» raffemblés de différentes parties de la province ; s'il s'agiffoit de
» déterminer la fortune de chacun, & de lui faire fupporter une
» portion d'impôt, proportionnée à l'étendue de fes facultés, peut-
» être aurions-nous bien de la peine à y réuffir ; mais fi l'on nous
» difoit feulement de rapprocher dans différentes claffes tous les
» particuliers de l'affemblée, dont nous jugerions la fortune à peu
» près égale, une heure nous fuffiroit pour établir cet ordre. Qui
» ne voit en effet qu'il eft bien plus difficile de connoître l'étendue
» de la fortune d'un homme que de comparer fes facultés avec cel-
» les d'un autre ? Mais cette formation de claffes fut-elle mille fois
» plus difficile, doit peu vous effrayer ; & fans prendre fur vous
» l'odieux d'une nouvelle répartition, vous la trouverez toute faite
» dans les anciens rôles ; leur taxe fera notre feule loi ; & s'il y a
» des imperfections, étant devenues fenfibles par le rapprochement,
» le temps les détruira fans efforts.

» Pour développer cette marche, il fuffira, Meffieurs, de vous
» faire obferver que, quoique les contribuables d'une communauté
» foient foumis à des taxes variées, il en eft cependant plufieurs
» qui fupportent une égale portion de l'impôt ; nous regarderons
» donc aujourd'hui comme ayant une fortune égale, tous ceux qui
» fe trouveront également cotifés. Ainfi en multipliant les colon-
» nes à proportion des différentes taxes, & inférant dans chacune
» tous les contribuables également impofés, nous n'aurons fait qu'in-
» tervertir l'ordre du rôle ; & cependant nos claffes feront formées.

» C'eft, Meffieurs, de cette combinaifon fi fimple & fi facile,
» que nous attendons les plus heureux effets. Car tel eft le pouvoir
» de l'ordre, que fa préfence intimide la mauvaife foi, & mettant
» l'injuftice à jour, donne aux opprimés le courage de réclamer leurs
» droits, & aux oppreffeurs la crainte de les violer ouvertement.

» Si, dans les rôles, il exifte des taxes trop foibles ou exorbi-

» tantes ; si , malgré l'égalité de fortune , on trouve des disppropor-
» tions évidentes , ce sera déjà beaucoup que de pouvoir les connoî-
» tre & les manifester par leur rapprochement. L'Administration
» trouvera alors mille moyens pour ramener chacun dans sa classe
» proportionnelle ; mais nous lui voulons éviter, autant qu'il sera
» possible , jusqu'au moindre acte de sévérité. Les contribuables
» ainsi classés , seront eux-mêmes leurs premiers juges , & les Admi-
» nistrateurs n'auront besoin le plus souvent que d'éclairer leur in-
» térêt & de soutenir leurs efforts.

» Peut-être d'ailleurs les injustices dont on se plaint dans la répar-
» tition de la capitation ne sont-elles pas aussi communes qu'on le
» pense; la confusion des rôles favorise des doutes qui disparoîtront
» par le rapprochement ; quel avantage ne sera-ce pas que d'avoir
» étouffé les murmures & établi la confiance ?

» Supposons cependant que le dépouillement des rôles ne nous of-
» frit que des classes entierement informes ; la seule difficulté seroit
» alors d'ôter de chaque classe ceux qu'une fortune disproportionnée
» devroit faire monter dans une classe supérieure , ou faire descen-
» dre dans une classe inférieure.

» S'il étoit indifférent pour les contribuables , que les classes supé-
» rieures ou inférieures à celles qu'ils occupent , fussent plus ou moins
» nombreuses, ils se donneroient peu de soin pour faire ces chan-
» gements , & les classes resteroient long-temps imparfaites.

» Mais l'intérêt est un puissant mobile ; & vous observerez que les
» classes supérieures ayant une quantité d'impôt proportionnelle-
» ment plus forte , plus elles contiennent de contribuables , plus la
» somme d'impôt qu'elles absorbent est considérable , & moins par
» conséquent il en reste à répartir dans les classes inférieures. C'est
» sur ce principe que vont s'établir tous nos projets de réforme.

» Mais avant d'y procéder , nous ajouterons une réflexion qui di-
» gera notre marche. Rien n'est plus juste , sans doute , que de ren-
» dre la moins onéreuse possible , la taxe imposée à la derniere classe
» de citoyens; ils ne la paient qu'en se privant du plus absolu néces-
» saire ; & votre cœur est trop porté à s'attendrir sur leur misere ,
» pour qu'il soit nécessaire de vous engager à les soulager.

» Il faudra donc commencer la réforme des classes par la pre-
» miere ; car si l'on commençoit par la classe supérieure , chacun
» tendant à descendre dans une classe où l'impôt seroit moindre ,
» les classes moins cotisées se trouveroient bientôt surchargées des

» contribuables qui fe feroient tirés des claffes les plus. alli-
» vrées ; & le petit nombre de ceux qui feroient reftés dans les claffes
» fupérieures, n'abforbant qu'une foible partie de l'impôt, il fe trou-
» veroit prefque tout réparti dans les moins cotifées; & les pauvres
» feroient écrafés.

» Ces idées une fois bien faifies & les rôles divifés en colonnes
» felon la méthode fimple que nous avons indiquée, voici comme
» on conçoit que pourra s'opérer la réformation des claffes.

» Des afféeurs, au moins au nombre de quatre, choifis par une
» délibération de communauté dans différentes claffes, & conjoin-
» tement avec les Confuls, procéderont à cette opération.

» Ils commenceront par la premiere colonne ou celle de la moindre
» répartition; s'ils y trouvent des contribuables hors d'état de fup-
» porter la moindre taxe, leur nom y fera effacé pour être porté en
» note dans une colonne féparée, qui ne fupportera aucune im-
» pofition ; tandis qu'au contraire, on placera dans des colonnes
» fupérieures ceux dont la fortune & l'aifance fe trouveront fupé-
» rieures à celles des membres de cette colonne.

» La premiere claffe ainfi épurée, on paffera à la feconde; & fi
» on y apperçoit des contribuables déplacés, on les fera également
» monter dans la claffe fupérieure, ou defcendre dans celle qui eft
» inférieure, fuivant la différence des facultés.

» On procédera ainfi fur toutes les colonnes; & le rôle, arrêté &
» figné par les afféeurs, pourroit alors être expofé à la cenfure pu-
» blique.

» Comme ce rapprochement rendra fenfibles les moindres nuan-
» ces, chacun pourra faire aifément fes remarques, les différents
» membres d'une claffe compareront leurs forces, & feront bien-
» tôt connoître ceux qui par une plus grande aifance font faits
» pour être placés dans une claffe fupérieure.

» Les claffes voifines s'examineront auffi entr'elles ; & de leurs
» réclamations refpectives, il réfultera les plus grandes connoif-
» fances pour la confection des rôles de l'année fuivante.

» Les afféeurs auront foin de noter les obfervations des particu-
» liers qui leur auront paru juftes, & les feront paffer avec le rôle
» au Bureau intermédiaire. On fent que le cri public & l'œil vigi-
» lant de l'adminiftration feront des motifs puiffants qui forceront
» les afféeurs à porter dans leurs opérations la plus fcrupuleufe
» attention.

» Les moyens que nous venons d'indiquer fuffiront prefque tou-
» jours pour établir l'ordre dans les différentes claffes des rôles ;
» mais l'on peut abandonner au Bureau intermédiaire le foin d'en
» employer de plus efficaces , s'il y étoit contraint par les circonf-
» tances.

» Peut-être dans les premieres années, les rôles n'acquéreront-
» ils pas leur perfection ; mais on peut affurer qu'ils deviendront
» moins défectueux : au lieu que dans la confufion préfente ils
» pourroient devenir tous les ans plus injuftes , fans qu'on eût
» aucun moyen pour s'en appercevoir , aucune bafe pour les recti-
» fier.

» Nous nous fommes auffi occupés dans le Bureau, des moyens
» de répartir la fomme fixée pour la capitation fur les contribua-
» bles des différentes claffes ; mais nous ne fatiguerons pas votre
» attention par des calculs & des détails qui ne peuvent être utiles
» qu'à ceux qui font chargés de les réduire en pratique. Il vous fuf-
» fira de favoir qu'on emploiera un moyen à peu près femblable
» à celui dont on fe fert pour la répartition de la taille : on opere
» d'abord fur des quantités inconnues & arbitraires , qui fervent
» enfuite de bafe pour fixer les quantités connues.

» Ce même moyen pourra fervir dans la fuite pour faire une
» répartition générale de la capitation fur toutes les communautés
» de la province. Mais le Bureau penfe que pendant plufieurs an-
» nées on doit uniquement s'occuper de la répartition des rôles
» particuliers.

» La nouvelle méthode que nous venons , Meffieurs, d'avoir
» l'honneur de vous développer, a réuni tous les fuffrages du Bu-
» reau. Du moins aura-t-on , en la fuivant, quelque point fixe &
» déterminé qui laiffera à l'arbitraire le moins de prife poffible.
» Les regles en font fi générales, qu'on pourra également les ap-
» pliquer à toute efpece de rôle.

» Vous favez , Meffieurs, que la Nobleffe en a un particulier ,
» ainfi que plufieurs privilégiés. Sans porter aucune atteinte aux
» anciens ufages, il fera aifé de les réduire à la forme indiquée ;
» & nous n'avons pas cru en devoir faire un article particulier. Le
» Bureau a cependant fait à cette occafion quelques remarques ef-
» fentielles qu'il eft néceffaire de vous communiquer.

» On croit communément que la capitation de la Nobleffe eft
» proportionnellement moins forte que celle des communautés ;
» l'Affemblée , fans doute , fera bien éloignée d'envier à ces ci-

416

» toyens refpectables une légere diminution d'impôt, qui, fût-elle
» accordée à deffein, ne feroit qu'une foible récompenfe des fa-
» crifices qu'ils font fi fouvent de leurs biens & de leur vie pour
» le foutien de l'Etat.

» Mais plus on aime à les diftinguer, plus il eft intéreffant de
» ne point laiffer ufurper les mêmes prérogatives par ceux qui ne
» pourroient juftifier des mêmes droits. On ne peut d'ailleurs laif-
» fer fubfifter cet abus fans furcharger les communautés dont la
» taxe particuliere doit augmenter à mefure que le nombre des
» contribuables diminue.

» Le Bureau penfe donc qu'il faudroit faire à cet égard les re-
» cherches les plus exactes ; & tous ceux qu'on découvriroit avoir
» été inférés mal-à-propos dans les rôles de la Nobleffe, feroient
» rapportés dans ceux de leur communauté, fans que pour cela
» la fomme qui doit être répartie pour la capitation de la Nobleffe
» dût fupporter aucune diminution. Tel a été le fentiment & le
» vœu unanime des membres de la Nobleffe qui font du Bureau de
» la capitation : nous leur devons ce témoignage.

» Le Bureau défireroit encore que les recherches de l'Adminif-
» tration fe portaffent en même-temps fur les différents privilégiés :
» quoiqu'on n'en ait pas de preuves certaines, on a lieu de croîre
» que plufieurs s'arrogent ce droit fans aucun titre.

» Il n'eft pas befoin que vous déterminiez les moyens qu'il fau-
» dra employer pour parvenir à cet épurement des rôles de la
» Nobleffe & des privilégiés ; il fuffira de faire connoître votre
» vœu, & l'on pourra abandonner au Bureau intermédiaire le choix
» des moyens.

» Quant aux nouveaux annoblis, qu'on ne peut empêcher de fe
» faire infcrire dans le rôle des Nobles, le Bureau a obfervé qu'il
» étoit évidemment jufte que les communautés fe trouvaffent fur-
» chargées de la quotité à laquelle ces contribuables étoient affu-
» jettis avant d'avoir obtenu la nobleffe ; nous avons donc penfé
» qu'il conviendroit alors de diminuer fur la communauté la même
» fomme d'impôt qu'y fupportoient les nouveaux annoblis, pour
» la rapporter dans la maffe totale de la capitation noble ; ce qui
» ne furchargeroit pas la Nobleffe, puifqu'avec cette nouvelle aug-
» mentation elle acquéreroit des contribuables qui la fupporteroient.

» Voilà, Meffieurs, les feules réflexions que le Bureau a cru
» devoir foumettre à vos lumieres, & qui doivent faire l'objet de
» vos délibérations.

IMPOSITION DES DEUX VINGTIEMES,
& 4 f. pour liv. du I.er.

Année 1787.

ÉLECTIONS , &c.	Biens Fonds.			Induſtrie.			Offices & Droits.			Total.		
	₶	s	d	₶	s	d	₶	s	d	₶	s	d
ROUEN. { Ville & Fauxbourgs. . .	266898	16	8	6032	13	6	45012	18	2	{317944	8	4
Banlieue.	69637	9	1	56575	15		162	5		{126375	9	1
Election.	229990	8	7	. . . . .			1079	7	6	231069	16	1
PONT-DE-L'ARCHE.	119450	3	2	8152	13		1590	4	4	129193		6
PONTAUDEMER.	263555	13	4	2408	1	4	2627	5	5	268591		1
PONT-LÉVÊQUE.	274625	17	10	1105	10		1065	8	2	276796	16	
CAUDEBEC.	320024	19	1	827	15		4897	19	3	325750	13	4
MONTIVILLIERS.	326627	4	2	7814	19		2416	18	7	336859	1	9
ARQUES.	309859	2	9	5722	4		2735	1	7	318313	8	4
NEUFCHATEL.	135068	18	11	243	2		961	7	6	136273	8	5
GISORS.	97718	7	10	379	10		608	2	4	98706		2
LYONS.	79849	14	6	. . . . .			490	10	11	80340	5	5
MAGNY.	87157	12	5	. . . . .			1331	4	10	88488	17	3
ANDELYS.	134197	16		2681	5		657		5	137536	1	5
EVREUX.	109064	1	4	2443	2		1485	4	1	112992	7	5
EU.	88798	7	1	647	18		216	19	6	89663	4	7
TOTAUX.	2912524	12	9	95034	7	10	67337	17	7	3074896	18	2

IMPOSITION DE LA CAPITATION DES NON-TAILLABLES.

Année 1787.

ÉLECTIONS, &c.	Nobles.		Offic. de Juft.		Privilégiés.			Employés.			Villes-franch.	Total.		
	++	J	++	J	++	J	A	++	J	A	++	++	J	A
ROUEN { Banlieue.	. . . .		. . . .		. . . .			. . . .			40030	40030		
Fauxbourgs.	. . . .		. . . .		. . . .			. . . .			7715	7715		
Ville.	15477	8	32404	4	817	11	8	11232	7	2	121183 2 3	181114	13	1
Élection.	2370	13	. . . .		. . . .			. . . .			. . . .	2370	13	
PONT-DE-L'ARCHE.	824		2367		16	5		152	17	2	. . . .	3360	2	2
PONTAUDEMER.	4510	3	2488	8	101	8		257	5	10	. . . .	7357	4	10
PONT-LÉVÊQUE & HONFLEUR.	3527	16	3060		183	6		188	11	1	12800	19759	13	1
CAUDEBEC & YVETOT.	2827	18	2876	8	50	18	4	122	12	8	6600	12477	17	
MONTIVILLIERS & le HAVRE.	4652	14	3769	4	110	10		157	3	10	13000	21689	11	10
ARQUES, DIEPPE & le POLET.	5299	8	2970		84	10		175	14	4	23000	31529	12	4
NEUFCHATEL.	2056	16	1882		193	11		86	4		. . . .	4218	7	4
GISORS.	3142	6	1071		162	10		86	13	4	. . . .	4462	9	4
LYONS.	1568	11	810		21	18		35	6	4	. . . .	2435	15	4
CHAUMONT & MAGNY.	959		1044		273			. . . .			. . . .	2276		
ANDELYS.	1424	14	2068	4	225	8		159	18		. . . .	3878	4	
EVREUX.	3863	6	3462		13			124	9	6	. . . .	7462	15	6
EU.	2919	10	1188		317	15		71	10		. . . .	4496	5	10
TOTAUX.	55424	3	61460	8	2571	11		12850	5		224328 2 3	356634	4	8

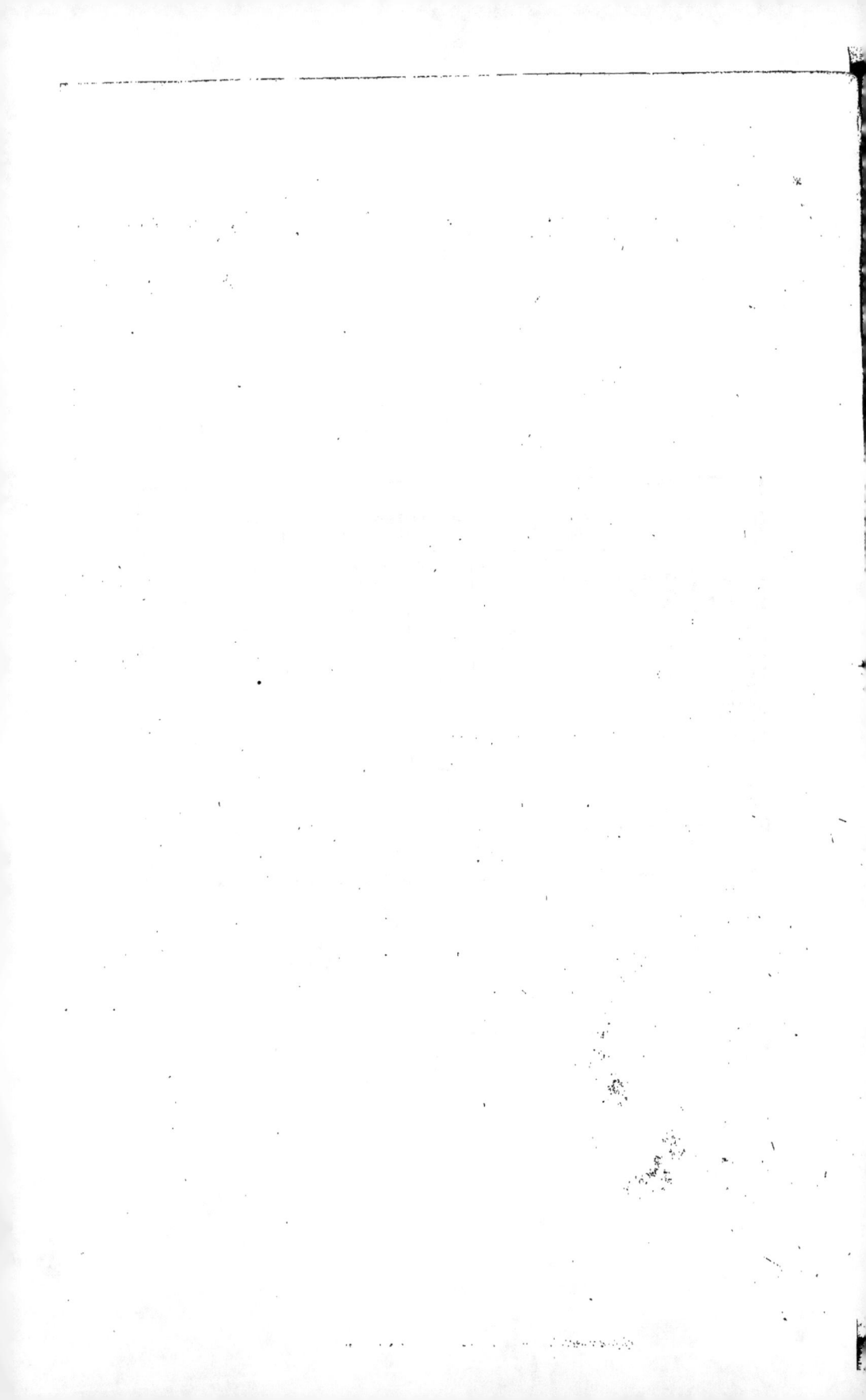

ÉTAT GÉNÉRAL

DES SOMMES IMPOSÉES DANS L'ÉTENDUE DE LA GÉNÉRALITÉ DE ROUEN,

Pendant l'année 1787.

	RECETTE.					DÉPENSE.											
ÉLECTIONS ET VILLES.	TAILLE.		CAPITATION.		Deux VINGTmes. & 4 s pour du premier.	TOTAL des Impositions.	Remises, décharges & modérations, (celles des Capitations & Vingtiemes n'étant pas encore fixées pour c.tte année, sont présentées ici par approximation, d'après le dernier compte jugé) sur — La Taille. 1er. Brevet.			TAXATIONS						Revenu net à la Recette générale, (sur quoi le Receveur général a ses taxations à 3 s pour mes)
	1er. Brevet.	IIe. Brevet.	Taillable.	Non Taillable.				La Capitation des non-taillables.	Les deux vingtiemes de 4 s pour mes du premier.	Des Préposés sur — Le IIe. Brevet de la taille, à raison de 4 s pour	Les Capitations, à raison de 4 s pour	Les Vingtiemes &c. à raison de 4 s pour	Des Receveurs particuliers des Finances (déduction faite des remises, décharges, modérations & retenues des Préposés) sur — Le Ier. Brevet de la taille, à raison de 3 s pour	Le IIe. Brevet de la taille, à raison de 3 s pour	Les Capitations &c. à raison de 3 s pour	Les Vingtiemes, &c. à raison de 3 s pour	
ROUEN { Ville, Fauxbourgs & Banlieue. Élection.	. . . 243384	. . . 145439 8 6	. . . 156402	228819 13 1 154202	444329 17 5 4370 12	673179 10 6 233069 16 1	. . . 2000	. . . 265 16	21799 4096 11 3	. . . 2423 16	. . . 1644 4 9	3395 6 7 3790 20 10	7031 10 9 3015 16	. . . 1787 11 3	. . . 3242 8 4	1930 2 6	4460 1 2 1873 7 6	604009 24 7 755061 10
PONT-DE-L'ARCHE, . .	133432	79147 18 9	9686	3360 2 2	115193	431239 1 1	1300	1865 2 6	1013 13 5	1313 16	1464 7 9	4217 8 4	1611 18	972 11 6	1079 19 9	1019 3 4	417361 16 10
FONTAUDEMER, . .	206746	183209 19 3	196956	7357 4 0	268191 2	962860 4 2	2000	2574 17 9	4148 18 6	3053 10	3380 19 6	4417 19 2	3809 6 6	2233 19 2	2493 9 4	1216 10 3	932472 14 2
PONT-LÉVÊQUE, . .	249709	148871 9 6	160332	19719 13 1	276796 16	855472 18 7	2000	3113 26	4407 13 6	1481 1 5	2951 5	4148 18 3	3306 7 1	2803 18 6	2176 20 11	2243 15 1	827409 8 11
CAUDEBEC, ...	343244	203918 17 7	229684	11477 17	315710 13 4	2103975 7 11	2000	2411 6	1147 6 7	3398 12 11	3836 17	5323 4 9	4552 16	3506 10	2819 13 7	2612 13 1	1073608 8
MONTIVILLIERS, .	286528	170697 18 7	283972	22689 22 00	336819 1 9	999746 12 2	2000	2893 12	2287 4 10	3644 19 4	3388 26 3	5541 2	3566 12	3098 1 3	3439 5	2740 16 7	977776 12
ARQUES, ...	336675	200195 18 9	226300	33129 22 4	318316 8	1103616 19 5	2400	2372 15	3433 2 7	3343 5	4061 10 6	5110 3 7	4418 8 9	3465 13 5	3996 2 3	3184 2	1070780 18 7
NEUFCHATEL, . .	149611	89158 6 2	96060	4218 7 4	136275 8 3	477721 1 11	1500	1616 8 6	1017 11 3	1453 12 9	1655 18 6	2319 3 3	1813 2 9	1100 16 3	1121 4 10	1214 3	461297 2 3
GISORS, ...	102267	61387 19 7	63684	4463 9 4	98706 3	332487 9 1	1500	2291 11	1614 6 2	1703 5	1153 11 3	1604 13 11	1519 11 3	754 11 3	830 16 3	793 22 8	310640 9 10
LYONS, ...	86801	51811 2 7	51734	2435 15 4	80340 5 5	277721 3 4	1800	1289 16	265 17 5	865 10 4	956 13 11	1333 11 2	1065 10 3	636 16 11	705 11 3	619 5 8	267648 20 5
MAGNY, ...	95645	57332 5 1	61420	2276	88488 17 3	305312 2 4	1300	1311 7 9	2449 3 7	911 10 9	1042 6 7	1428	2179 6 3	704 14 2	768 14 5	711 16	293300 2 10
ANDELY, ...	128095	76714 16 9	81848	3878 4	137136 1 3	422472 2 2	1500	2941 3 7	1499 5 8	1278 12 7	1297 2	1303 2	2580 8 9	941 19 3	1052 10 6	1233 15 3	412819 2 8
EVREUX, ...	120568 8	72250 17 6	77424	7462 15 6	112993 7 3	390486 8 3	2600	2765 11 4	765 17	1504 3 7	2152 13 6	1862 2 3	1462 2 1	888 1 8	998 6 8	907 3	375819 7 4
EU, ...	89724	53710 18 11	57732	4496 5 10	89663 4 7	295326 9 7	2000	994 11	607 13	895 7	1003 13	1490 9 7	7098 18 8	909 1	744 12 4	734 8 10	283390 7 8
TOTAUX . .	2671939 8	1595101 17 6	1715592	336634 4 8	3074896 18	9614174 8	24000	28392 4 5	49707 7 9	26234 3 11	33623 9 10 50284			51960 16 11 35607 7 3		31904 8 7	7065273 2 8

Taxations du Receveur-Général, ... 113365 17

Net effectif à verser au Tresor Royal, ... 8951907 8 4

A Rouen, De l'Imp. de P. SEYER, Imp. de S. A. Mgr. le Cardinal, rue du Petit-Puits.

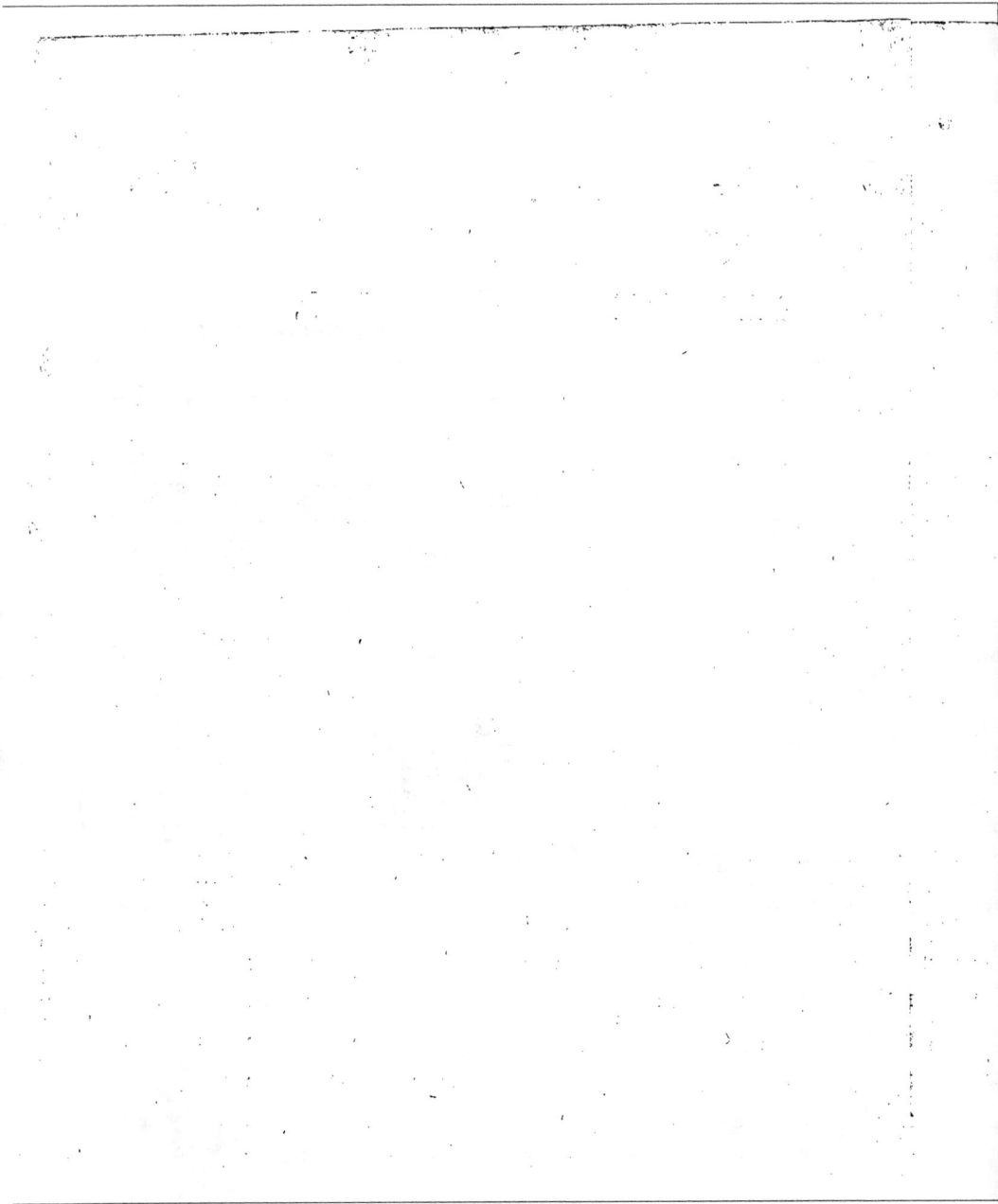

TABLEAU

DE LA COMPOSITION DU SECOND BREVET DE LA TAILLE DANS LA GÉNÉRALITÉ DE ROUEN,

Pris sur celui de l'année 1780.

ÉLECTIONS.	Fourrages, quartier d'hiver, logemens &c. imposé sur le receveur des déniers de la taille, &c. pour le refour de la remise du bail des habitilles Turcs de la mer du Ponant dans les membres de mer &c. avant le remouvement &c. pour l'Hôtel des Invalides.	Déport des Dames & Demoiselles Chanoines, & de l'Infirmerie sur chaque &c. imposé à le refour des déclarations.	Appointemens des Huissiers des Élections.	Appointemens des Commis à l'Infirmier &c. l'Imposition sur la Généralité, à raison de la Recette de Rouen.	Logemens &c. des Officiers de plusieurs Élections.	Prise-de-casernement des troupes qui font en garnison ou en quartier d'hiver dans la Généralité.	Logemens &c. cravaux du Gouverneur, de faire Provincial des Commissaires des Guerres, qui du Prévôt général de la Lieutenant de la Cavalerie de Maréchaussées.	Fourrages Contrôle-reconnue pour la Clôture &c. verrerie des Cimetières des Clercs.	Dépenses extraordinaires pour les richelières.	Supplément de fonds pour compléter les états des Maréchaux.	Indemnité annuelle revenu aux cendres du fief distinct du Conseil.	Ouvrages à faire aux différens Ponts du Royaume.	Dépenses des canaux de Picardie & des navigations de la Charente &c. les bancs ouvrages par de cette nature.	Dépenses des ouvriers militaires & du surport des troupes.	Portion d'intérêt &c. pour la réparation de la Ville de Rouen, pour les pont du bureau.	Entretiens bancs de la Province de Normandie.	Logement &c. Communes des Royaume.	1 à pour %% du montant des impositions &c. vers l'effet &c. destinées pour la contribution des Élus.	Indemnité &c. données pour les travaux pour les Officiers des Élections.	2 à pour %% des taxations des impositions accessoires, comprises au douzième brevet.	Sol pour %% des commandes au quatre.	Droits d'usage pour chaque brevet.	Montant pour chaque Élection.
ROUEN, . . .	70227	19780	350	45	90	9225	1160	36	3330	1223	71	5894	4590	3690	285	3715	181	4760	3840	216	6871	1511	344384
PONT-DE-L'ARCHÉ, ,	40633	10247	188	24		4880	660	19	1760	690	41	3225	3300	2225	160	1986	96	4230	7930	1263	3732	395 16	78767
PONT-AUDEMER, ,	81194	17013	480	64	300	11330	1700	49	4380	1600	97	7443	5700	5300	471	4968	164	6370	4850	5760	8738	1464 17	184622 17
PONT-LÉVÊQUE, ,	71611	21101	361	46	130	9545	1180	37	3383	1290	72	6527	4495	4210	320	3888	181	4970	3800	2510	6983	552 8	147201
CAUDEBEC, .	121107	32487	480	63		13100	1765	50	4631	1700	101	8287	5835	5690	460	5101	212	6432	5020	3060	9168	974 12	210900
MONTIVILLIERS, .	36034	13040	420	53	330	12452	1433	42	3775	1380	82	6976	4920	4161	310	4116	221	5390	4170	3170	8013	117 11	168890
ARQUES, . .	100613	27535	504	63		14330	1735	50	4500	1735	97	8216	5890	5410	450	5040	252	6580	4940	3010	9420	461 16	178660
NEUFCHATEL, .	45772	11867	250	34		5710	875	27	2210	715	51	3584	3710	2510	215	5512	136	3970	3330	1314	4186	1301 18	89169
GISORS, . . .	31067	7941	129	18		3820	415	15	1315	505	30	2435	2775	2635	110	2937	71	2955	1500	876	2860	1553 18	62623
LYONS, . . .	19916	4996	124	16		3040	433	13	1270	430	25	2087	3530	1415	105	1324	64	1640	1330	750	2418	337 7	37343
MAGNY, . . .	29149	7364	136	17		3330	473	14	1400	460	25	2230	1672	7310	235	1641	68	1805	1432	707	2675	1230 13	57401
ANDELY, . .	38371	10991	188	24		4800	660	19	3775	630	42	3009	3235	3075	160	1935	95	2400	1900	1090	3583	1496 10	76645
ÉVREUX, : .	36888	9222 16	168	20		4450	590	16	1170	614	36	4880	5071	3205	245	1800	81	2257	1770	1010	3374 16	1449 11	75079
EU, ...	16975	6999	136	26		3410	475	15	1325	430	25	1507	1600	1475	111	1355	64	1740	1370	760	2515	539 16	35554
TOTAUX. . . .	709357 8	237986 16	3900	500	600	100000	13700	400	36214	13304	794	64788	47002	42765	3333 6	40714	2000	11457 4	47000	23643	74713 16	13153 12	1587791 4

À Rouen. De l'Imp. de P. SEYAS. Impr. de L. R. Mgr le Cardinal, rue du Petit-Pont.

TABLEAU DES ROUTES DE LA GÉNÉRALITÉ DE ROUEN.

INDICATIONS.	Longeur	Longueur de chaque route.	Pavé à l'entretien des Villes	Pavé au Nat.	Longueur des parties à l'entretien simple.	Prix réduit de la toile courante.	Montant de la dépense.	Longueur des parties à faire qu'à mettre à l'entretien simple.	Prix réduit de la toile courante.	Montant de la dépense.	Longueur des parties ouvertes & sans chaussée.	Prix réduit de la toile courante.	Montant de la dépense.	Longueur des parties à faire à neuf.	Prix réduit de la toile courante.	Montant de la dépense.	Total de la dépense pour chaque route.

PREMIERE CLASSE.

1. Route de Paris au Havre, commençant au port de Blanc, limite de la Généralité de Paris, par Vernon, Rouen, Yvetot & Harfleur.
2. Route de Paris à Dieppe, par Magny, Rouen & Tôtes, depuis le coteau de Givry, limite de la Généralité de Paris, jusqu'à Dieppe.
3. Route de Paris à Caen, par Évreux de Lisieux, depuis Chauffour jusqu'à Criqueton, & depuis 100 doit de Lisieux jusqu'à Caen.
4. Route de Paris à Dieppe, par Gisors, Gournay & Forges, depuis Bezuneville.
5. Route de Paris en Bretagne, depuis la limite de la Généralité d'Amiens.

Total de la premiere classe.

DEUXIEME CLASSE.

1. Route de Rouen en Basse-Normandie, par Aumale, Neufchâtel, Rouen & Brionne.
2. Route de Rouen à Orléans, par Évreux & Nonancourt.
3. Route de Rouen à Dunkerque, par Neufchâtel & Blangy.
4. Route de Rouen à Beauvais, par Dornéel, Vescuel & Coupay.
5. Route de Picardie en Basse-Normandie et en Bretagne.
6. Route de Rouen à Caen, par Bourg-Achard, Pontaudemer, Pont-Lévèque & Troarn.

Total de la deuxieme classe.

TROISIEME CLASSE.

1. Route de Rouen à Honfleur, par Bourg-Achard & Pontaudemer.
2. Route du Havre à la Ville d'Eu, par Goderville.
3. Route de Rouen au Havre, par Duclair, Caudebec, S. Romain & Lillebonne.
4. Route de Dieppe à Forges, par Neufchâtel & S. Vaast.
5. Route de Rouen à Écamp, par Fauville.
6. Route de Rouen à Valmont, par Doudeville.
7. Route de Dieppe à Aumale, par Envermeu.
8. Route d'Yvetot à Fontainebleau, par Caudebec.
9. Route d'Honfleur à Lisieux, par Pont-Lévèque.
10. Route de Rouen à Écouis, par Étrépagny.
11. Route de Rouen à Orléans, par Lieusé & le Neufbourg.
12. Route de Vernon à Magny.
13. Route de Vernon à Mantes et Meulan, par la Roche-Guyon.
14. Route de Magny à Mantes.
15. Route d'Andelys à Vernon.
16. Route d'Andelys à la grande route de Paris, par Magny jusqu'au Tillets.
17. Route de Chaumont à la route de Paris à Dieppe.
18. Route de la Ville d'Eu au Tréport.
19. Route d'Étrépagny au Pont-de-l'Arche.
20. Route de Louviers à la grande route de Paris au Havre, par Vernon.
21. Route de Neufchâtel à Yvetot, par Tôtes.
22. Route de Rouen à Aumale, par Écalles & Forges.
23. Route de Lisieux à Falaise, par le Mesnil-Durand.

Total de la troisieme classe.

RÉCAPITULATION.

Premiere classe.			
Deuxieme classe.			
Troisieme classe.			
Totaux.			

La dépense annuelle, pour l'entretien simple des routes faites, montée à . . . .
Celle pour mettre les parties de routes faites à l'entretien simple, monte à . . . .
Celle pour perfectionner les parties de routes ouvertes & sans chaussée, à . . . .
Et celle pour la construction des parties de routes qui restent à ouvrir, à . . . .

Total. . . . .

A Rouen, De l'Imp. de P. SEYER, Imp. de S. E. Mgr. le Cardinal, rue du Petit-Rouen.